U0209793

车削颤振及超声振动车削技术

Turning Chatter and Ultrasonic Vibration Turning Technology

吕志杰　逄波　刘辉

著

化学工业出版社

·北京·

内容简介

颤振是金属切削过程中刀具与工件之间产生的相对振动，涉及颤振机理、颤振监测（预测）和颤振抑制等。超声振动车削结合了常规车削工艺与超声振动，可将超声振动施加在刀具上，以实现更佳的切削性能和加工表面质量。本书主要以再生型车削颤振机理为依据，针对TC4钛合金和6061铝合金，以刀具系统为振动系统并对其进行线性及非线性建模，运用稳定性叶瓣图方法，介绍再生型车削颤振机理，超声振动车削系统设计及试验平台搭建，径向、轴向超声振动车削以及基于时滞影响的颤振监测等。本书还涉及了超声振动车削表面粗糙度预测及参数优化等问题。

本书可供金属切削加工领域的技术人员参考，也可作为相关领域科研人员和机械工程类专业研究生的参考书。

图书在版编目（CIP）数据

车削颤振及超声振动车削技术 / 吕志杰，逄波，刘辉著. --北京：化学工业出版社，2024.1
ISBN 978-7-122-44341-0

Ⅰ. ①车… Ⅱ. ①吕… ②逄… ③刘… Ⅲ. ①超声波振动-应用-车削 Ⅳ. ①TG510.6

中国国家版本馆CIP数据核字（2023）第201309号

责任编辑：张海丽　　装帧设计：刘丽华
责任校对：杜杏然

出版发行：化学工业出版社（北京市东城区青年湖南街13号　邮政编码100011）
印　　装：三河市航远印刷有限公司
710mm×1000mm　1/16　印张14½　彩插2　字数257千字　2024年1月北京第1版第1次印刷

购书咨询：010-64518888　　售后服务：010-64518899
网　　址：http: // www. cip. com. cn
凡购买本书，如有缺损质量问题，本社销售中心负责调换。

定　　价：**128.00元**

前言

PREFACE

伴随加工技术的飞速发展，钛合金、铝合金、高强度钢等高强度、高塑性难加工材料在航空航天等领域应用愈发广泛。由于材料的本征特性，导致其在加工时往往会产生颤振。学者初步将颤振分为摩擦型颤振、振型耦合型颤振和再生型颤振三种类型，其中较为大众认可的是再生型颤振。当颤振发生时，刀具会在工件加工表面留下不规则的振纹，并且伴有刺耳的噪声，刀具也会急剧磨损甚至破损。

本书首先针对车削 TC4 钛合金过程中产生的再生型颤振现象进行了研究。建立以刀具系统为主振系统的再生型颤振动力学模型，对动力学参数进行试验识别并绘制稳定性叶瓣图。试验分析表明，当背吃刀量与转速构成的点位于叶瓣图曲线上方时，与叶瓣图曲线下方相同转速的点对比，其振幅平均值增大了 1 倍左右，粗糙度值增大了 31%左右，车削不稳定，验证了所绘稳定性叶瓣图的准确性且通过对比分析的方法，增强了结果的可靠性。根据超声振动切削原理搭建超声振动车削平台，采取径向振动切削技术来抑制再生型颤振。试验表明，径向振动对再生型颤振具有较好的抑制作用。

其次，建立了 6061 铝合金轴向超声振动车削刀具轨迹模型，通过刀尖运动轨迹分析了轴向超声振动车削的加工机理。建立了轴向超声振动车刀刀杆数学模型，通过 Workbench 软件对刀杆进行模态分析与谐响应分析，设计出了符合试验条件的轴向超声振动车刀刀杆。基于 J-C 本构模型、滑动库仑摩擦模型及任意拉格朗日-欧拉自适应法网格划分，利用 AdvantEdge 分别建立了 6061 铝合金常规车削与轴向超声振动车削二维有限元模型，并进行了车削仿真。搭建了铝合金常规车削、分离型与不分离型轴向超声振动车削试验平台，分别进行了基于切削参数的全因子车削试验，得到了不同车削方式下加工工件的表面粗糙度，并进行了对比分析。基于轴向超声振动车削全因子试验结果，运用多元回归法与指数函数法分别对分离型与不分离型轴向超声振动车削建立了表面粗糙度预测模型，并进行了显著性分析。基于 Pareto 排序的多目标遗传算法，以降低表面粗糙度、提高加工效率为目标，对分离型与不分离型轴向超声振动切削参数进行了优化。

最后，针对车削 TC4 钛合金建立了以刀具系统为主振系统的再生型颤振动力学模型，对动力学参数进行试验识别并绘制稳定性叶瓣图。为了研究时滞对颤振的影响，引入时滞因素绘制时滞-切削深度稳定性极限叶瓣图，针对不同时滞进行了切削仿真与试验。依据颤振爆发时的切削与常规切削的不同特点，提出基于小波包节点能量的特征提取方法，使用三层小波包变换第 1、6、7 频段，与时域信号极差和方差组成特征向量，利用支持向量机进行模式识别，训练出颤振监测分类器识别速度为 3700 obs/s（每秒能够完成的观测数），综合识别准确率达到 91.6%。为了验证切削颤振监测系统与超声振动系统配合对颤振的抑制效果，设计切削 TC4 钛合金颤振监测与抑制试验。根据对颤振机理的研究，开发外圆切削颤振稳定性极限预测系统，选择合适的切削参数，利用改变时滞激发颤振。完善颤振监测系统，将超声振动切削加入训练集中，重新训练分类器，颤振识别的综合正确率提升至 93.3%。建立切削试验平台，使用颤振监测系统识别颤振是否出现，并用超声振动抑制颤振。结果表明，除在颤振即将发生时出现了几个错误点外，颤振识别基本正确。超声振动车削可以有效抑制由时滞改变引发的颤振，提高表面质量。

基于此，本书介绍了车削颤振机理，分析了颤振预测和抑制的相关理论和方法，并通过大量试验进行了验证，希望能对相关人员有一定的借鉴作用。全书共 6 章：第 1 章介绍了车削颤振的一些基本问题以及目前的研究现状；第 2 章介绍了再生型车削颤振机理；第 3 章针对车削颤振机理，设计制备了一维超声车削系统，涉及刀杆、换能器、超声波发生器等；第 4 章进行了径向超声振动车削 TC4 钛合金颤振研究；第 5 章进行了轴向车削铝合金颤振研究；第 6 章介绍了基于时滞影响的再生型颤振监测及抑制切削。

本书由吕志杰和逄波、刘辉撰写。吕志杰负责全书的统稿工作。李绍朋、薛磊和党迪在整个过程中做了大量的工作，在此表示衷心的感谢。

由于作者水平有限，书中难免存在不足之处，敬请读者批评指正。

著者

目录

CONTENTS

绪论

车削过程中，因受车床自身要素以及加工参数、加工环境和工件材料性质等的影响，刀具与工件之间会产生强烈的自激振动，称为车削颤振。颤振发生时，刀具会在工件加工表面留下不规则的振纹，并且伴有刺耳的噪声[1]，致使加工过程不稳定，金属切削率下降，同时刀具的磨损速度会急剧增加甚至损坏，严重影响了工件加工表面质量及加工精度[2, 3]。

1.1 车削颤振及超声振动车削

20 世纪 40 年代以来，颤振一直是金属切削加工领域一项重要研究课题，衍生出机床动力学、切削动力学等学科分支。国内外学者初步将颤振分为三种类型：摩擦型颤振、振型耦合型颤振和再生型颤振[4]。1954 年，Hahn 等[5]提出再生型颤振机理，实际中最常见，研究也较为成熟。

国内外学者对颤振的研究涉及颤振机理、颤振预测和颤振抑制。本书主要以再生型车削颤振机理为依据，针对 TC4 钛合金和 6061 铝合金，以刀具系统为振动系统并对其进行线性及非线性建模，运用稳定性叶瓣图（Stability Lobe Diagrams，SLD）方法，研究车削颤振现象。搭建了超声振动平台，从径向超声振动车削、轴向超声振动车削和基于时滞影响车削颤振等方面，分别研究了相关的车削颤振机理、监测和抑制。颤振预测是在车削加工前选择合适的加工参数，从而避免颤振，颤振监测是在切削过程中监测颤振是否发生，颤振抑制是在发生颤振后抑制颤振。

本书首先针对 TC 钛合金，绘制车削无颤振发生的极限背吃刀量与主轴转速关系的稳定性叶瓣图，作为颤振预测的标准。对稳定性叶瓣图所示的临界点进行试验验证，试验中采用了时域分析以及粗糙度分析。在颤振抑制方面，采用径向振动车削技术来抑制再生型颤振的发生，对超声振动系统进行了细致的选型并采用有限元分析设计定制了适用的振动车削刀杆。分别采用正交试验法进行普通车削和径向振动车削，详细分析了普通车削和径向振动车削在不同切削参数下，切削过程中的时域变化、TC4 钛合金的表面粗糙度变化以及表面振纹变化等情况。

其次，针对 6061 铝合金，分析了轴向超声振动车削的加工机理，系统研究了轴向超声振动车削参数对切削温度、切削力、切削应力及表面粗糙度等的影响规律。通过试验结果建立了表面粗糙度预测模型，并采用多目标优化方法对 6061 铝合金轴向超声振动切削参数进行优化，进一步提高了 6061 铝合金表面质量和加工效率。

最后，针对 TC4 钛合金，以再生型颤振机理中的参数时滞为研究对象，绘制出了时滞-切削深度稳定性极限叶瓣图，并对边界上的点进行了仿真及试验验证。针对颤振爆发时车削与常规切削，采用加速度传感器提取振动信号，用小波包变换（Wavelet Packet Transform，WPT）对振动信号进行处理并提取特征向量，分类识别使用支持向量机（Support Vector Machine，SVM）训练分类器。使用颤振监测识别出颤振后，使用超声振动切削抑制颤振。

超声振动车削基于脉冲形式的断续切削，切削机理和切削形成机理异于常规切削。试验表明，超声振动车削能有效抑制切削过程中的颤振现象，可降低切削力[6, 7]、切削温度[8, 9]，并减少刀具磨损[10]，改善加工表面质量[11-13]。因其独特的加工优势，超声振动辅助车削在难加工、高精度与高表面质量工件加工领域中有着广泛的应用[14]。超声振动车削分为一维与多维超声振动车削，在实际切削加工中，一维超声振动切削速度方向和二维超声振动研究最为成熟。这两种超声振动车削不同于常规车削，均要在平行于切向方向施加超声振动，从而获得更佳的加工表面质量。

1.2 车削再生型颤振稳定性预测

1.2.1 车削再生型颤振稳定性预测方法

为了避免车削颤振，在进行加工之前对车削系统进行稳定性预测尤为重要。目前，国内外对切削颤振的稳定性预测方法主要有稳定性叶瓣图法、时频域分析法、经验模态分解法以及人工智能法[15]。

基于稳定性叶瓣图法，曹自洋等[16]以高速外圆车削加工为背景对其产生的颤振现象进行了研究，在建立高速车削动态切削力动力学微分模型时加入再生型颤振因素，对动力学微分线性模型进行求解得到颤振稳定域解析模型，使用

MATLAB 软件绘制稳态叶瓣图，对高速车削中的颤振现象进行预测。Özşahin 等[17]采用测量刀尖的频率响应函数（FRF）的方法求得了颤振系统的稳定性叶瓣图并对其进行稳定性预测；为了使结果更符合实际，在构建稳定性叶瓣图时，把加速度传感器的质量也代入计算，提出了一种结构修正方法，可用于补偿加速度传感器带来的影响。

基于时频域分析法，李东等[18]将所建外圆车削颤振系统的非线性动力学模型简化为一次近似线性系统，随后将线性系统的系数代入霍尔维茨判据中，得到被加工材料的刚度、质量与外圆车削宽度之间的稳定性关系，然后通过观察所建时滞系统的时域波形来判断车削系统是否稳定。Sekar 等[19]对外圆车削过程中尾座对工件运动的支撑进行考虑，为了研究颤振稳定性，建立了基于刀具与工件相对运动的动态切削力模型。采用线性分析方法对动态切削力模型进行分析，分别绘制了有无工件柔性系统的稳定性叶瓣图，基于尾座因素进行稳定性试验，验证了所绘叶瓣图的稳定性。

基于经验模态分解法，Li 等[20]利用经验模态分解法（EMD）对颤振信号进行分解，得到本征模态函数，对颤振征兆特征进行提取。该方法能有效地提取振动的特征，从而对颤振进行有效的预测。杨毅青等[21]提出，对于车削而言，无颤振发生的临界背吃刀量由刀具和工件系统相对频率响应函数虚部和实部决定。通过经验模态分析法，获取了以无颤振发生的最大背吃刀量为目的的阻尼器优化路线。试验表明，该优化方法可提高 52%无颤振发生的最大背吃刀量。

人工智能法稳定性预测则是基于人工神经网络、模糊逻辑分析等对颤振进行预测。基于模糊逻辑分析，孔繁森等[22]针对外圆车削再生型颤振将机床的结构阻尼以及切削刚度模糊不确定性综合进行研究，建立再生型颤振的模糊稳定性分析模型，获得外圆车削过程中模糊稳定极限切削宽度集合的可能性分布以及置信区间的表达式。黄贤振等[23]则基于蒙特卡罗数值模拟方法进行深入研究，经过模拟仿真数值运算，提出外圆车削加工稳定性可靠度计算方法。该方法考虑了车削系统的刚度、车削系统的阻尼以及车削时切削力的大小等因素对外圆车削加工稳定性的影响，更符合实际加工情况。

1.2.2 SLD 颤振稳定性极限预测

在众多稳定性预测研究中，稳定性叶瓣图（SLD）法的研究最为成熟。SLD 法是以线性颤振动力学微分方程和 MATLAB 软件为基础，在计算求解得到稳定域解析方程后经 MATLAB 软件编程得关于极限车削宽度和主轴转速之间关系的“叶瓣”曲线，如图 1.1 所示。

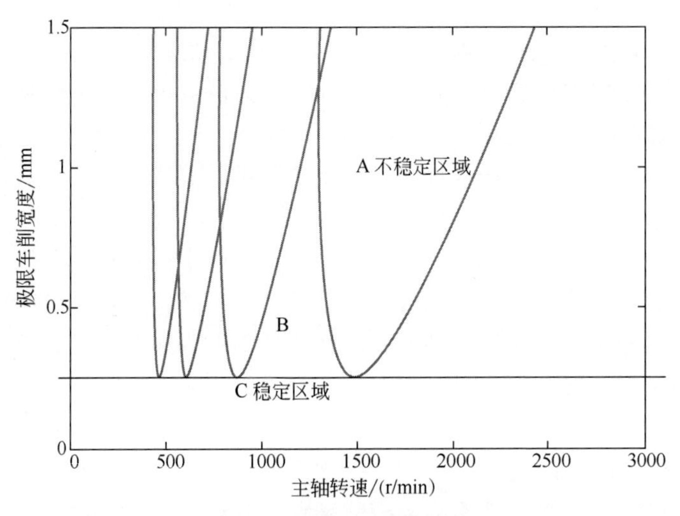

图 1.1 颤振稳定性叶瓣图

1961 年，Tobias[24]探索金属切削机理以及机床结构的动态行为，研究建立无颤振机床的设计原则，并开发从设计图纸中预测机床动态行为的方法，提出稳定性叶瓣图的雏形。稳定性叶瓣图横坐标为主轴转速，纵坐标为切削深度，叶瓣是由一个个稳定性边界的点组成的，在耳垂线上方为不稳定区域，耳垂线下方为稳定区域。稳定性叶瓣图的主要作用是在切削工作开始之前预测机床的动态稳定性，在保证不发生颤振的情况下，提高加工效率，选择合适的切削参数。

Wu 等[25]研究了单自由度车削加工模型的颤振问题，将刀具简化为悬臂梁，根据连续梁理论得到刀具的模态参数；将切削力的泰勒近似与指数型函数相结合为分布切削力研究了连续时滞的影响；采用半离散化技术计算得到车削稳定性叶瓣图；分析了稳定性叶瓣图对力分布形状以及离散时滞与连续时滞的比值 q 的敏感性。

Shailendra 等[26]采用不同的背吃刀量、进给速度和主轴转速进行外圆车削。对车削过程中获取的原始颤振信号，利用小波变换进行预处理，采用响应面方法建立了颤振和金属去除率的数学模型，并进一步利用多目标遗传算法建立了稳定的切削区域。

曹力等[27]利用仿真软件对车削再生型颤振系统进行稳态仿真，然后利用仿真得到的模拟结果以及再生型颤振机理对 SLD 进行优化，最后根据所得优化后的 SLD 建立了切削加工的稳定性预测系统并通过试验验证了其可靠性。

邱辉等[28]推导了车削再生型颤振的稳定极限背吃刀量和主轴转速之间的关系，通过 MATLAB 软件绘制代表极限背吃刀量和主轴转速之间关系曲线的稳定性叶瓣图；采用控制变量法探讨了车削动力学参数变化对车削颤振系统的动力学特性的影响情况。

邓聪颖等[29]为了准确预测机床加工的稳定性，采取了动力学建模与试验分析的方法，从而得到一种切削稳定性叶瓣图修正方法；通过有限元模型进行仿真分析以及模态拟合法进行模态拟合,获得了任意转速下的刀尖频率响应函数；将所得刀尖频率响应函数通过自适应粒子群算法进行求解运算得到各转速下的极限背吃刀量，从而绘制了机床任意转速下的稳定性叶瓣图。

杨闪闪等[30]基于模态分析理论以及优化识别的方法，将刀柄结合部的动力学参数代入所建模型进行仿真分析，准确辨识了刀尖点的频率响应函数；然后基于非刀尖点辨识的刚度和阻尼信息对刀尖点的频率响应函数进行相关预测；最后通过试验验证了频率响应函数预测的可行性，获得了准确的稳定性叶瓣图。

Vineet 等[31]应用操作模态分析（Operational Modal Analysis，OMA）技术，设计在不同主轴转速下的加工试验，生成了高速铣削的稳定性叶瓣图，并且考虑主轴转速变化对动态参数和切削力系数的影响，利用估算的切削力系数和动态参数，绘制了不同主轴转速下的稳定性叶瓣图。

Christian 等[32]提出了一种将改变切深或主轴转速与在线颤振检测算法相结合的方法，来高效地绘制稳定性叶瓣图。为实现这一点，建立了机床控制和颤振检测算法之间的通信，并控制机床轴来改变主轴转速或切削深度。

Yu 等[33]在切削力系数辨识的基础上,研究了切削力系数对主轴转速和轴向切削深度的依赖性；将切削力系数表示为轴向切削深度的函数，并基于切削力系数随轴向切削深度的变化，修正了稳定性叶瓣图；将变切削力系数的稳定性叶瓣图与恒定切削力系数的稳定性叶瓣图进行对比，并通过一系列试验对变切削力系数的稳定性叶瓣图进行验证。李绍朋等[34]考虑外圆切削动力学参数的影响，建立了车削 TC4 钛合金再生型颤振动力学模型；在 KDN 数控车床上进行动力学参数识别试验，将试验结果代入所建模型解析解中，利用 MATLAB 软件绘制外圆切削稳定性叶瓣图并得到外圆切削加工 TC4 钛合金的极限切削深度，试验结果验证了所绘稳定性叶瓣图的可靠性。

1.3 车削再生型颤振监测

颤振监测是指使用传感器采集反映机床加工状态的信号，对传感器提取到的信号进行分析处理，选出信号中对颤振敏感的部分组成特征向量，依据特征向量对颤振进行模式识别。根据传感器选择进行分类，常用的颤振监测方法有切削力监测法、振动监测法、声音监测法、多传感器监测法和其他监测法。

1.3.1 不同传感器的颤振监测方法

当颤振发生时会伴随着切削力的剧烈变化，因此可以使用切削力监测颤振是否发生。包善斐等[35]将力传感器安装在车刀刀架上，利用颤振发生时切削力在幅值域内的频数差作预报参数，对颤振进行早期预报。Shukri[36]比较了两种切削力模型：数字切削力模型和直接测量的切削力模型，对颤振进行预测。Plaza等[37]用切削力信号训练预测模型，提取切削力信号的小波包信息组成特征向量，对切削不同状态和被加工面表面质量进行分类，提高了预测模型准确率和可靠性。在切削加工过程中，切削力对加工状态变化敏感，会随着切削状态的改变而改变，因此使用切削力监测颤振的方法稳定可靠，但切削力传感器安装复杂，价格昂贵，不具有普遍性。

颤振发生往往会伴随着切削的主振系统振动增大，因此可以通过监测主振系统的振动来监测颤振是否发生。杨叔子等[38, 39]使用切削振动信号判别颤振，着重分析了互谱密度函数中的实部（共谱）、虚部（重谱）以及主频带上的相位差在颤振发展过程中的特征变化，使用频率矩心判别法预测颤振。Yao 等[40]使用切削振动信号判别颤振，利用小波包变换处理切削振动信号，用支持向量机进行模式识别。Hynynen 等[41]提出了一种基于刀具在 x 方向上的加速度和音频信号的颤振检测方法，该方法既适用于端面切削，也适用于纵向切削。振动测量一般使用加速度传感器，相较于使用切削力做颤振监测，使用振动信号做颤振监测具有安装方便、颤振特征明显等优点，但加速度传感器采集振动信号易受环境影响。

颤振发生时，除了切削力和振动信号发生改变，还会伴随刺耳的噪声，因此可以用声音监测颤振是否发生。Thaler 等[42]提出了一种基于声音的在线颤振检测方法，该方法包括用短时傅里叶变换对声音信号进行预处理，用最优阈值提取频率空间中的特征，以及将二次判别分析应用于颤振检测。Cao 等[43]提出了一种基于声音信号同步挤压变换（SST）的颤振检测方法，利用 SST 对麦克风记录的声音信号进行分析，得到其时频图；然后，在时频域内进行滤波以消除通过频率及其谐波的干扰，设置颤振阈值，用于检测颤振的发生；通过测量和分析切削过程产生的噪声信号，结合时域与频域方法判断加工过程是否发生颤振。Gao 等[44]提出了基于声信号的薄壁件铣削颤振检测 CMWT 方法，并通过一个具体的薄壁件铣削过程，对颤振检测结果和稳定区域获取进行了分析和讨论。用声音信号监测颤振的方法，传感器安装方便，相较于振动监测法，其对环境要求更高，不适于实际生产中使用。

颤振发生时，切削系统的切削力、振动和声音都会发生变化，单一传感器只能表现出其中一种变化，因此使用多传感器可以使监测到信号更加完整，有利于提高颤振监测的可靠性。Tran 等[45]使用多传感器数据融合方案，利用麦克风和加速度传感器测量铣削过程中颤振的发生，用小波包分解方法对测量的声音和振动信号进行分析，选择颤振的主要特征。Arriaza 等[46]使用了不同的传感器，创建并分析了几个多层神经网络，以评估哪种传感器或传感器组合可以为监测系统或复杂的深度学习方法提供可靠的信息来源，考虑了每个传感器的实用性和易用性。Totis 等[47]利用小波包分解等先进的信号分析技术，对安装在机头上的加速度计和轴向力传感器组成的监测系统获得的信号进行处理，利用基于神经网络的人工智能分类系统对颤振进行检测，以获得多传感器颤振指标。Denkena 等[48]为了研究磨床上砂轮的轮边颤振，考虑安装在工件主轴和尾座上的 2 个加速度传感器、用于砂轮的声发射传感器以及直接驱动主轴箱的电机电流，为了确定这些传感器的适用性，在三种情况下计算每个传感器的频率响应函数。在颤振监测中使用多传感器可以提高监测的可靠性，但增加传感器提高了硬件成本，数据增多加大了数据融合处理的难度。

颤振监测方法，除了切削力、振动和声音监测法之外，还可以通过监测电流和扭矩来监测颤振。颤振爆发时由于切削力和振动增大，导致机床主轴扭矩和电流增大。Liu 等[49]提出了一种基于进给电机电流信号的切削状态监测方法，将电机电流信号分解，可以反映颤振发生时电流信号的细微突变。Tansel 等[50]为监测颤振提出了基于指数推理的方法，利用端铣加工过程中旋转测力仪的扭矩信号数据进行监测。Liu 等[51]根据在铣削过程中颤振发生时能量将被吸收到颤振频带，利用电流信号，提出了基于能量熵的颤振检测方式。Aslan 等[52]利用 CNC（数控机床）系统提供的驱动电机电流指令实时在线监测铣削颤振。利用机床主轴的扭矩信号和电流信号进行颤振监测，由于不需要额外的传感器，因此成本较低。但扭矩信号和电流信号变化微弱，不易直接进行颤振监测，而且相较于其他监测方法，有时间延迟[53]。

1.3.2 信号分析与特征提取

直接通过传感器采集的原始切削加工信号一般数据量庞大，有很多与加工状态无关的冗余信息，不利于颤振的分类识别。所以采集到的原始信号要经过必要的信号分析与特征提取，从而提高分类识别的效率与精度。常用的特征提取方法有时域法、频域法和时频域法等。

秦潮[54]认为机床在加工时主要受到周期切削力的激励，而已有的静态和运行状态下机床动力学分析方法无法有效应对这种情况。他对周期切削力的激励特性进行了分析，提出了周期切削激励下的机床模态参数辨识方案和具体方法，实现了切削加工状态下机床的模态参数辨识。Ye 等[55]在加工过程中获得振动的加速度信号，将加速度信号适当分段，并计算每段加速度信号的时域均方根值，从而获得实时加速度均方根序列作为颤振监测指标。李绍朋等[34]使用稳定性叶瓣图对颤振进行了预测，保证了加工过程中切削的稳定与高效。时域分析方法具有直观、简单、易于理解的特点。但时域分析很难用有限的参数对信号进行正确的描述，且时域信号易受环境影响，需要对信号进行滤波处理，所以目前在颤振识别领域，采用时域分析的方法并非主流。

切削系统在发生颤振时，信号幅值会发生剧烈变化，振动会集中在固有频率处，因此可以通过测量常规切削与颤振发生时切削动态信号中的频域部分监测颤振。常用的频域分析以傅里叶变换（Fourier Transform，FT）为基础，对切削信号进行傅里叶变换，可以得到各频率对应的幅值。邢诺贝等[56]为实现切削颤振的在线监测与预报，提出了一种基于均方频率与经验模态分解的颤振特征提取方法，通过对切削力信号进行频域分析，计算小波包颤振特征频带的均方频率占比系数作为特征。结果表明，这种方法能够有效识别颤振。Wang 等[57]基于多频解法的切削力模型，分别考虑了刀具螺旋角、过程阻尼等附加效应，实现了对多频解法的优化。在分析传统的平稳信号时，傅里叶变换具有很大作用，通过其对信号的频率分析，可以清晰地得到信号所包含的频率成分；但是傅里叶变换缺乏时间和频率的定位功能，对信号的表征仅在时域或频域。傅里叶变换分析非平稳信号存在局限性，非平稳信号的频率随时间变化，导致傅里叶变换只能给出其总体效果，不能完整地把握信号在某一时刻的本质特征。傅里叶变换所处理的加工过程信号并不是十分准确。

时频分析描述信号在不同时间和频率的能量强度，描述了信号频率随时间变化的关系，提高了分析精度，广泛应用于特征提取过程[58]。常用的时频分析方法有小波包变换（Wavelet Transform，WT）、短时傅里叶变换（Short-Time Fourier Transform，STFT）和希尔伯特-黄变换（Hilbert-Huang Transform，HHT）等，利用这些方法来分析信号，能给出各个时刻的瞬时频率及其幅值，然后选取对颤振表现敏感的信号分量。

Tangjitsitcharoen 等[59]利用小波包变换对动态切削力进行监测。引入三个新的参数，通过动态切削力的平均方差与它们绝对方差的比值对颤振和非颤振进行分类。结果表明，由于切削系统的不同，颤振频率出现在小波包变换的不同层次。Chen 等[60]提出了一种基于小波包变换和支持向量机递归特征消除的立铣刀颤振在线检测方法，对加工过程中测得的振动信号进行了 WPT 预处理，计算重构信号的 10 个时域特征和 4 个频域特征，作为颤振识别的原始特征集，用于颤振检测。

小波包变换继承了短时傅里叶变化局部的思想，能够对局部信号结构进行放大，同时克服了窗口大小不能随频率变化的缺点，具有很强的自适应和多分辨能力，使得小波包变换成了处理切削加工颤振信号的研究热点。小波包变换是时变的，信号短时间的延时会导致小波系数在小尺度上发生较大的变化[61]，因此利用小波包变换进行颤振特征提取时，必须考虑到这一点。

1.3.3 颤振分类识别方法

颤振识别本质上是一个模式识别问题，为了将提取的颤振特征量与切削状态（平稳、颤振）之间建立映射关系，人们尝试采用不同的识别方法，比较典型的有阈值法、人工神经网络（Artificial Neural Network，ANN）、支持向量机和隐马尔可夫模型（Hidden Markov Model，HMM）等。

阈值法是通过对颤振特征设定阈值来划分切削状态，适合对单个或较少特征量的分类。梅志坚等[62]采用振动信号的方差和均值作为颤振特征，采用自学习的方法，设定特征的阈值为其均值加 3 倍的标准差，试验表明，该方法能够实现颤振的早期诊断。贺长生等[63]将随机变量 $y(t)$穿越 y=0 的次数与 $y(t)$的峰谷数之和的比值作为颤振特征，指出只要加工过程无颤振发生，总存在比值小于 1，而将有颤振发生时，总存在比值等于 1。试验表明，该方法能准确地反映切削颤振的本质和特征，适应性好，预报速度快。

当颤振分类需要指标过多时，阈值法分类判别困难，一般选用 ANN、SVM 等智能分类方法。ANN 是一种旨在模仿人脑运行机制的智能信息处理系统，在处理模糊数据、随机性数据和非线性数据方面具有明显优势，广泛应用于颤振分类识别。文献[64, 65]提出基于广义 BP 神经网络切削颤振识别模型，并进行广义区间形式的时频特征提取，对切削加工状态进行识别。试验结果显示，提出的广义 BP 神经网络颤振模型比传统 BP 神经网络颤振模型有更高的识别率。SVM 是对数据进行二元分类的广义线性分类器，其决策边界是对学习样本求解的最大边距超平面，适合解决小样本的分类问题。文献[66, 67]选取切削力作为监测信号，利用小波能量熵理论提取特征向量，使用支持向量机用于特征向量的模式分类，并试验验证了该新方法的有效性。文献[68, 69]采用隐马尔可夫模型和支持向量机联合进行颤振识别。Dai 等[70]采用模糊逻辑和 D-S 证据理论对多个特征融合，进行颤振识别。Khorasani 等[71]采用案例基推理（CBR）的方法进行颤振识别和预测，结果表明，该方法的识别精度高于人工神经网络。

1.4 车削再生型颤振抑制研究

为确保车削加工稳定运行，对再生型颤振的抑制研究变得尤其重要。车削再生型颤振控制主要有颤振的在线预报控制、颤振的被动型控制、颤振的主动型控制[72]。

颤振的在线预报控制是在切削加工过程中，传感器等元件一旦监测到颤振产生的征兆后及时反馈到控制系统，通过调节数控机床的切削参数等措施来抑制切削颤振的发生。Tangjitsitcharoen 等[73]采用力传感器获取车削振动系统中的振动信号；关于球头铣削颤振频率的获取采用了快速傅里叶变换法；在颤振信号的获取上，采用 Daubechies 小波分解法对球头铣削过程中产生的颤振信号进行提取；颤振征兆的特征量则选取切削加工时动态切削力相对变化与绝对变化的比率；通过计算 X、Y、Z 方向特征量值作为产生颤振的标准。李欣[74]采用 EMD 法对车削振动系统中的振动信号进行分离，然后利用 FASTICA 识别出离散信号中的颤振信号，再采用 Hilbert 转换法对所识别的车削颤振信号进行转换，得到了有关颤振的特征向量，最后采用 HMM-SVM 混合模型对颤振的在线预报进行了验证。

颤振的被动型控制是早期颤振抑制中最常用的手段，如增加机床的总体刚度，增大车削系统的阻尼系数或者采用减振隔振、吸振等装置来抑制车削过程中颤振的发生。谷涛等[75]针对车床车削产生的颤振现象设计了磁流变车削减振装置，其磁流变减振装置安装在车床横刀架上，安装位置如图 1.2 所示。随后建立磁流变车削系统工作原理的微分动力学模型，对其减振机理进行了系统性分析。

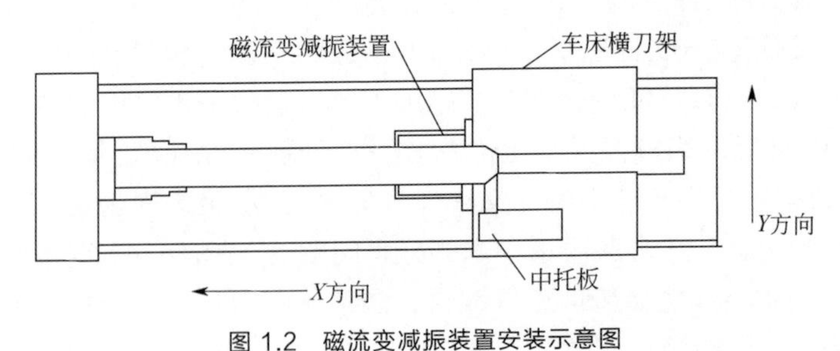

图 1.2 磁流变减振装置安装示意图

王春秀等[76]针对长悬伸刀具车削加工时易产生再生型颤振现象，设计了一种在刀杆上下表面贴附有锰铜合金片的减振刀杆，如图 1.3 所示。

如图 1.3 所示，减振刀杆使用外附锰铜合金片进行吸振。为了验证其减振效果，分别用普通外圆车刀杆和减振外圆车刀杆在相同切削参数下进行外圆车削 1Cr18Ni9Ti 不锈钢棒料的试验。结果表明，相比普通外圆车刀杆，减振外圆车刀杆在进行外圆车削时，其表面粗糙度值可降低 20%左右。Liu 等[77]为了实现无振纹和高质量的加工，提出了一种新的后续支撑技术，设计了一种新型的磁力跟进支撑装置，在铣削区域周围的薄壁工件两侧和刀具铣削的对面提供刚度和阻尼。黄涛显[78]通过改变刀具的几何参数，研究了刀具角度与刀尖圆弧半径对颤振的影响。

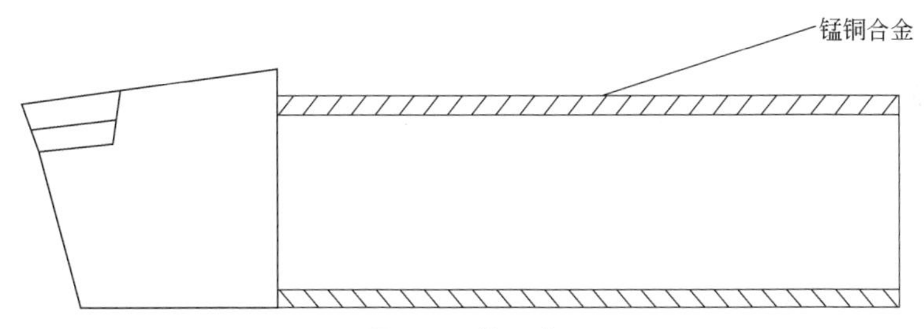

图 1.3　减振刀杆

颤振的主动型控制是基于控制理论在刀具-工件系统部分施加外激励，当外激励介入时，系统本身的反馈调节得到改善，从而抑制颤振的发生。颤振的主动型控制性价比高，效率高，目前国内外众多学者采用颤振的主动型控制来抑制颤振并取得众多成果。徐文君[79]在外圆车削细长轴时应对再生型颤振现象采用了超声椭圆振动辅助车削方法，加工材料为 7075 铝合金细长轴，车削刀具选择的是山高 TCGT16T304F-AL,KX，机床选用 CKA6150。分别采用普通车削和振动车削加工，试验结果表明，椭圆振动车削可获得比普通车削更好的表面光洁度。吴得宝等[80]进行普通外圆车削和径向超声振动外圆车削试验，探究了径向超声振动参数以及车削参数对外圆车削 6061 铝合金的表面残余应力、表面粗糙度以及表面形貌的影响。其径向振动车削原理如图 1.4 所示。

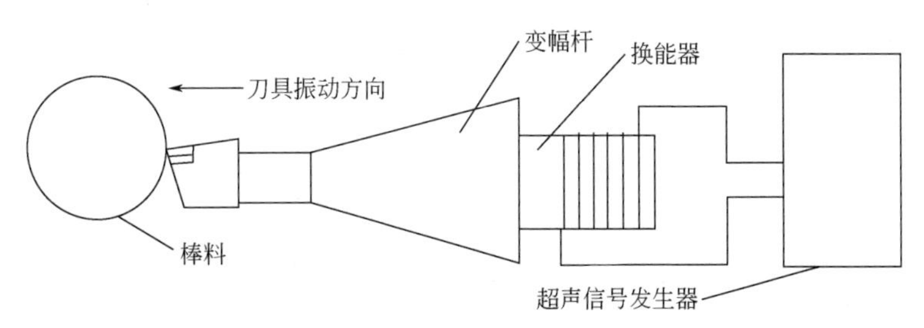

图 1.4　径向振动车削原理图

基于图 1.4 车削原理图，试验采用普利森 CKD6150H 数控车床，车刀采用的是数控可转位车刀 DCGX11T302，刀尖圆弧半径 0.2mm，工件材料为 6061 铝合金，规格为 ϕ44mm×200mm。对试验结果分析表明，采用径向超声振动车削技术进行外圆车削，被加工材料表面的加工质量得到显著提升。

淳一郎等[81]设计和提出超声振动切削技术，其可以降低切削温度并提高工件的表面质量[82, 83]。许东辉等[84]通过有限元仿真研究了不同方向的超声振动对表面残余应力的影响，发现表面残余应力随着超声振动振幅和频率的增大而逐渐增大。Fei 等[85]通过改变超声振动的频率发现在低频时超声振动对切削力和切屑的形态影响最强，材料的不规则流动形成锯齿形切屑，高频时会形成连续切屑，是提升加工表面质量的潜在技术。Peng 等[86]通过对比超声振动切削和常规切削，发现高速超声振动切削可以使 INCONEL718 合金的表面硬度提高 50 %。Lu 等[87]首次研究了超声振动干涉对表面纹理生成的影响，并对干涉后的纹理形貌分析表征，揭示了超声铣削参数与加工质量的关系。赵芝眉等[88]通过切削力与振动信号对切削颤振进行预测，发现切削力与振动信号的内在关系均能代表切削的不同状态。超声振动切削时是在刀尖施加一个高频率的微小位移，不同方向的超声振动切削可以瞬时改变切削中的切削速度、进给量和背吃刀量，并与切削本身产生的振动相互耦合，降低了切削过程中的振动，提高了加工效率[89, 90]。同时，振动切削通过不断地高频率分离刀具与工件，形成了断续切削的切削状态，可以极大程度改善切削过程中的温升，减少刀具的磨损，并在难加工结构件的加工过程中提升工件表面质量[91]。

综上，为了提高加工效率，降低颤振对加工的影响，颤振预测、颤振监测和颤振抑制缺一不可。多年来，随着传感器技术与计算机处理速度的发展，使得颤振识别与控制计算的速度大幅提高，有利于颤振的实时控制以及各种复杂算法的应用。目前，切削加工颤振智能监控技术并不成熟，商业应用更是少之又少，仍有众多难点需要解决。

1.5 车削颤振抑制利器——超声振动车削

超声振动车削结合了常规车削工艺与超声振动，将超声波发生器发出的超声振动信号施加在刀具上，使常规车削的加工机理发生变化，从而实现了更佳的切削性能和加工表面质量，此方法受到了广泛的研究。超声振动系统主要由超声波发生器、换能器及变幅杆等部分组成[92]，如图 1.5 所示。

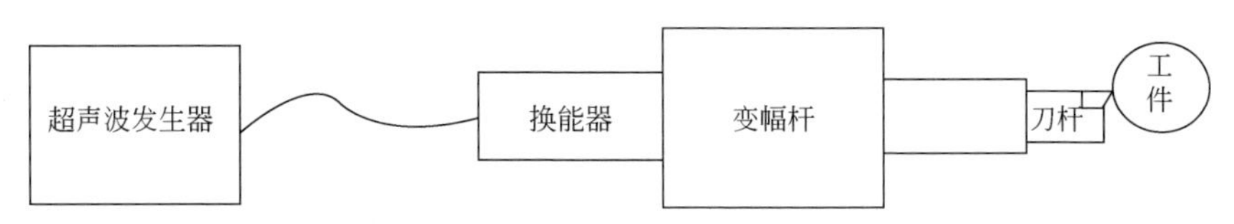

图 1.5　超声振动辅助车削装置组成

超声振动辅助车削过程为，通过超声波发生器与换能器将高频电振荡信号转换成机械式高频振动，经变幅杆将微小的机械振幅放大并施加在车刀上。超声振动车削根据超声波发出频率的高低分为低频（f<200 Hz）与高频振动车削（f>10 kHz）[93]。由于 10 kHz 的振动频率会产生尖噪、刺耳的感觉，对听力损害较大，故超声振动车削振动频率一般在 16 kHz 以上。超声振动车削按振动维度不同分为一维超声直线振动与多维超声振动车削，其中，多维超声振动车削又分为二维超声椭圆振动和三维超声振动车削[94]。

1.5.1　超声振动车削现状

超声振动车削技术是利用超声波发生器在刀具上规律地施加超频电振信号，导致刀具的切削速度以及背吃刀量发生周期性变化，进一步致使加工系统的切削效果得到改进的加工技术，是颤振主动型控制的一种。如图 1.6 所示，超声振动系统主要由超声波发生器、换能器、超声调幅器（变幅杆）等部分组成。

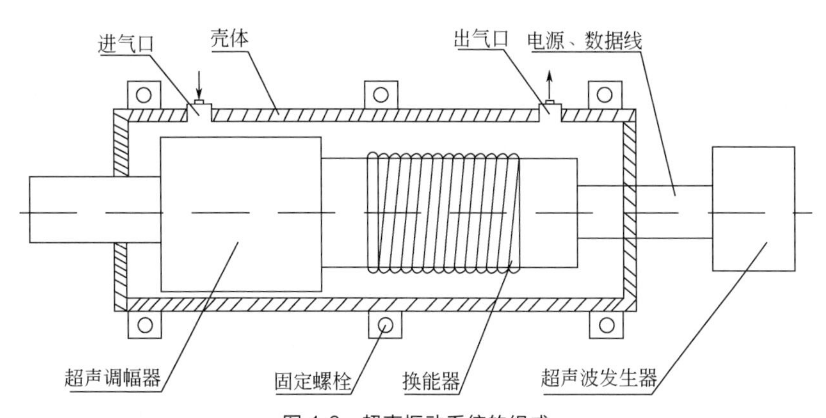

图 1.6　超声振动系统的组成

1950 年，日本学者隈部淳一郎设计和提出超声振动切削技术[95]。他通过一系列的试验和理论分析阐述了超声振动切削：当在切削刀具上沿背吃刀量或者进给方向上施加一个一定频率和一定振幅的超声振动时，机床的加工精度和加工效率以及被加工材料表面的加工质量均可大幅提高[96]。超声振动切削是一种基于脉冲形式的断续切削，按照超声振动维度的不同，可将超声振动车削分为直线振动车削、椭圆振动车削、3D 振动车削[94]。

直线振动车削技术是在加工刀具上施加单一方向的超声高频振动信号，使刀尖沿振动的方向进行车削加工的技术。按施加振动方向的不同，直线振动车削可分为轴向振动车削、径向振动车削以及切向振动车削，其振动车削方式如图 1.7 所示。

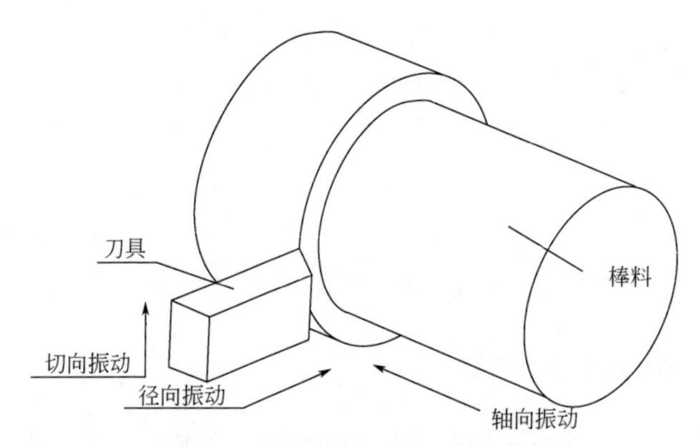

图 1.7　一维直线超声振动车削方式

Patil 等[97]采用直线振动车削技术对 TC4 钛合金进行车削，与传统车削对比，直线振动车削技术降低了刀具在加工过程中的应力水平和切削温度，且经过直线振动车削后钛合金表面的热软化强度和剪切带形成强度要低于传统车削，工件表面加工质量提升。Muhammad 等[98]则针对难加工高强度钛合金材料进行了直线振动车削的研究，他们先建立 Ti6Al2Sn-4Zr-6Mo 车削的三维有限元模型，为验证所建立的数值模型，进行了直线振动车削试验，与传统车削做对比可以发现，采用直线振动车削后工件的表面加工质量有明显提升。

国内学者对直线振动车削的研究起步较晚。胡智特等[99]使用 Third Wave AdvantEdge 有限元仿真软件建立了外圆直线振动车削 TC4 合金的有限元仿真模型，通过对有限元仿真模型的模拟仿真获得加工过程中的工件进给速度、刀具振动频率以及振幅对切削力的影响规律，实现了外圆直线振动车削过程中，进给速度、振动频率以及振幅的最优组合。Zhang 等[7]采用有限元方法研究了切向超声振动切削 Ti6Al4V 材料的机理，以及在正交切削过程中超声振动对力、温度、应力和切屑形状的影响。试验结果表明，切向超声振动切削的切削力、应力和切削温度都比常规切削小得多。Yao 等[13]建立表面粗糙度指标函数预测模型研究了轴向超声振动车削技术的加工效果。试验结果表明，采用轴向超声振动车削技术后 TC17 钛合金表面粗糙度明显降低，显微硬度值以及残余应力均增大。Luo 等[9]基于有限元仿真探讨了切削参数对加工 7075-T651 铝合金性能的影响并进行试验验证。试验结果表明，与常规车削相比，轴向超声振动车削以及径向超声振动车削的切削力和切削温度大大降低，工件的残余应力值增大。径向超声振动对表面性能的改良效果与超声振幅幅值大小有着至关重要的关系。庞宇等[100]以 TC4 钛合金为研究对象，运用有限元仿真软件建立 TC4 普通车削和直线振动车削有限元模型。根据有限元分析结果进行数值模拟分析，仿真结果表明，直线振动车削可有效减小切削力，进而抑制颤振的发生。

直线振动车削时，由于采用的是断续切削，当刀具与被加工材料分离时，刀具的后刀面与被加工材料的已加工表面产生摩擦，已加工表面被破坏。且因为受刀具后刀面与已加工表面摩擦的影响，刀刃会受到交变的拉应力与压应力，易产生崩刀现象。基于以上直线振动车削的缺点，20 世纪 90 年代末，日本学者 Shamoto 等[101]在直线振动车削的基础上进行了改良。他将刀尖的 X 方向与 Z 方向通入互相垂直具有相同频率且具有一定相位差的高频驱动信号，提出了一个二维的振动车削方案——椭圆振动车削。

在超声椭圆振动车削的激振方式上，目前主要有共振型和非共振型两种激振方式。韩国学者 Loh 等[102]为最大限度地提高椭圆振动车削的性能，对刀具的椭圆轨迹进行了修正。各种椭圆轨迹受由负责调制相对相位和幅度的正弦输入电压的压电致动器的倾角所影响，研究发现，倾斜角度对切削阻力和加工质量均有显著影响。Zhang 等[103]针对难切削材料，提出了一种独特的微/纳米成型技术——椭圆振动车削振动幅度控制技术。为了阐明该工艺的加工性能，他进行了一系列的分析和试验研究。试验结果表明，步长大于 2 nm、螺距大于 250 nm 的纳米结构可以加工出精度高得惊人的 1 nm 左右的纳米结构。

目前，国内对椭圆振动车削的研究还处于起步阶段，在实际加工工程当中还未得到普及。周晓琴等[104]基于椭圆振动切削在模具钢材料加工中表现出优异的性能提出了一种将快速刀具伺服与椭圆振动切削相结合的双频椭圆振动切削装置。经一系列的测试试验表明，双频椭圆振动切削相比传统切削可获得更好的表面加工质量以及加工精度。林洁琼等[105]提出了一种建立椭圆振动车削的切削力数学模型的方法，然后利用所建数学模型进行仿真分析，仿真过程中探索了刀具振动幅值和角度的影响，为椭圆振动车削参数的选择提供了可靠依据。童景琳等[106]对椭圆振动车削 TC4 钛合金进行了研究，基于 ABAQUS 仿真软件建立椭圆振动车削 TC4 的瞬态切削过程。随后选用不同的切削参数进行模拟仿真并且在相同的切削参数下进行普通车削仿真模拟。仿真结果表明，采用超声椭圆振动技术进行车削时，切削力主要与背吃刀量及转速有关，随背吃刀量的增加而减小，随转速的增加而增加，且椭圆振动切削可获得更好的表面加工质量。王桂林等[107]则针对椭圆振动车削过程中被加工材料表面因颤振而产生的振纹的高度进行了细致的研究，通过测力仪和表面粗糙度测试仪分别对加工过程中的切削力以及工件表面的粗糙度进行测试，然后将测试结果与所得推导进行对比验证。结果表明，椭圆振动车削可有效地减少切削力，降低表面粗糙度。

3D 振动车削是由日本学者 Shamoto 在椭圆振动车削的基础上于 2008 年提出的。3D 振动车削中，刀尖的运动轨迹在刀具的法平面和已加工表面上的投影均为椭圆。3D 振动车削实际上也可看作正交椭圆振动以及斜角椭圆振动共同加工产生的效果。Shamoto 为研究其车削性能对椭圆振动车削建立剪切模型而后设计试验，试验结果表明，当椭圆振动车削的椭圆摆角为 80° 时，3D 振动车削的车削性能比正交椭圆振动车削更为稳定[108]。

1.5.2 一维超声直线振动车削

一维超声直线振动系统基于隈部淳一郎提出的振动切削理论而建立[109]。通过在车刀上施加一个单方向的超声频振动，使刀尖按照相应的方向振动进行车削加工。按照振动施加方向的不同可分为进给方向（轴向）、切深方向（径向）和切削速度方向（切向）。图 1.8 是三种振动方向下的一维振动车削加工示意图[110]。

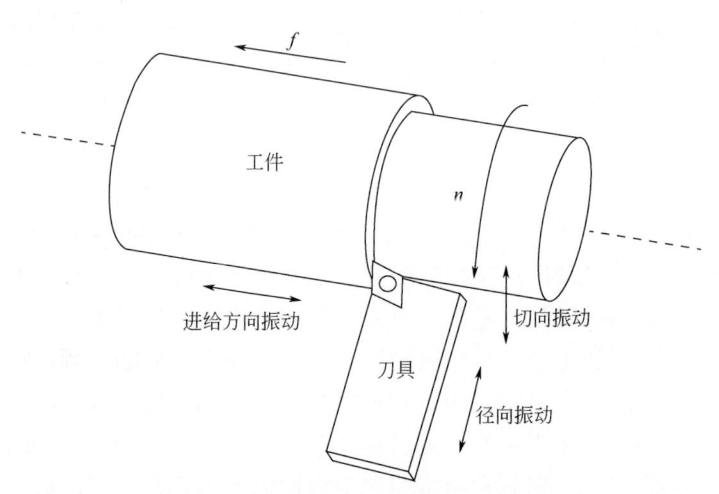

图 1.8 一维振动辅助车削振动方向示意图

一维超声振动的概念提出较早，研究表明，一维超声振动加工相比于常规车削可显著降低切削力、抑制颤振、降低切削温度及改善加工质量等。Adnan 等[111]对 2024 铝合金在不同切削速度、进给量和振幅条件下进行了轴向超声振动正交试验。试验结果表明，轴向超声振动提供了一个锯切动作，有利于切屑的排出，并降低了切削力，获得了更好的表面质量。Patil 等[97]通过有限元方法与切削试验探究了一维切向超声振动切削速度对 TC4 钛合金切削力、切削温度及表面粗糙度的影响。根据试验数据，切向超声振动切削力比常规车削降低了40%～45%，切削温度降低了约 48%，且通过加工表面的微观结构表明，超声振动车削比常规车削热软化和剪切带形成强度降低，工件表面质量显著提高。Silberschmidt 等[112]对铜、铝及不锈钢等材料进行了一维超声振动辅助车削试验，与常规车削对比，超声振动辅助加工能够改善难加工合金的加工性能，降低切削力，抑制颤振并改善成品工件的表面质量。

近年来，一维超声振动车削技术在国内也得到了广泛研究，许多学者利用一维超声振动车削技术，提高了工件的切削性能。吴得宝[113]以 6061 铝合金为研究对象，通过 AdvantEdge 有限元分析软件研究了切削参数对超声振动切削力、应力及切削温度的影响规律，并进行车削试验，与常规车削相比，轴向超声振动车削可有效改善工件的加工表面质量。王坤[114]为解决单晶硅切削效率低、成本高、刀具易磨损等问题，采用一维超声振动车削加工技术，提高了单晶硅切削加工性能。徐英帅等[115, 116]为验证一维超声振动车削具有常规车削难以达到的优良加工效果，对 304 奥氏体不锈钢、GH4169 镍基高温合金和 5A06 铝镁合金做了有无超声振动的车削试验，从表面质量、切削力、刀具磨损及切屑形态四个方面论述了超声振动车削的优势。张云电等[117]为提高难加工材料 SiO_2 气凝胶的切削加工性能，设计了径向超声车削装置，并通过车削试验表明，径向超声振动车削可有效降低切削力，提高 SiO_2 气凝胶加工表面质量。庞宇等[100]针对难加工材料 TC4 钛合金，基于 ABAQUS 数值模拟软件进行了一维超声振动车削仿真试验，证明了施加超声振动后可有效减小平均切削力、降低刀尖切削温度。李媛媛等[118]通过有限元分析及试验验证的方法，得到了使用超声振动车削可明显降低切削力与切削温度，并使残余应力值增大的结论。杨朋伟等[119]通过 304 不锈钢超声振动车削有限元仿真试验，得到了切削参数及振幅对切削力的影响，证明了超声振动车削 304 不锈钢优于常规车削，并确定了参数范围内最佳的车削加工参数。

1.5.3 多维超声振动车削

采用一维超声直线振动车削时，由于施加了单一方向的周期振动，当刀具向负方向运动，后刀面易对已加工表面造成摩擦，从而导致工件表面质量下降。针对这一缺点，Shamoto 等[120]在一维超声直线振动车削的基础上，提出了二维椭圆振动车削技术。二维椭圆振动车削是通过对切削速度方向及垂直于切削方向上的另一方向施加振动，利用两个方向振动的叠加，使刀尖运动轨迹呈圆形或椭圆状进行切削。当刀具向振动负方向运动时，由于运动轨迹为圆形或椭圆状，故刀具后刀面不会与工件直接接触，刀尖不会对已加工表面造成摩擦，从而保证了加工表面质量。

与一维超声直线振动车削相比，二维椭圆振动车削更能明显降低切削力，使表面加工质量获得更大提升，国内外许多学者对其切削性能进行了研究。Ma 等[121]基于三维切削模型，推导了超声椭圆振动车削中毛刺形成时工件边缘变形区应力的理论模型，从理论上阐明了超声椭圆振动车削抑制毛刺形成的原理，并与一维超声振动车削进行对比得出，超声椭圆振动车削可以显著降低毛刺的高度。Loh 等[122]为改善超声椭圆振动车削的切削性能，对刀具椭圆轨迹的变形和旋转方向进行了修正，建立了刀具椭圆轨迹的解析模型，并通过试验验证了模型的正确性。结果表明，切削方向和推力方向位移之间的相位差对刀具运动轨迹的形状和旋转方向起着至关重要的作用。国内对椭圆超声振动车削的研究还不够成熟，大多数研究尚在理论与试验阶段，未得到普遍使用。董慧婷等[123]使用有限元仿真软件分析了加工参数对椭圆超声振动车削 7075 铝合金过程中切削力与切削温度的影响，并与常规车削进行对比得到，椭圆超声振动车削可有效改善 7075 铝合金的加工性能。杨倡荣[124]分析了椭圆超声振动车削机理，并设计了椭圆超声振动车削装置，通过 316L 不锈钢车削试验，验证了所设计的超声振动装置可提高加工精度与表面质量。张明亮等[125]为解决在铣削过程中钛合金切削力过大等问题，采用椭圆超声振动辅助加工技术进行铣削，试验数据证明，椭圆超声振动可有效降低钛合金薄壁件铣削过程中的切削力。张国华等[126]分析推导出了椭圆超声振动车削表面几何形貌理论模型，并对其形成规律及影响因素进行了研究。王桂林等[107]通过运动学方程，理论推导出椭圆振动车削中加工参数、切削占空比对振纹高度的影响规律，并通过车削试验进行了验证。

相比于一维和二维振动车削，三维振动车削加工技术过程复杂、实现难度大，目前研究成果较少。Shamoto 等[108]结合正交椭圆振动与斜角椭圆振动车削两种方式，建立了三维超声振动车削系统。不同于一维与椭圆超声振动，三维超声振动刀具的运动轨迹在刀具的法平面和已加工平面上的投影均是椭圆。Shamoto 采用薄剪切平面模型与最大剪应力原理或最小能量原理建立了三维椭圆振动车削的解析模型，并利用建立的车削系统开展试验研究。结果表明，当椭圆摆角为 80°时，3D 超声振动系统车削性能最佳。

超声振动车削还可根据车削加工中刀尖是否与工件分离分为分离型（断续）与不分离型（连续）超声振动车削[127]。分离型超声振动车削是指在一个振动周期内，刀具与工件表面发生分离现象，刀具的有效切削时间变短[99, 128]。这导致了车削过程中刀具受到的摩擦变小且刀具离开工件表面时带走了大量热量，从而致使平均切削力与切削温度显著下降。分离型超声振动车削要实现刀具与工件断续接触需要满足一定的条件[129, 130]，如切向超声振动与二维超声椭圆振动切削速度必须满足 $V \leqslant 2\pi f A$，由于超声振幅多为几微米，导致切削速度基本在 20 m/min 以下，严重影响了加工效率。而不分离型超声振动车削则打破了这个限制，提高了加工效率[131]。研究表明[132]，当不分离型超声振动切削速度达到分离型超声振动车削极限切削速度的 2～3 倍时，仍具有降低切削力、抑制车削颤振和提高加工表面质量等特性。

综上所述，一维超声振动与二维超声椭圆振动车削应用最广泛，而三维超声振动车削研究处于起步阶段。一维超声直线振动车削中，切向方向研究最为深入，而轴向超声振动分离型与不分离型车削机理及其切削性能鲜有研究。

1.5.4 超声振动车削与表面粗糙度预测

若要提高工件表面质量，需对表面粗糙度进行预测研究。表面粗糙度是指加工表面具有的较小间距和微小峰谷的不平度[133],能够影响机械零件的配合性质、耐磨性、疲劳强度及接触刚度等[134]。通过建立表面粗糙度模型，可准确预测表面粗糙度，从而提高加工效率、获得更佳的表面质量。目前，切削表面粗糙度的建模方法可分为理论建模方法和经验建模方法[135, 136]。理论建模方法依托于材料去除过程及表面形成机理，虽可以进行定量计算，但与实际测得值相差较大。经验模型是根据加工参数和相应的表面粗糙度值进行建模，适用于特定的切削条件。由于经验模型采用试验数据进行建模分析，故预测结果较为准确。表面粗糙度的经验建模方法主要分为多元回归法、指数函数法和神经网络法[137-139]。

指数函数法是利用幂指数模型来建立车削表面粗糙度与加工参数之间关系的一种方法，基于该方法的预测模型通常被称为经验公式，其表达式为[140]

$$R = KA^{b}B^{d}D^{e} \tag{1.1}$$

式中，R 为表面粗糙度；K 常数；A、B、D 为加工参数；b、d、e 为对应的指数。

指数函数法可清晰地显示加工参数对表面粗糙度的非线性影响，在表面粗糙度预测领域应用广泛。Wang 等[141]根据正交试验结果，建立了透镜慢刀伺服车削表面粗糙度指数函数与基于径向基函数的最小二乘支持向量机预测模型，并通过试验验证了预测模型的准确性。赵云峰[142]基于指数函数法建立了超声振动铣削 LY12 铝合金槽底及侧壁表面粗糙度预测模型，并对模型进行了显著性检验。魏加争[143]根据高速铣削 10Ni3MnCuAl 试验数据，采用指数函数法建立了表面粗糙度预测模型，对模型进行了 F、t 检验，并探索了切削参数对表面粗糙度的影响规律。

多元回归方法是在大量试验数据的基础上，利用回归分析法，建立表面粗糙度与加工参数之间的定量关系，其表达式为[144]

$$R = C_0 + \sum_{i=1}^{t} C_i Y_i + \sum_{i=1}^{t-1} \sum_{j=i+1}^{t} C_{ij} Y_i Y_j + \sum_{i=1}^{t} C_{ii} Y_i^2 \quad (1.2)$$

式中，Y 为加工参数；C 为对应的系数。

该方法公式简单明了，计算速度快，适合表面粗糙度预测研究。Sahin 等[145]采用响应曲面法进行了 CBN 刀具加工硬化 AISI 1050 钢的车削试验，根据试验数据建立了表面粗糙度二次多项式模型，并验证了模型的正确性。Patel 等[146]基于非接触式表面粗糙度检测方法，通过多元回归法建立表面粗糙度预测模型。该模型能准确预测表面粗糙度，提出的检测方法行之有效。武洵德等[147]基于多元线性回归法，对新型铝合金 7A65-T7451 进行铣削试验，建立了表面粗糙度的预测模型，结果表明，模型误差较低、准确度较好。盖立武等[148]为提高高速铣削 Inconel 718 镍基合金零件的表面加工质量，通过正交试验建立了表面粗糙度多元线性预测模型，并进行测试试验验证了建立模型的有效性。赵明启[149]采用金刚石刀具对 50%SiC_p/Al 进行了车削试验，根据试验结果，分别建立了表面粗糙度多元回归与指数函数预测模型，并对比了两种模型的预测值，结果表明，多元回归模型预测较为准确。

人工神经网络方法是一种通过模拟信号在神经之间传递过程，对输入信号和输出信号之间进行建模的一种智能算法[144]。Ulas 等[150]采用人工神经网络模型及支持向量回归模型对 7075 铝合金线切割加工进行表面粗糙度预测，研究结果表明，与支持向量回归模型相比，人工神经网络模型的预测结果更佳。Yang 等[151]采用基于差分进化算法的人工神经网络模型进行表面粗糙度预测研究，并与 BP 神经网络进行对比，结果显示两者虽预测值较为接近，但 DEA 神经网络模型更加简单、快速。彭彬彬等[152]在进行 7075-T7451 铝合金高速铣削试验时，基于 BP、RBF 神经网络建立了表面粗糙度预测模型，并对预测精度、预测时间及收敛性进行了对比分析，结果表明，基于 RBF 神经网络的预测效果更佳。周峰[153]基于 BP 神经网络建立了铣削薄壁零件与整体叶轮表面粗糙度的预测模型，并通过 F 检验验证了模型的准确性。付仁杰[154]基于卷积神经网络建立了 6061 铝合金标准试件打磨参考数值与表面粗糙度之间关系的预测模型，通过测试试验验证了模型的预测精度。尽管人工神经网络法可用于表面粗糙度预测，但其预测精度较低。姚炀[155]基于 BP 神经网络建立的表面粗糙度预测模型，其预测精度仅为 83.43%，而通过指数函数、一次多项式与二次多项式建立的预测模型精度分别为 92.19%、88.23%和 88.63%，均高于神经网络模型。

综上，表面粗糙度经验建模方法中指数函数法与多元回归法建模简单、计算速度快及预测精度高，适用于表面粗糙度预测研究。而人工神经网络法预测精度较低，对其学习算法还需进一步提高和完善。

1.5.5 超声振动车削与参数优化

切削参数是机械加工中最根本、最重要的参数，它对切削力、材料去除率及加工表面质量具有显著影响[156-158]。目前，切削参数优化的研究主要集中在优化方法和优化目标两个方面[159]。

优化方法是一种基于数学的应用技术，用于解决各种优化问题。由于实际工程问题的复杂性、非线性及约束性等特点，常规优化方法无法在短时间内完成求解。而智能优化算法的出现解决了上述复杂的优化问题。智能优化算法主要包括遗传算法、差分进化算法、粒子群算法、免疫算法、蚁群算法及各种算法的融合算法等。Lu 等[160]基于田口法与回归分析建立了 718 铬镍铁合金微铣削表面粗糙度预测模型，并采用遗传算法实现了切削参数优化，达到了高金属去除率、低表面粗糙度与防止刀具断裂的要求。Yildiz[161]针对车削加工中切削参数的优化问题，研究了一种基于人工蜂群（Artifical Bee Colony，ABC）法和田口法的混合人工蜂群算法，与以往的研究工作相比，该方法在精度和收敛速度方面都显示出优越的性能。Wu 等[162]利用 Elman 神经网络预测 Inconel 718 铣削过程中的表面粗糙度，并以最大进给量为优化方案，基于粒子群算法对切削参数进行了优化，在满足不同表面质量的要求下实现了快速加工。李哲等[163]为解决大螺距螺杆在精加工过程中出现的表面质量差、振动剧烈等问题，基于人工蚁群算法与粒子群算法的优化结果，确定了精车大螺距螺杆最佳切削参数组合。

优化目标主要包括切削力、机床能耗、表面质量、加工效率和刀具寿命等。Bagaber 等[164]采用多目标优化方法，以最小表面粗糙度、最小功率消耗及最小刀具磨损为目标，基于响应曲面法对 316 不锈钢的加工参数进行了优化。试验结果表明，最优切削参数使得功率消耗、表面粗糙度和刀具磨损分别降低了 14.94%、4.71%和 13.98%。Palaniappan 等[165]以表面粗糙度、材料去除率为目标函数，基于田口法和方差分析确定了最优切削参数。Yadu Krishnan 等[166]以表面粗糙度、切削温度与切削力为优化目标，采用 L9 正交标准化田口阵列进行试验，并进行方差分析，获得了切削参数的最优组合。Kumar Sahu 等[167]将主切削力与表面粗糙度作为响应变量，采用田口法对 TiAlN 涂层刀具车削 EN31

钢的加工工艺参数进行了优化，并通过分析信噪比得到了最佳切削条件。Yuan等[168]以最高生产率为响应变量，利用复合形法对切削用量进行了优化。结果表明,采用复合形法的优化模型克服了非线性目标函数等优化方法效率低的问题，优化后的切削时间缩短了 2.06 s，生产效率提高了 15.45%。马尧等[169]基于粒子群算法对加工效率及表面粗糙度进行了优化，并验证了优化结果。郭东升[170]以最小切削力为目标，通过田口法设计试验确定了 7075 铝合金超声振动车削最优参数组合。高新江等[171]以轴承内圈沟道表面粗糙度及圆度误差为优化目标，基于多岛遗传算法对工艺参数进行了优化并确定了一组最佳参数组合。付钰等[172]以材料去除率和表面粗糙度为响应变量，基于粒子群算法对车削参数进行了优化，提高了 20CrMnTi 车削加工的表面质量及加工效率。

综上，切削参数优化大多通过多目标优化方法对两种及两种以上优化目标构成的多目标优化模型进行求解，且多针对常规车削的切削参数进行优化，对超声振动车削的切削参数优化问题还需进一步研究和解决。

再生型车削颤振机理

2.1 车削中的振动

2.1.1 车削加工过程中振动的分类

车削加工过程中的振动可分为自由振动、强迫振动和自激振动三类。其中，自由振动和自激振动都是由系统在不受外界激励的情况下自身的扰动作用产生，而强迫振动则是由外界的激励所产生，是一种等幅振动。因系统自身存在消耗能量的结构正阻尼，故自由振动的振幅往往会逐步衰减至零。与自由振动不同，自激振动不会呈衰减趋势，可保持不衰减的振动，故自激振动可看作一种具有负阻尼结构的自由振动。

因自激振动不会呈现衰减趋势，可看作等幅振动。与强迫振动的等幅振动不同之处在于，强迫振动是由外界的激励维持的，一旦外界激励停止，强迫振动也随之消失。而自激振动的不衰减趋势是由自激作用所导致。自激作用的产生具有偶然性，可能与外界激励有关，也可能与系统自身扰动有关，自激振动产生时，在系统内部必然会产生交变力来维持振动。故在自激振动系统中必然存在一个调节环，通过调节环可将外界激励及系统自身的能量转换为维持自激振动的内部交变力，如图 2.1 所示。

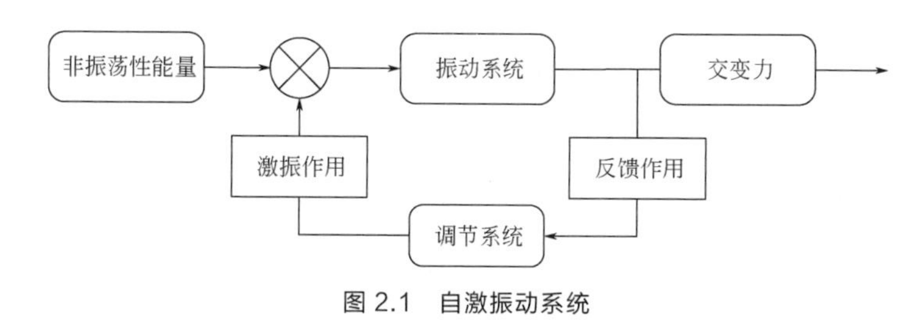

图 2.1　自激振动系统

在外圆车削过程中，刀具与工件之间由系统内部自激作用所引发的振动，即自激振动，通常被称为颤振[173]。

2.1.2 切削颤振的分类

颤振发生时，会在加工表面留下一圈圈不规则的波纹并且伴有刺耳的噪声。切削颤振主要有两种形态，一种是机床结构产生的颤振，其特点是频率低，声音发闷；另一种是刀具系统产生的颤振，其特点是频率高，声音尖锐。目前，国内外已经初步将颤振分为三种类别：再生型颤振、摩擦型颤振和振型耦合型颤振。

（1）再生型颤振

Hahn 等[5]在 1954 年通过分析内圆磨削过程中的振动首次提出了机床切削颤振再生原理，Tobias 等[174]从激振力、振幅等方面进行了系统的分析论证，相继提出较为完整的单自由度再生型颤振模型，并根据所建模型合理地解释了在单自由度模型下的车削颤振现象。切削加工再生型颤振模型如图 2.2 所示。

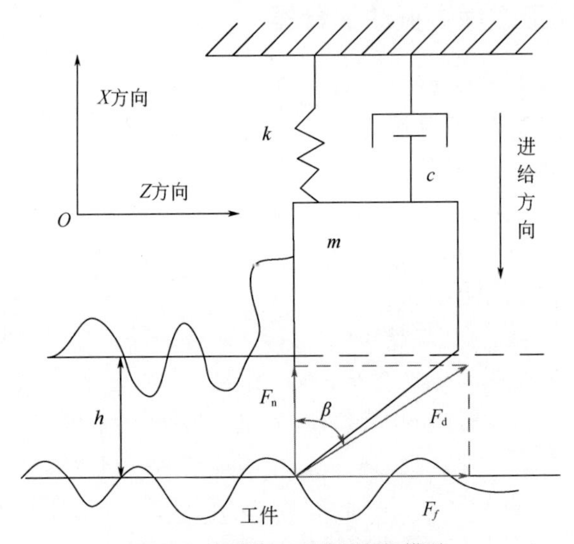

图 2.2 切削加工再生型颤振模型

刀具进给方向为 X 方向，系统动力学微分方程为

$$m\ddot{x}(t)+c\dot{x}(t)+kx(t)=\Delta F_{\mathrm{d}}(t)\cos\beta \tag{2.1}$$

式中，m 为刀具振动系统等效质量，$(\mathrm{N\cdot s^2})/\mathrm{mm}$；$c$ 为刀具振动系统等效阻尼，$(\mathrm{N\cdot s})/\mathrm{mm}$；$k$ 为刀具振动系统等效刚度，N/mm；$\Delta F_{\mathrm{d}}(t)$为动态切削力，N；β 为动态切削力 $\Delta F_{\mathrm{d}}(t)$与刀具振动方向 X 的夹角。

根据上述可以看出，系统动态切削力与切削厚度有关，而切削厚度与前转、当前转切削的振动位移量及背吃刀量有关。受前转留下的振纹影响，当前转将会产生一振动位移，下一转又受当前转振动位移影响下继续留下振纹，来回往复，随着外圆车削加工不断进行，刀具系统的振动会愈发剧烈，从而导致再生型切削颤振现象的发生。

（2）摩擦型颤振

机床加工时，刀具在切削速度方向上会与被加工材料持续接触而产生摩擦，此时常常会伴有振动产生，这种因摩擦而产生的振动现象被称为摩擦型颤振。摩擦型颤振最初是由苏联学者卡西林教授在 1944 年提出，1946 年英国学者 Arnold 进行了试验，试验采用特殊加工方式抑制了再生型颤振的发生。该试验在切削低碳钢（HV 156～180）时，产生了频率为 1104～3270Hz 的颤振。同时，Arnold 在报告中指出，当刀具的后刀面磨损逐渐增大时，颤振的产生也愈加容易。

（3）振型耦合型颤振

振型耦合型颤振是指当系统存在若干个振动方向且在这些振动方向上刚度相似时，一旦受到外激励，在这些振动方向上将会产生固有振型相耦合的情况，进而导致颤振的发生。Tlusty 等首次提出了振型耦合型颤振理论，并通过试验发现，车削加工过程中产生颤振时，颤振主振体的振动轨迹实际是一条三维封闭曲线。将三维封闭曲线轨迹看作一个周期，则在轨迹前半周期，因切削力的方向与振动的方向相反，系统能量散失；而在轨迹后半周期内，方向相同，系统能量得到补偿；当沿三维封闭曲线运行一周后，系统补偿的能量大于散失的能量时，振型耦合型颤振将会发生。

振型耦合型颤振常见的情况为系统在两个振动方向上刚度相近时，其固有振型相互耦合，从而引发颤振，图 2.3 为两相互垂直方向的两自由度振型耦合型颤振模型。

如图 2.3 所示，当两个不同方向上的刚度 $k_1 \approx k_2$ 时，振型耦合型颤振发生。

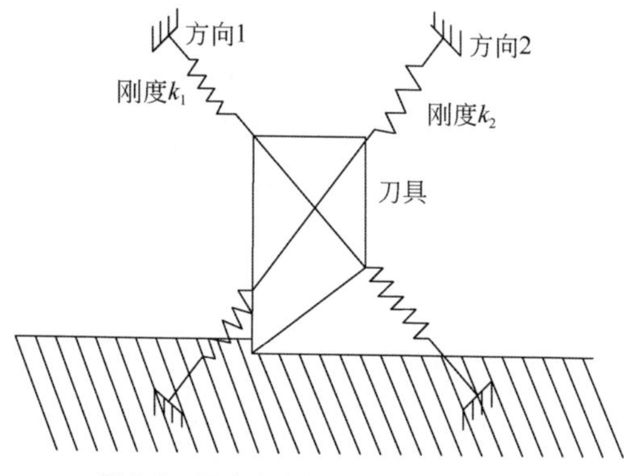

图 2.3　两自由度振型耦合型颤振模型

2.2 车削再生型颤振模型分析

2.2.1 单自由度线性再生型颤振模型

线性分析理论主要是以 Tlusty 和星铁太郎为代表，以分析主振系统的振动原理及建立主振系统的动力学模型求解稳定性条件绘制叶瓣图（SLD）为主，是目前比较完善的一种颤振理论体系。

以 Tobias、Tlusty、星铁太郎等为代表的学者建立了线性再生型切削颤振模型。将车削系统简化为等效振动系统，而将刀具视为弹性体进行，简化模型如图 2.4 所示。

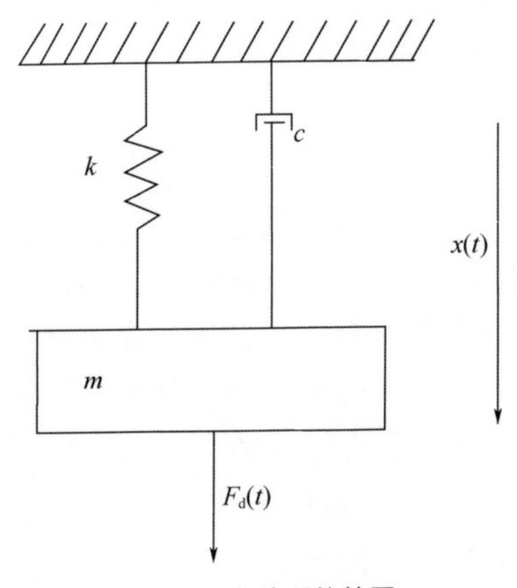

图 2.4 振动系统简图

针对上述简化后的振动系统做出以下假设：

① 工件系统具有良好的刚性，刀具系统是机床切削系统的主振系统；

② 切削厚度的动态变化仅由再生效应引发；

③ 再生型颤振发生时，切削力的大小仅与背吃刀量方向上产生的振动位移有关，与其他方向无关。切削力的方向保持不变。

单自由度线性再生型颤振模型如图 2.5 所示。

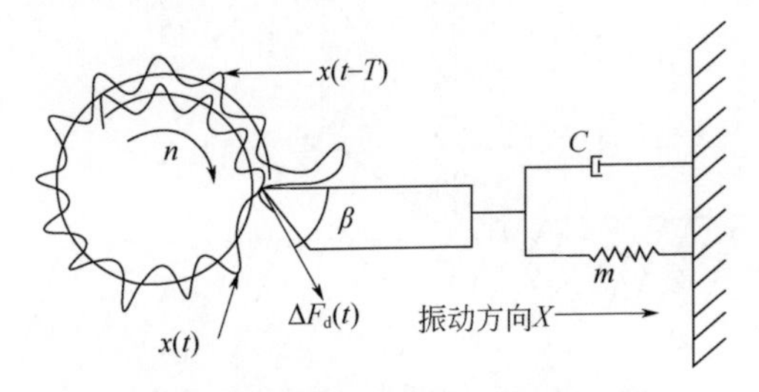

图 2.5 单自由度线性再生型颤振模型

刀具主振方向为 X 方向，系统再生型颤振动力学微分方程为

$$m\ddot{x}(t)+c\dot{x}(t)+kx(t)=\Delta F_{\mathrm{d}}(t)\cos\beta \tag{2.2}$$

瞬时动态切削厚度 $h(t)$可表示为

$$h(t)=h_{\mathrm{m}}+x(t-T)-x(t) \tag{2.3}$$

式中，h_{m}为平均切削厚度；$x(t-T)$为前一转切削的振动位移；$x(t)$为当前转切削振动位移。

刀具的主偏角为 K_{r}，$a_{\mathrm{p}}=b\sin K_{\mathrm{r}}$。

系统动态切削力可表示为

$$\Delta F_{\mathrm{d}}(t)=K_{\mathrm{s}}bh(t)=K_{\mathrm{s}}\left(\frac{a_{\mathrm{p}}}{\sin K_{\mathrm{r}}}\right)h(t) \tag{2.4}$$

式中，K_{s}为单位切削力，$\mathrm{N\cdot mm^{-2}}$；b 为切削宽度，mm；a_{p}为背吃刀量。

式（2.2）经拉普拉斯变换整理可得

$$s^2x(s)+2\xi\omega_{\mathrm{n}}sx(s)+\omega_{\mathrm{n}}^2x(s)=\Delta F_{\mathrm{d}}(s)\cos\beta/m \tag{2.5}$$

式中，ξ 为车削颤振系统等效阻尼系数，$\xi=c/(2m\omega_{\mathrm{n}})$；$\omega_{\mathrm{n}}$ 为车削颤振系统固有频率。

由式（2.2）可知，动态切削厚度的变化随着动态切削力的变化而变化，随着加工的进行，刀具在工件表面上留下一圈初始振纹 $x(t-T)$（T 为工件转一圈的时间）。当工件转动一圈后，原有振纹的表面又被刀具切削留下振纹 $x(t)$，刀具在工件上留下的振纹和前一圈的振纹相位不一致，刀具的切削厚度发生动态的变化，使刀具受到交变力的作用。伴随车削加工的进行，被加工工件和刀具便构成以 $\Delta F_{\mathrm{d}}(s)$ 作为输入量，以 $h(t)$作为反馈值的闭环系统。

故系统的闭环传递函数为

$$G(s)=\frac{x(s)}{\Delta F_{\mathrm{d}}(s)}=\frac{\cos\beta}{m\left(s^2+2\xi\omega_{\mathrm{n}}s+\omega_{\mathrm{n}}^2\right)}=\frac{1}{k}\times\frac{\cos\beta}{\left(\dfrac{s}{\omega_{\mathrm{n}}}\right)^2+\dfrac{2\xi s}{\omega_{\mathrm{n}}}+1} \tag{2.6}$$

根据控制工程原理，系统输出的时域特性由系统传递函数的特征根 s 决定，特征根可表示为 $s=\delta+\mathrm{i}\omega$。当 $\delta=0$ 时，系统处于失稳临界状态；当 $\delta>0$ 时，系统不稳定；当 $\delta<0$ 时，系统稳定。故当 $\delta=0$，$s=\mathrm{i}\omega$ 时，可求得系统极限背吃刀量 a_{plim}。将 $s=\mathrm{i}\omega$ 代入式（2.5）得

$$G(\mathrm{j}\omega)=\frac{x(\mathrm{j}\omega)}{\Delta F_{\mathrm{d}}(\mathrm{j}\omega)}=\frac{1}{k}\times\frac{\cos\beta}{\left(\dfrac{\mathrm{i}\omega}{\omega_{\mathrm{n}}}\right)^2+\dfrac{2\xi\mathrm{i}\omega}{\omega_{\mathrm{n}}}+1} \tag{2.7}$$

设 $\Delta F_d(t)=Ae^{st}$，$s=\mathrm{i}\omega$，其中，A 为动态切削力的振幅，ω 为颤振角频率(rad/s)，由式（2.7）可知，振动系统对周期激励响应为

$$x(t)=G(\mathrm{i}\omega)Ae^{\mathrm{i}\omega t} \tag{2.8}$$

$$x(t-T)=e^{-\mathrm{i}\omega T}G(\mathrm{i}\omega)Ae^{\mathrm{i}\omega t}$$

假设前后两转切削的重叠系数为 μ，则当前转切削厚度变化量还可表示为

$$h(t)=h_m+x(t-T)-x(t)=\mu x(t-T)-x(t) \tag{2.9}$$

将式（2.8）、式（2.9）代入式（2.4），化简可得

$$1+\frac{K_s(a_p/\sin K_r)(1-\mu e^{-\mathrm{i}\omega T})\cos\beta}{(\mathrm{i}\omega/\omega_n)^2+\dfrac{2\xi\mathrm{i}\omega}{\omega_n}+1}=0 \tag{2.10}$$

令 $\omega/\omega_n=\lambda$，$\cos\beta/\sin K_r=u$（方向系数），根据欧拉公式；$e^{-\mathrm{i}\omega T}=\cos(\omega T)-\mathrm{i}\sin(\omega T)$，式（2.10）可整理为

$$-\frac{k}{K_s a_p u}\times\frac{1-\mu\cos\omega T-\mathrm{i}\mu\sin(\omega T)}{1+\mu^2-2\mu\cos(\omega T)}=\frac{1-\lambda^2-2\xi\lambda\mathrm{i}}{(1-\lambda^2)^2+(2\xi\lambda)^2} \tag{2.11}$$

式（2.11）成立的条件是复数的实部幅角都相等，化简可得

$$\frac{-k}{K_s a_p u}\times\frac{1-\mu\cos(\omega T)}{1+\mu^2-2\mu\cos(\omega T)}=\frac{1-\lambda^2}{(1-\lambda^2)^2+(2\xi\lambda)^2} \tag{2.12}$$

$$\frac{\mu\sin(\omega T)}{1-\mu\cos(\omega T)}=\frac{2\xi\lambda}{1-\lambda^2} \tag{2.13}$$

由式（2.12）可得稳定极限背吃刀量为

$$a_{\mathrm{plim}}=-\frac{k(1-\mu\cos(\omega T))\left[(1-\lambda^2)^2+(2\xi\lambda)^2\right]}{K_s u\left[1-\mu\cos(\omega T)+\mu^2\right](1-\lambda^2)} \tag{2.14}$$

因为 $T=60/n$，由式（2.13）得主轴转速为

$$n=\frac{60\omega}{\arcsin\left[\sqrt{\mu^2+\left(\dfrac{1-\lambda^2}{2\xi\lambda}\right)^2}\right]^{-1}-\arctan\left(\dfrac{2\xi\lambda}{1-\lambda^2}\right)+2\pi j} \tag{2.15}$$

其中，j 为自然数，$j=0,1,2,3,\cdots,J$。

在如图 2.6 所示的三角形 ACE 中：

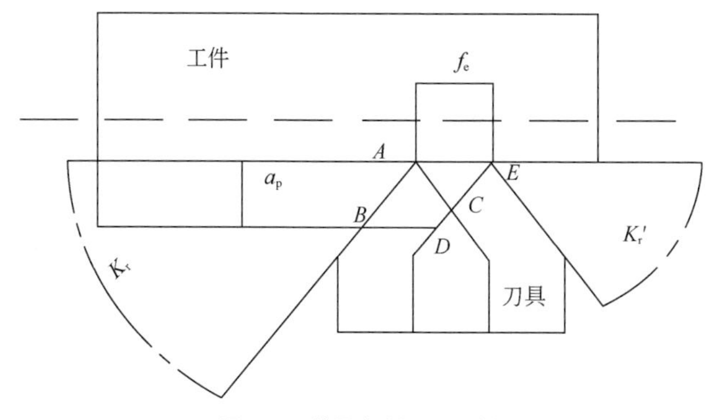

图 2.6　外圆车削重叠系数

$$\mu=\frac{CD}{AB}=\frac{DE-CE}{AB}=\frac{AB-CE}{AB}=1-\frac{CE}{AB} \tag{2.16}$$

由正弦定理可得

$$\frac{CE}{\sin K_r'}=\frac{AE}{\sin\left(K_r+K_r'\right)} \tag{2.17}$$

式中，K_r 为车刀主偏角，K_r' 为车刀副偏角。

因为 $AB=a_p/\sin K_r$，AE 替代为 f_e 可得重叠系数：

$$\mu=1-\frac{\sin K_r\sin K_r'}{\sin\left(K_r+K_r'\right)}\times\frac{f_e}{a_p} \tag{2.18}$$

式中，f_e 为外圆车削进给量，mm/r；a_p 为外圆车削背吃刀量，mm。

由式（2.18）可知，当重叠系数 $\mu=1$ 时，外圆车削时的再生效应最为强烈。

2.2.2　单自由度非线性再生型颤振模型

非线性振动理论研究是基于非线性理论建立振动系统的数学模型，然后在不同参数以及不同初始条件下，研究振动系统的运动规律。非线性振动系统的数学模型通常为非线性微分方程或非线性微分方程组。

本节在单自由度线性再生型颤振模型的基础上研究了机床结构的弹性恢复力与振动位移 $x(t)$之间的非线性关系以及刀具因受热变形对背吃刀量的影响，建立了单自由度非线性再生型颤振模型：

$$m\ddot{x}(t)+c\dot{x}(t)+kx(t)+\alpha x^2(t)+\beta x^3(t)=\Delta F_d(t)\cos\beta \tag{2.19}$$

式中，α、β 为机床结构弹性恢复力的非线性系数。

机床切削加工过程中，工件表面因切削会产生弹塑性变形，且当刀具在切削工件材料时，工件与刀具的前后刀面以及切屑等都会产生剧烈的摩擦，上述弹塑性变形及摩擦所做的功将会转变为切削热。切削热绝大部分将会被切屑带走，但是仍有3%～9%的热量会被传入刀具中。因刀具的体积相对较小且热容较小，故刀具受热时将会产生热变形，影响被加工材料的加工精度[175]。

随着机床加工时间的变化，刀具与工件接触产生的切削热不断地传入刀具中，这些热量将会引起车刀产生不同程度的变形，根据刀具连续吸热可推导热变形为[176]

$$\varepsilon_{jr} = \varepsilon_{\max}\left(1 - \mathrm{e}^{-\frac{t}{t_c}}\right) \tag{2.20}$$

式中，$\varepsilon_{\max}$为热平衡时刀具最大热变形量，mm；t_c是与切削条件有关的时间常数。

根据式（2.20）绘制车刀吸热过程中车刀热变形ε随时间t变化曲线，如图2.7所示。

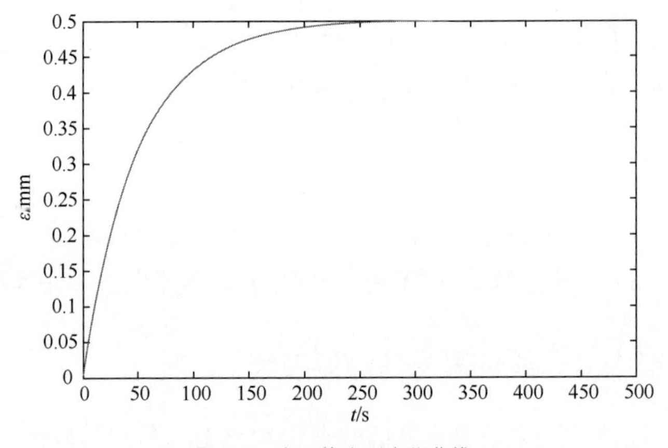

图2.7　车刀热变形变化曲线

根据车刀热变形变化曲线可以看出，当车刀连续切削时，在初始阶段，刀具热变形增加迅速，然后趋于缓和，最后达到热平衡，其热伸长量为ε_{jr}。

故在考虑车刀热变形产生热伸长量ε_{jr}的基础上，瞬时动态切削厚度$h(t)$可表示为

$$h(t) = h_m + x(t-T) - x(t) - \varepsilon_{\max}\left(1 - \mathrm{e}^{-\frac{t}{t_c}}\right) \tag{2.21}$$

故系统动态切削力可表示为

$$\Delta F_{\mathrm{d}}(t)=K_{\mathrm{s}}bh(t)=K_{\mathrm{s}}\frac{a_p}{\sin K_{\mathrm{r}}}\times\left[h_{\mathrm{m}}+x(t-T)-x(t)-\varepsilon_{\max}\left(1-\mathrm{e}^{-\frac{t}{t_{\mathrm{c}}}}\right)\right] \quad (2.22)$$

故本节所建立的单自由度非线性再生型颤振动力学微分方程为

$$m\ddot{x}(t)+c\dot{x}(t)+kx(t)+\alpha x^2(t)+\beta x^3(t)=K_{\mathrm{s}}\frac{a_p}{\sin K_{\mathrm{r}}}\times\left[h_{\mathrm{m}}+x(t-T)-x(t)-\varepsilon_{\max}\left(1-\mathrm{e}^{-\frac{t}{t_{\mathrm{c}}}}\right)\right]\cos\beta \quad (2.23)$$

上述所建非线性微分方程可以利用 MATLAB 软件求出系统近似的数值解，不过在求解之前，应先将所建立的非线性微分方程转化为状态空间方程。假设刀具的振动位移为 $y_1(t)$，刀具的振动速度为 $y_2(t)$。

针对上述所建非线性微分方程，$y_1(t)=x(t)$，$y_2(t)=\dot{x}(t)$ 代入式（2.23），可得系统状态空间方程为

$$\begin{cases} y_1(t)=y_2(t) \\ \dot{y}_2(t)=\dfrac{\omega_{\mathrm{n}}^2}{k}K_{\mathrm{s}}\cos\beta\left(\dfrac{a_{\mathrm{p}}}{\sin K_{\mathrm{r}}}\right)\left(h_{\mathrm{m}}+y(t-T)-y(t)-\varepsilon_{\max}\left(1-\mathrm{e}^{-\frac{t}{t_{\mathrm{c}}}}\right)\right) \\ \quad -2\xi\omega_{\mathrm{n}}y_2(t)-\omega_{\mathrm{n}}^2y_1(t)-\dfrac{\omega_{\mathrm{n}}^2}{k}\alpha y_1^2(t)-\dfrac{\omega_{\mathrm{n}}^2}{k}\beta y_1^3(t) \end{cases} \quad (2.24)$$

当开始进行车削加工时，刀具振动位移 $y_1(t)$以及刀具振动速度 $y_2(t)$都为 0，此为非线性系统微分方程的初始条件，即状态空间方程的初始条件。

2.2.3 线性分析与非线性分析的不同

数控车床车削颤振的分析理论可分为线性分析理论和非线性分析理论。当系统仅存在微小振动变形时，可利用线性振动模型对振动系统进行简化，建立振动系统的数学模型，从而解释振动的发生或者预测振动发生的临界条件。合理地利用线性分析理论，会大大减少与振动有关研究的工作量。线性分析理论与非线性分析理论相比主要有以下不同之处：

① 线性分析理论在进行建模分析时可使用叠加原理，而非线性分析理论则不可使用叠加原理。

② 线性系统在确定的激励下只会产生确定的响应，而非线性系统则会产生随机响应，如非线性系统特有的混沌运动等。

③ 在传统的线性理论中，如果切削系统切削参数，如背吃刀量超过稳定性极限背吃刀量时，切削系统的振动幅值便将呈现无限增大趋势；非线性分析

理论中，当切削系统的振动幅值在达到一定值时便会稳定在一定的范围，更符合实际情况。

④ 因系统具有结构阻尼，故不受激励时，线性系统运动趋势消失。在非线性系统中，考虑到系统中非线性因素的影响，当系统不受外界激励时也存在周期解。

就稳定性预测采用的 SLD 叶瓣图法而言，当采用非线性分析进行动力学建模时，往往得不到精确的解析解，而稳定性叶瓣图法需要的是一个可以预测颤振发生的临界阈值，因此非线性分析不适用于 SLD 叶瓣图法。

与非线性分析理论不同，在常规的线性分析理论中，当系统的切削参数（切削力系数、静刚度系数、阻尼比等）确定时，切削系统的稳定性极限背吃刀量是确定的，即切削系统是否发生颤振是确定的。在实际切削过程中，车削系统虽然往往会受到周围环境以及切削系统内部各种因素耦合的干扰，影响颤振发生的预判，但影响不大，且因在外圆车削过程中一直有外激励（切削力）存在，故采用线性分析时关于无激励状态下阻尼的影响可忽略不计。再者就是采用线性分析理论时，当背吃刀量超过预测稳定性极限背吃刀量时，切削系统的振动幅值会一直增大，与实际中增大到一定程度振幅便会趋于稳定不符，但是对于预判颤振产生的稳定性极限背吃刀量还是相符的，这对指导实际加工有着重要的意义。故本节采用单自由度线性再生型颤振模型绘制稳定性叶瓣图。

2.2.4 SLD 法稳定性叶瓣图

SLD 法是以颤振动力学方程和 MATLAB 为基础获取对应车削系统颤振稳定性曲线，假定已知车削振动系统的 ω_n、k、ξ 和 K_s，其绘制流程如图 2.8 所示。

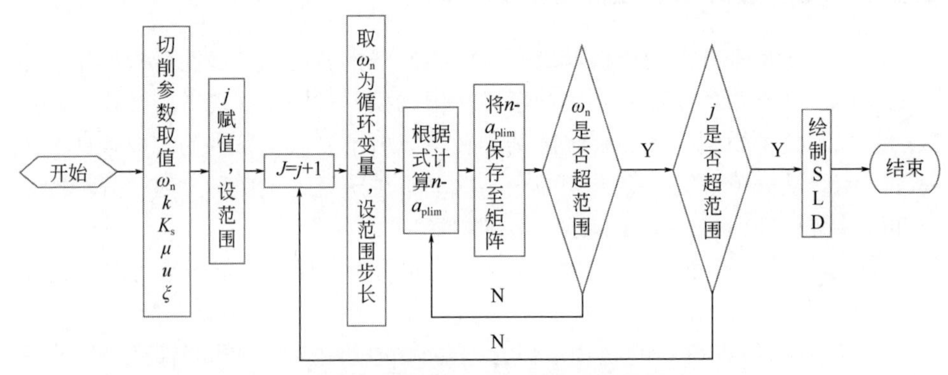

图 2.8 颤振稳定性叶瓣图绘制流程

如图 2.8 所示，通过标记极限背吃刀量 a_{plim} 与机床主轴转速 n 之间的关系，

将 $n\text{-}a_{plim}$ 平面分为稳定区域和不稳定区域，给出车削系统的稳定情况[177,178]。利用式（2.14）、式（2.15）可以求解出车床车削稳定性域的解析范围，还可以用 a_{plim} 值绘制稳定性叶瓣图，作为切削加工系统无再生型颤振切削的安全准则判别阈值。

确定颤振系统的动力学参数（k,ξ,ω_n）和刀具切削工件时的切削力系数 K_s，就可以用 MATLAB 求出以主轴转速 n 为横坐标，极限背吃刀量 a_{plim} 为纵坐标的稳定性叶瓣图（SLD）。

例如，车削 45 钢，其动力学参数取值如表 2.1 所示。

◆ 表 2.1 切削系统动力学参数

参数	k/(N/mm)	ω_n	ξ	K_s	μ	u
值	3106.6	502.5	0.05	2017.5	1.0	0.56

根据图 2.8 SLD 绘制流程图以及表 2.1 切削系统动力学参数可绘稳定性叶瓣图，如图 2.9 所示。

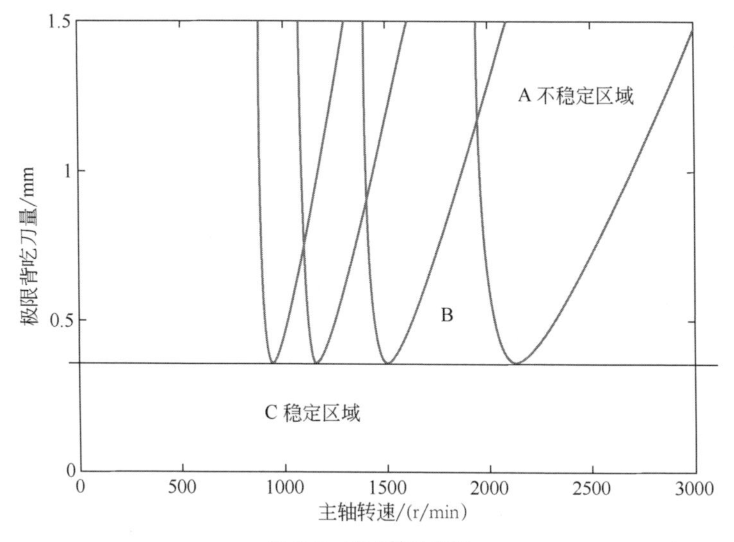

图 2.9 稳定性叶瓣图

图 2.9 显示 j 为 1～4 的情况。当 j 逐渐增大时，每瓣开口从右向左逐渐变小，对任意一瓣，其极限背吃刀量 a_{plim} 值相等。这些"耳线"即稳定性界限，车削外圆时，由主轴转速和背吃刀量组成的点（n,a_{plim}）落在"耳线"内，即区域 A 时，表示此时的主轴转速和背吃刀量会导致不稳定切削产生颤振。在实际加工过程中，应尽量避免在该区域内选择切削参数。

如果点（n,a_{plim}）落在"耳线"上，则处于临界状态。

如果点（n,a_{plim}）落在“耳线”外，即 B、C 区域时，则外圆切削过程稳定，不会产生颤振现象。但 B 区域稳定性具有一定的限制，可称为有条件稳定区。在该区域内，应选择合理的背吃刀量和主轴转速组合，灵活性强，是理想的加工区域；C 区域只要保证背吃刀量小于某一临界值，即使高速切削，仍能保持稳定状态，可称为无条件稳定区，但是对于背吃刀量有着明显的限制。故获得各种机床的稳定性叶瓣图对于指导实际生产，提高生产效率有着重要的意义。

第3章 超声振动车削系统设计

超声振动车削是一种基于脉冲形式的断续切削，由于切削机理发生了变化，切屑的形成机理也发生变化。同时，被加工材料的加工性能得到改善，刀具的使用寿命增加。

本章对车削中的颤振进行分类，针对再生型颤振原理进行了线性建模，在线性分析的基础上，考虑了机床结构的弹性恢复力与振动位移 $x(t)$之间的非线性关系以及刀具因受热变形对切削厚度的影响，建立了再生型车削颤振的非线性模型。基于 MATLAB 对径向超声振动的刀尖运动轨迹进行了分析，建立机床坐标系 X-Z 工作平面内的刀具车削模型。通过数学建模及 ANSYS Workbench 软件进行模态分析、谐响应分析，设计了符合试验需要的径向振动车削刀杆。对试验用径向振动车削装置进行选型，在介绍振动系统各部分作用的同时，基于 KDN 数控车床选取了由 SCQ-1500F 超声波发生器、夹心式压电换能器、阶梯形变幅杆、所设振动车刀组成的径向振动车削装置。

3.1 超声振动车削分类

自从隈部淳一郎提出振动切削这一技术以来，振动车削技术已经有了很大的发展，目前根据超声波发出频率不同、施加振动维度不同，超声振动车削分为以下方面。

① 根据频率的高低，可将振动车削分为低频振动车削和高频振动车削。在低频振动车削加工过程中，超声波发生器发出的超声频率一般小于 200 Hz。此时，由于振动频率较小，对切削过程中已加工表面的加工质量，切削力变化情况等改变不大，只是在量上改变了切屑形成的前提，因此低频振动车削主要适用于断屑等相关问题。高频振动车削又称为超声振动车削，是指通过超声波

发生器生成 16 kHz 以上的振动频率，然后将其通过换能器将信号转换，再通过变幅杆进行放大施加在车削刀具上，车削刀具高频机械振动。在高频振动车削中，刀具的切削机理变为断续切削，被加工材料的加工性能得到改善，刀具的使用寿命增加。

② 根据施加振动的维度不同，超声振动车削又可分为一维直线振动车削、二维椭圆振动车削以及三维振动车削技术。其中，一维直线振动车削技术根据施加振动的方向不同又可分为轴向（主切削力方向）振动车削、径向（吃刀抗力方向）振动车削、切向（走刀抗力方向）振动车削。

采用轴向振动车削方式，切削力降低，切削精度提高，切削温度降低，积屑瘤得到有效清除；采用径向振动车削方式，切削力降低，工件表面加工质量上升，切削温度降低，抑制积屑瘤生成；采用切向振动车削方式，切削刃锋利化，切削力波形正弦波形化，平均切削抗力降低。

二维超声椭圆振动是基于一维直线振动车削提出的。在采用超声直线振动技术进行车削时，当刀具离开被加工材料，此时刀具的后刀面将会与被加工材料的已加工表面产生摩擦，从而破坏已加工表面的加工质量。而且受刀具后刀面与已加工表面的摩擦作用影响，刀刃此时会受到交变的拉应力及压应力，易产生崩刀的现象。二维椭圆振动车削相比于一维直线振动车削的优点有[179]：

① 相比于一维直线振动车削，二维椭圆振动车削几乎可加工所有曲面。

② 针对一维直线振动车削过程中刀具与工件分离阶段刀具与已加工表面产生的摩擦，二维椭圆振动车削可有效避免且可抑制切屑瘤的生成，提高表面加工质量。

③ 二维椭圆振动车削可有效避免由交变拉应力产生的崩刀现象。

图 3.1 为二维超声椭圆振动车削原理图。

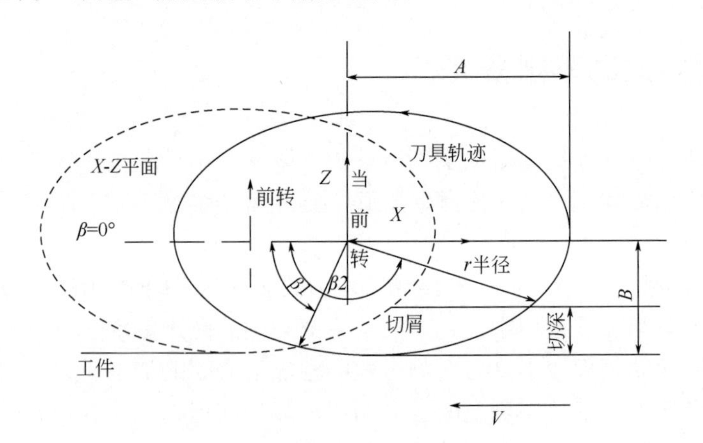

图 3.1　二维超声椭圆振动车削原理图

将刀尖的X方向与Z方向通入互相垂直具有相同频率且具有一定相位差的高频驱动信号，设X方向和Z方向的运动方程为[180]

$$X=A\sin(2\pi f+\beta),\quad Z=B\sin 2\pi f \tag{3.1}$$

式中，A为X方向运动的振幅；B为Z方向运动的振幅；β为X方向运动和Z方向运动的相位差。

合成运动方程为

$$\frac{X^2}{(A\sin\beta)^2}-\frac{2\cos\beta}{AB\sin^2\beta}XZ+\frac{\cos^2\beta}{(B\sin\beta)^2}Z^2=1 \tag{3.2}$$

式（3.2）中，β角的不同，决定着刀尖做椭圆运动的轨迹。针对直线振动车削时，刀具的后刀面与被加工材料的已加工表面相摩擦的问题，通过椭圆振动车削可完美解决。因采用椭圆振动切削时，刀尖的运动轨迹为椭圆，此时在刀具与被加工材料分离时，刀具的后刀面与已加工表面间已经留有一段距离，保证了已加工表面的完整性，且没有摩擦作用的影响，刀刃也不会受到交变的拉应力和拉应力，刀具的耐久性提高。

三维振动车削中，刀尖的运动轨迹在刀具的法平面和已加工表面上的投影均为椭圆，实际上为正交椭圆振动和斜交椭圆振动的合成，目前应用较少。

3.2 超声振动车削系统

3.2.1 超声振动车削系统的组成

超声振动车削系统主要由超声振动系统、刀具系统以及实现车削加工所需的车床组成，其基本结构如图 3.2 所示。

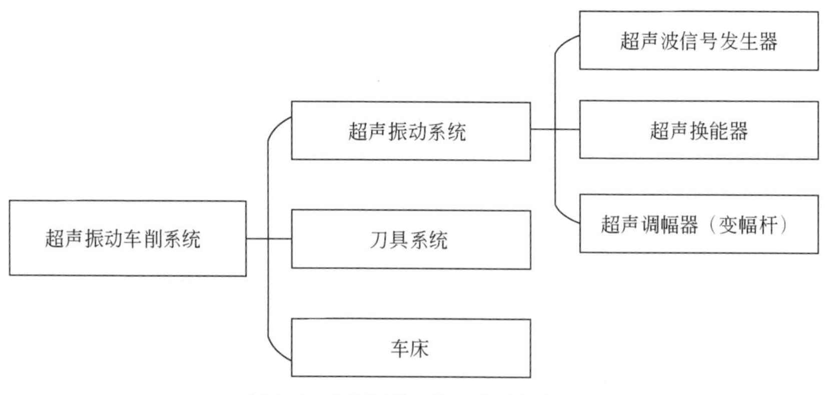

图 3.2 超声振动车削系统基本结构

3.2.2 超声振动系统设计

超声振动系统是由超声波信号发生器、超声换能器以及超声调幅器（变幅杆）组成。

（1）超声波信号发生器选型定制

超声波信号发生器的作用是将 50 Hz 或 60 Hz 的交流电转变为一定功率的超声频率电振荡信号（≥16 kHz），以提供超声换能器振动所需的能量。超声波发生器是超声振动系统的核心，它可根据实际需要产生正弦或非正弦波信号。

超声波信号发生器一般由控制模块、信号发生模块、功率放大模块、阻抗匹配模块等部分组成。当超声波信号发生器工作时，其产生的高频信号经功率放大模块进行功率放大，然后经阻抗匹配模块传输至超声换能器中。本书定制的超声波发生器为 SCQ-1500F 超声波发生器，如图 3.3 所示。

图 3.3 SCQ-1500F 超声波发生器

（2）超声换能器选型定制

超声换能器可将超声频率范围之内交变的高频电振荡信号转换为机械信号，根据信号转换原理不同，目前超声换能器主要可分为磁致伸缩型和压电型。

磁致伸缩换能器：磁致伸缩换能器利用的是磁致伸缩效应，即磁性材料在交变磁场中产生磁化现象，当磁性材料的磁场与交变磁场的频率相同时将产生体积或长度的变化的效应。常见的磁致伸缩材料的长度变化量级在 10^{-6}～10^{-5} m。

压电换能器：压电换能器利用的是某些晶体压电材料的逆压电效应。对某些压电材料施加外力时，压电材料将在外力的作用下产生机械变形，受变形影响，压电材料的表面将会产生电荷，因电荷数量不同从而产生电势差形成电场，这种效应为压电效应。逆压电效应则对具有压电效应的晶体材料进行反向应用，具体是指在其两端面施加交变电场时，晶体材料将会产生伸缩的现象。

根据晶体材料的逆压电效应制作压电式换能器，在超声振动设备工作时，首先通过超声波发生器施加高频交变电场。在逆压电作用下，晶体产生与交变电场频率相同的机械变形，然后通过变幅杆的放大作用传递给刀具实现振动车削加工。

压电换能器常用的压电晶体材料有压电陶瓷、压电单晶、压电聚合物、压电厚膜、压电复合材料等[181]。其中，压电陶瓷材料以具有较强的压电稳定性能、高的电声转换效率、低廉价格、成熟制备工艺等特点在当前多为使用。图 3.4 为夹心式压电陶瓷换能器的结构。

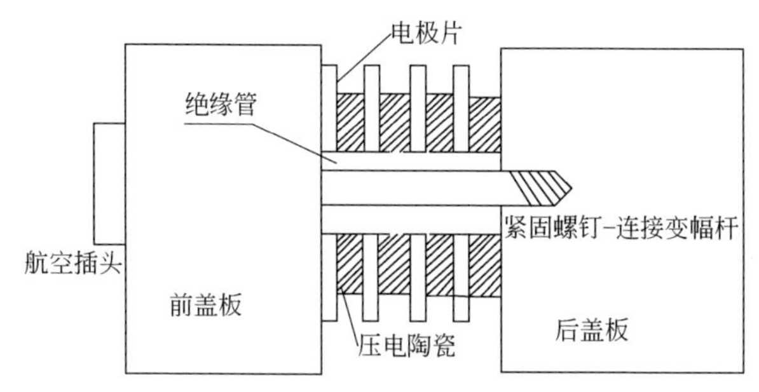

图 3.4　夹心式压电陶瓷换能器结构

图 3.5 为定制的夹心式压电换能器实物图。

图 3.5　夹心式压电换能器

（3）变幅杆选型定制

超声振动车削过程中，所需振动车刀的刀尖振幅一般为 5～20 μm，而换能器输出的振幅一般为 2～5 μm，不能满足实际车削需要，故需要一种功率放大装置能将换能器输出的机械振动的振幅进行放大以达到车削加工所需要求，变幅杆即可达到这种效果。变幅杆通常可分为单一型变幅杆和复合型变幅杆。单一型超声变幅杆按其形状主要可分为等截面圆柱形变幅杆、圆锥形变幅杆、指数型变幅杆、阶梯形变幅杆，如图 3.6 所示。复合型变幅杆则是在某些特定场合下，用以处理单一型变幅杆无法解决的问题的一类变幅杆，由两种或者两种以上不同结构形状的变幅杆组合而成。

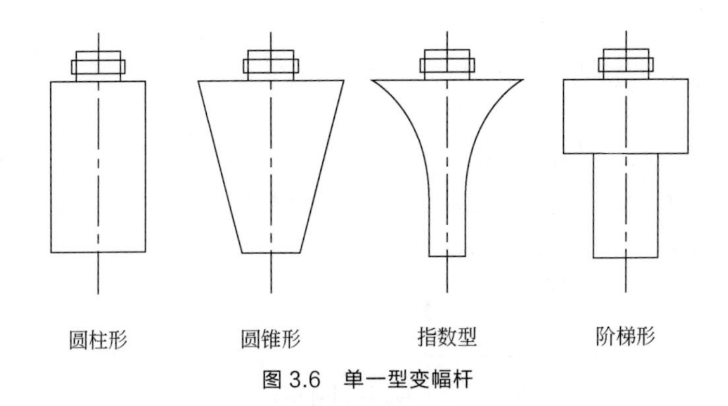

图 3.6 单一型变幅杆

当波在材料内进行传播时，在其波长、速度、频率一直传播无损耗时，通过变幅杆每个横截面的能量是固定的。设单位时间在波的传播方向上每个横截面的总振动能量为 Q，则

$$Q=\rho_{\mathrm{E}}S \tag{3.3}$$

式中，ρ_{E} 为每个横截面的能量密度，$\mathrm{W/m^2}$；S 为每个横截面的面积，$\mathrm{m^2}$。

由式（3.3）可知，在 Q 不变的情况下，每个横截面的能量密度与每个横截面的总振动能量呈反比关系。其中，ρ_{E} 的计算公式为

$$\rho_{\mathrm{E}}=0.5\rho f^2A^2v \tag{3.4}$$

式中，ρ 为变幅杆材料的密度，$\mathrm{kg/m^3}$；f 为超声波频率，Hz；A 为超声波振幅，m；v 为超声波在变幅杆中的传播速度，m/s。

由式（3.3）、式（3.4）可知，当 Q 一定时，S 减小，ρ_{E} 增大。由于变幅杆的密度 ρ、超声波频率 f 以及超声波在变幅杆中的传播速度已确定，故当 S 减小时，ρ_{E} 增大，进而超声波振幅 A 增大。因此，变幅杆为了实现振幅增大的效果，一般设计为连接换能器端横截面积大，连接车刀杆端横截面积小。本书所用的为阶梯形变幅杆如图 3.7 所示，图中法兰盘处装有 L 形板供数控车床装夹。

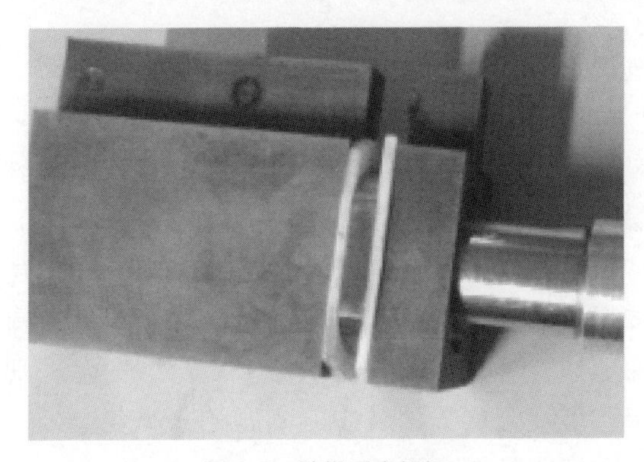

图 3.7 阶梯形变幅杆

3.3 超声车刀刀杆设计

本书采用的振动频率为 20 kHz，本节以径向超声振动车削为例，进行超声车刀刀杆设计，后面各章节刀杆设计类似。

工作时，超声波发生器发出超声振动信号经换能器进行功率能量转换，然后经过变幅杆利用截面的变化达到振幅放大,最后变幅杆末端与振动车刀相连。为了使振动车刀的振型与变幅杆相匹配，保证振动车削的正常进行，本节主要对超声车刀刀杆进行设计，先对刀杆进行数学建模，然后采用 ANSYS Workbench 软件进行模态仿真以及谐响应分析，设计所需振动车刀刀杆[182]。

3.3.1 振动车刀刀杆数学建模

振动车刀包括一振型车刀至五振型车刀。一振型车刀主要适用于纵向振动超声车削装置，二振型车刀至五振型车刀则适用于弯曲振动超声车削装置。本书中研究的径向超声振动车削装置采用的是超声纵向振动，故使用的车刀为一振型车刀[95]。

振动刀杆设计、质量等因素对车削效率产生重要影响。针对车削 TC4 钛合金的振动车刀刀杆要具有的特点主要是：①结构简单，拆装方便，通用性好；②声能损耗小，传递效率高；③振动车刀刀杆与变幅杆连接后能和换能器的振动频率产生共振；④振动车刀刀杆要与非振动车刀刀杆材料一致，以免产生干扰。

故在此基础上选择 42CrMo 作为振动刀杆材料。

设振动车刀刀杆的刀头形貌不变，刀柄为圆柱体，圆柱体直径 d 为 32mm（与变幅杆放大端直径相同），圆柱面面积为 A，刀杆柄长为 l，则振动车刀刀杆的固有频率为[183,184]

$$f=\frac{A_n}{2\pi l^2}\sqrt{\frac{EJ}{\rho A}} \tag{3.5}$$

式中，A_n 为振型系数；J 为截面惯性矩，mm^4；ρ 为密度；E 为弹性模量。经查阅资料可知，ρ=7.85×10^{-3}g/mm^3，E=212GPa，$J=\pi d^4/64$，式（3.5）可化简为

$$f=\frac{A_n d}{8\pi l^2}\sqrt{\frac{E}{\rho}} \tag{3.6}$$

因超声频率为 20kHz，为产生共振，刀杆固有频率应为 20kHz，故刀杆柄长为

$$l = \sqrt{\frac{A_n d}{8\pi f}\sqrt{\frac{E}{\rho}}} \quad (3.7)$$

因为超声振动车削钛合金所用的振动车刀为一振型车刀，故 $n=1$，$A_1=4.730$[95]。将上述参数代入式（3.7）中可得刀杆柄长度 l 约为 39.6 mm。

3.3.2 振动刀杆仿真分析

因变幅杆与振动刀杆连接处端面直径为 32 mm，为了减少声能损耗，提高传递效率，刀柄采用圆柱体，端面直径为 32 mm，刀杆与变幅杆采用螺纹连接，刀杆与变幅杆连接处端面开 M18×1.5 mm 深 20 mm 的螺纹孔，刀杆柄长为 45 mm（因尾端开孔导致满足要求的实际刀柄长度略有增加）。因试验需要，分别设计主偏角 93°、主偏角 75°刀杆，刀杆总长分别为 78 mm、85 mm。试验所设计刀杆如图 3.8 所示。

（a）主偏角 93°振动刀杆

（b）主偏角 75°振动刀杆

图 3.8　试验设计刀杆

针对设计的刀杆，在 ANSYS Workbench 软件上进行网格划分，为了保证精度，根据有限元网格划分理论，在部件的最薄处保证两层以上网格即可满足实际要求。故网格划分方式采用六面体自由网格划分，网格大小为 1.5 mm，图 3.9 为网格划分后刀杆有限元模型。

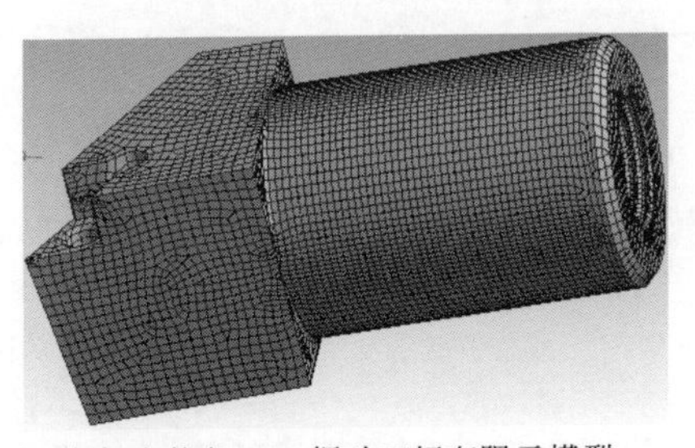

（a）主偏角 93° 振动刀杆有限元模型

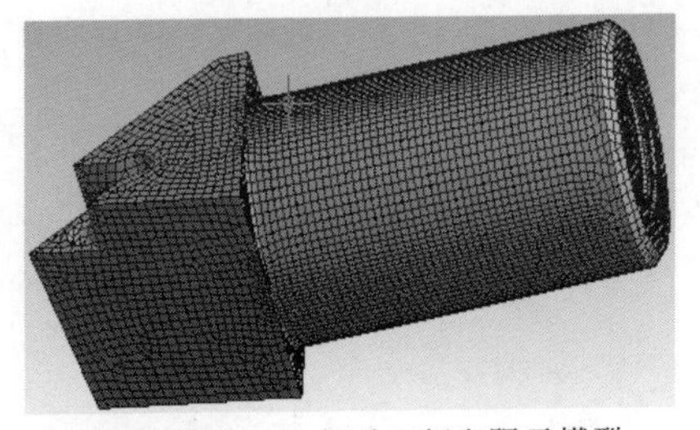

（b）主偏角 75° 振动刀杆有限元模型

图 3.9　网格划分后刀杆有限元模型

螺纹孔处施加固定约束，定义分析类型为模态分析，因在振动问题研究领域中，前六阶振型为主要研究对象，其振幅相比后续振型要大得多，而后续的振型振幅微弱，无实际探讨意义。提取前六阶模态，模态分析求解结果如图 3.10 所示。

	Mode	Frequency [Hz]
1	1.	5632.3
2	2.	5669.3
3	3.	12962
4	4.	19504
5	5.	22542
6	6.	22973

（a）主偏角 93° 振动刀杆模态分析结果

	Mode	Frequency [Hz]
1	1.	5168.3
2	2.	5214.7
3	3.	13250
4	4.	19232
5	5.	20613
6	6.	21311

（b）主偏角 75° 振动刀杆模态分析结果

图 3.10　模态分析结果

由图 3.10 模态分析结果可知，在 20 kHz 超声激励下，在引发共振的范围[(20±1) kHz]内，主偏角 93°振动刀杆在 19504 Hz 能达到共振，而主偏角 75°振动刀杆可在 19232 Hz 以及 20613 Hz 达到共振。

以主偏角 93°振动刀杆为例，图 3.11 为振动刀杆 1～6 阶模态等效位移云图。

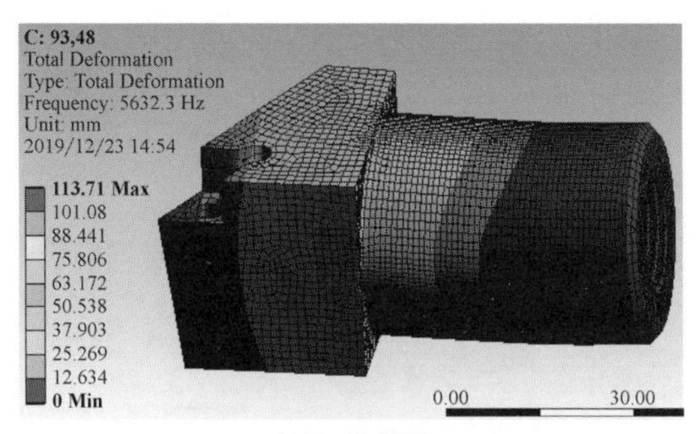

（a）1 阶振型

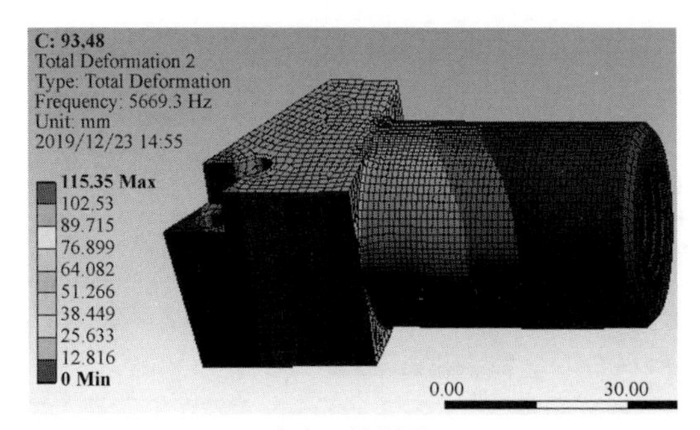

（b）2 阶振型

图 3.11

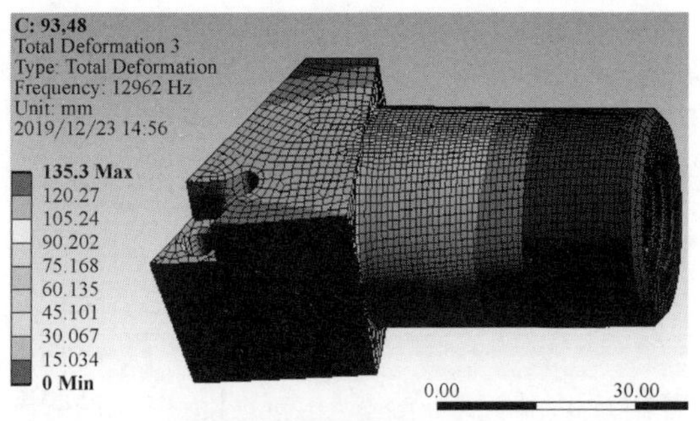

(c) 3 阶振型

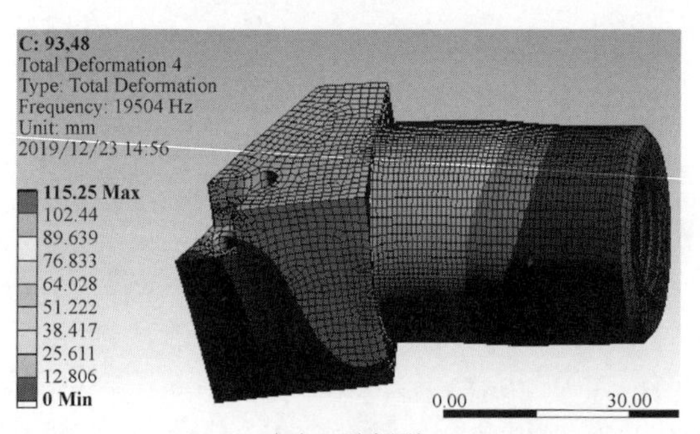

(d) 4 阶振型

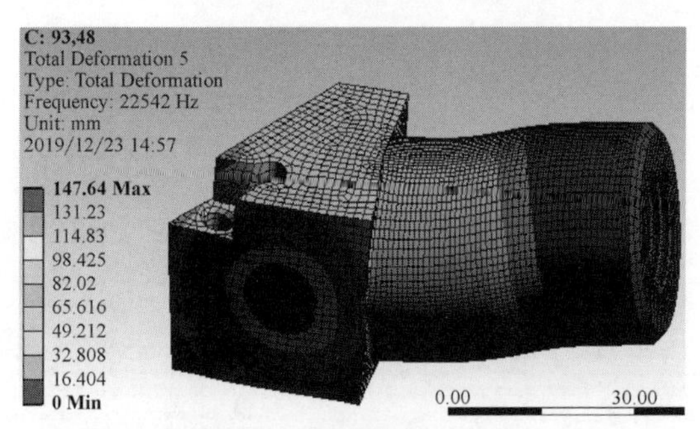

(e) 5 阶振型

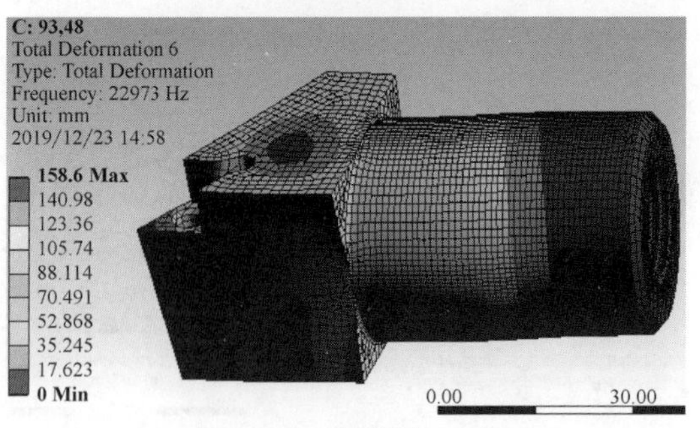

(f) 6 阶振型

图 3.11 振动车削 TC4 钛合金刀杆模态位移云图

根据图 3.11 刀杆模态位移云图，对比图（a）～（f）模态振型可以看出，所设计刀杆的 4 阶模态振型是沿刀杆轴向往返运动的，其固有频率为 19504 Hz。

对上述主偏角 93°振动车刀刀杆进行谐响应分析（扫频法），分析时采用模态叠加法，激振频率为 5000～23000 Hz，其轴向位移频率响应分析结果如图 3.12 所示。

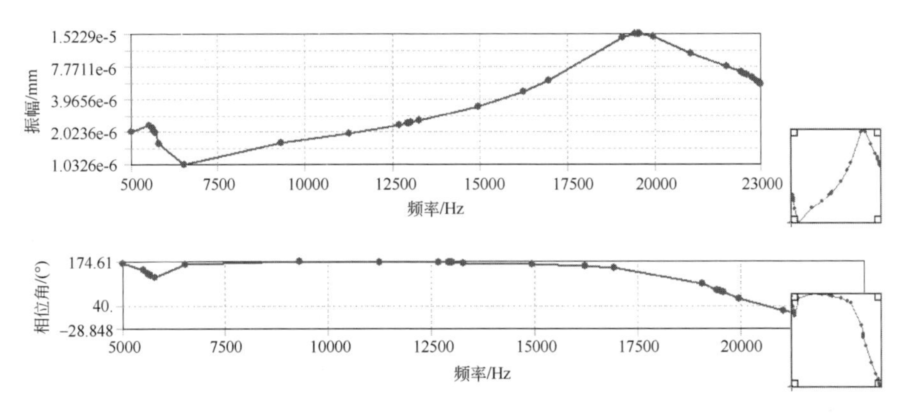

图 3.12　谐响应分析结果

谐响应分析 Tabular Date 数据如表 3.1 所示。

◇ 表 3.1　谐响应分析 Tabular Date 数据

序号	频率/Hz	振幅/mm	相位角/(°)
1	5000	2.00×10^{-6}	170.25
2	5505.8	2.32×10^{-6}	147.9
3	5612.8	2.18×10^{-6}	138.14
4	5632.3	2.13×10^{-6}	136.36
5	5650.8	2.08×10^{-6}	134.72
6	5669.3	2.03×10^{-6}	133.16
7	5689	1.97×10^{-6}	131.61
8	5799.5	1.57×10^{-6}	126.18
9	6528.5	1.03×10^{-6}	165.73
10	9315.7	1.60×10^{-6}	174.61
11	11256	1.96×10^{-6}	173.09
12	12671	2.33×10^{-6}	171.15
13	12917	2.41×10^{-6}	170.74
14	12962	2.42×10^{-6}	170.66
15	13007	2.44×10^{-6}	170.58
16	13260	2.53×10^{-6}	170.14
17	14926	3.40×10^{-6}	166.02

续表

序号	频率/Hz	振幅/mm	相位角/(°)
18	16233	4.67×10^{-6}	160.07
19	16937	5.81×10^{-6}	154.76
20	19066	1.41×10^{-5}	105.99
21	19437	1.52×10^{-5}	87.523
22	19504	1.52×10^{-5}	83.99
23	19572	1.52×10^{-5}	80.45
24	19952	1.44×10^{-5}	61.67
25	21023	1.02×10^{-5}	25.655
26	22036	7.75×10^{-6}	1.3925
27	22464	6.90×10^{-6}	−11.138
28	22542	6.72×10^{-6}	−13.671
29	22621	6.52×10^{-6}	−16.265
30	22758	6.15×10^{-6}	−20.863
31	22894	5.75×10^{-6}	−25.401
32	22973	5.50×10^{-6}	−27.997
33	23000	5.41×10^{-6}	−28.848

由图 3.12 谐响应分析结果和表 3.1 谐响应分析 Tabular Date 数据表可知，主偏角 93°振动车刀刀杆在 19504 Hz 时轴向振动幅值最大，达到共振状态，刀杆符合径向振动车削所要求的频率以及振型，故设计合理。图 3.13 分别为设计的主偏角 93°振动刀杆以及主偏角 75°振动刀杆实物图。

（a）主偏角 93° 振动刀杆

（b）主偏角 75° 振动刀杆

图 3.13　刀杆实物图

3.4　径向超声振动车削装置安装设计

选用的径向振动车削装置由 SCQ-1500F 超声波发生器、夹心式压电换能器、阶梯形变幅杆以及所设振动车刀组成。为了便于安装拆卸，径向超声振动车削装置的变幅杆节圆处法兰盘设计带有 L 形板，L 形板可与 KDN 数控车床的转塔刀架固定，换能器和变幅杆外部设计一外壳体，起到保护和美观的作用。L 形板二维工程图如图 3.14 所示。

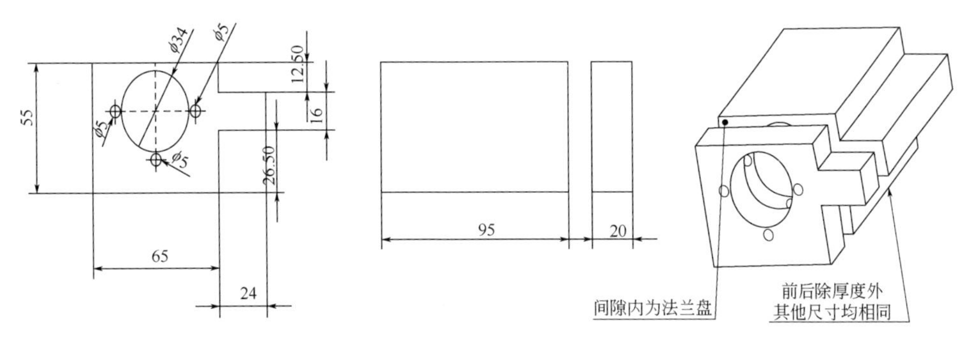

图 3.14　L 形板的二维工程图

径向超声振动车削装置实物图如图 3.15 所示。

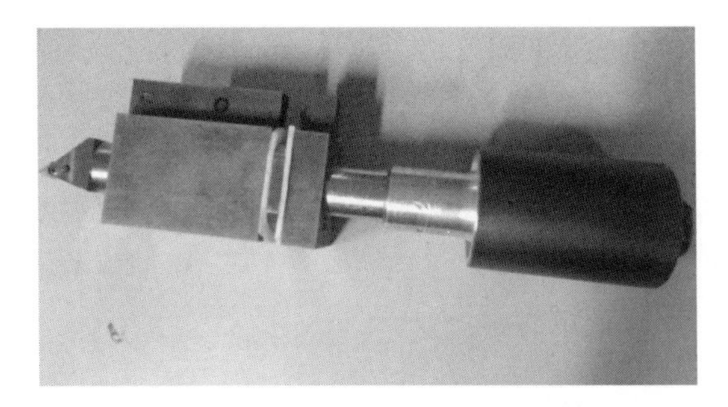

图 3.15　径向超声振动车削装置实物图

径向超声振动车削装置安装实物图如图 3.16 所示。

图 3.16　径向超声振动车削装置安装实物图

径向超声振动车削 TC4 钛合金

车削 TC4 钛合金过程中，因再生型颤振的影响，车削一般在有振纹的表面上进行，再生效应引发的车削颤振是车削 TC4 钛合金颤振发生的最主要形态。本章基于线性再生型车削颤振动力学模型，通过改变主振系统的阻尼比、静刚度系数、固有频率和方向系数设计正交试验，探究了各因素对车削 TC4 钛合金颤振稳定性极限背吃刀量的影响规律。然后通过试验法确定了主振系统的阻尼比 ξ、静刚度系数 k、主振系统固有频率 ω_n 和 TC4 钛合金的单位切削力系数 K_s。再通过 MATLAB 编程将试验确定参数代入获得车削 TC4 钛合金的颤振稳定性极限叶瓣图，并进行验证试验。

4.1 径向超声振动车削机理

本章主要研究的是抑制再生型颤振的发生（即抑制 TC4 钛合金表面因颤振产生不规则的振纹的现象，同时降低 TC4 钛合金表面粗糙度）。径向振动车削是在工件的径向方向即机床坐标系 X 方向对刀具施加一高频的振动，使切削速度、背吃刀量发生周期性的变化，从而使工件上的振纹更加平整、分布更加均匀，材料去除更彻底，减少由于钛合金切屑粘刀造成的表面划痕和积屑瘤[13,185,186]。径向振动车削方式如图 4.1 所示。

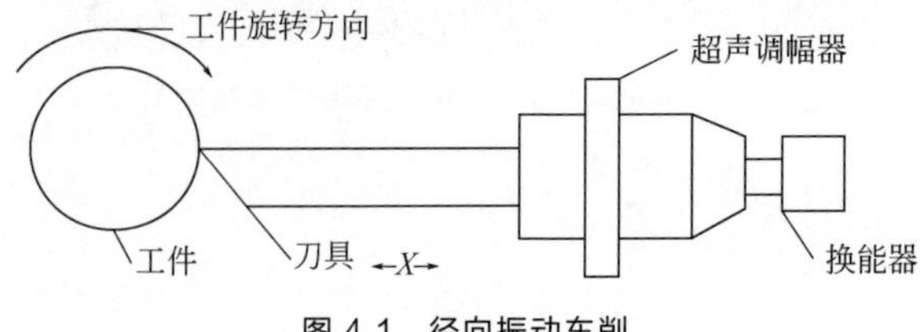

图 4.1 径向振动车削

在刀具的径向方向即机床坐标系的 X 方向施加一频率为 f、振幅为 A 的振动信号：

$$x_f = A\sin\left(2\pi ft\right) \tag{4.1}$$

对 t 求导可得背吃刀量方向的超声振动速度为

$$v_f = 2A\pi f\cos\left(2\pi ft\right) \tag{4.2}$$

故背吃刀量方向的刀尖运动轨迹为

$$x = A\sin\left(2\pi ft\right) \tag{4.3}$$

因为刀具在进给方向运动，此时刀尖在进给方向的运动轨迹与背吃刀量方向的运动轨迹组成一几何平面，通过 MATLAB 软件可对刀尖在几何平面内的运动轨迹进行分析，刀尖在进给方向的运动轨迹为

$$z = nf_v t / 60 \tag{4.4}$$

式中，n 为主轴转速，r/min；f_v 为刀具进给量，mm/r。

图 4.2 为不同切削参数下的刀尖在工作平面（机床坐标系 X-Z 平面）内的运动轨迹。

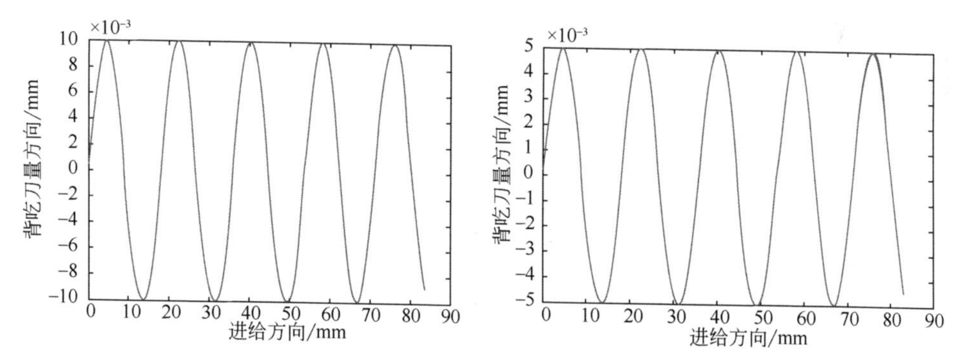

（a）A=0.01 mm，f=20 kHz，n=500 r/min，f_v=0.1 mm/r （b）A=0.005 mm，f=20 kHz，n=500 r/min，f_v=0.1 mm/r

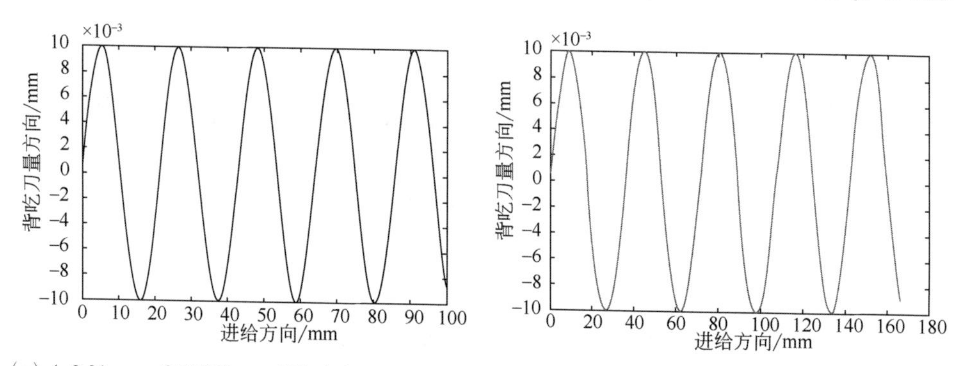

（c）A=0.01 mm，f=20 kHz，n=600 r/min，f_v=0.1 mm/r （d）A=0.01 mm，f=20 kHz，n=500 r/min，f_v=0.2 mm/r

图 4.2 不同切削参数下的刀尖运动轨迹

对比图 4.2（a）～（d）可以看出，当切削参数改变时，在由进给方向和背吃刀量方向组成的 X-Z 工作平面内，刀尖的运动轨迹也随之发生变化。以切削参数 A=0.01 mm，f=20 kHz，n=500 r/min，f_v=0.1 mm/r 为例，其单个周期内刀尖在背吃刀量方向上的运动轨迹如图 4.3 所示。

如图 4.3 所示，当采用径向振动进行外圆车削时，在单个振动周期内，刀尖先从 A 点沿背吃刀量方向正向运动。随着刀尖沿背吃刀量方向正向运动，背吃刀量随之增大，切削刃与工件材料的接触面积增大，切削温度上升，切削力增大；当刀尖到达 B 点时，刀尖在背吃刀量方向上的速度为 0，此时刀尖沿背吃刀量反方向运动。随着刀尖沿背吃刀量反向运动，背吃刀量逐渐减小，切削刃与工件材料的接触面积减小，切削温度下降，切削力减小，且车刀与工件的分离使得切屑更易排出；当刀尖运动至 C 点时，刀尖在背吃刀量方向上的速度又降为 0，此时刀尖再次沿背吃刀量方向正向运动直至返回 A 点，完成整个周期的振动。

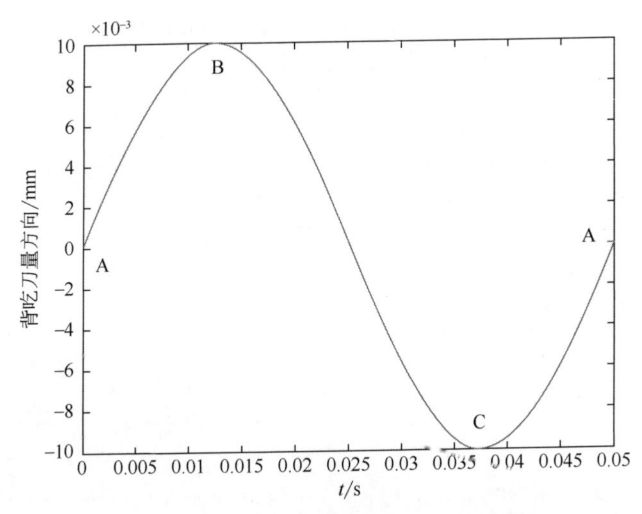

图 4.3 单个周期内背吃刀量方向刀尖运动轨迹

4.2 径向车削 TC4 钛合金颤振稳定性极限影响因素分析

4.2.1 径向车削 TC4 钛合金颤振稳定性极限影响因素正交试验

车削 TC4 钛合金动力学参数如表 4.1 所示。

◆ 表 4.1 外圆车削 TC4 钛合金动力学参数

参数	k/（N/mm）	ω_n	ξ	K_s	μ	u
值	3106.6	502.5	0.05	1675	1.0	0.56

其中，k 为主振系统的静刚度系数；ω_n 为主振系统的固有频率；ξ 为主振系统的阻尼比；K_s 为 TC4 钛合金的单位切削力系数；μ 为重叠系数，由第 2 章式（2.18）可知，当 $\mu=1$ 时，外圆车削时的再生效应最为强烈；$u=\cos\beta/\sin K_r$ 为方向系数，与动态切削力 $\Delta F_d(t)$和刀具振动方向 X 的夹角以及刀具的主偏角有关。

在第 2 章中，稳定极限背吃刀量为

$$a_{plim}=-\frac{k\left[1-\mu\cos(\omega T)\right]\left[\left(1-\lambda^2\right)^2+\left(2\xi\lambda\right)^2\right]}{K_s u\left[1-\mu\cos(\omega T)+\mu^2\right]\left(1-\lambda^2\right)} \tag{4.5}$$

主轴转速为

$$n=\frac{60\omega}{\arcsin\left[\sqrt{\mu^2+\left(\frac{1-\lambda^2}{2\xi\lambda}\right)^2}\right]^{-1}-\arctan\left(\frac{2\xi\lambda}{1-\lambda^2}\right)+2\pi j} \tag{4.6}$$

其中，j 为自然数，$j=0,1,2,3,\cdots,J$。

根据第 2 章所述稳定性叶瓣图的绘制方法，可以绘制外圆车削 TC4 钛合金的颤振稳定性叶瓣图，如图 4.4 所示。

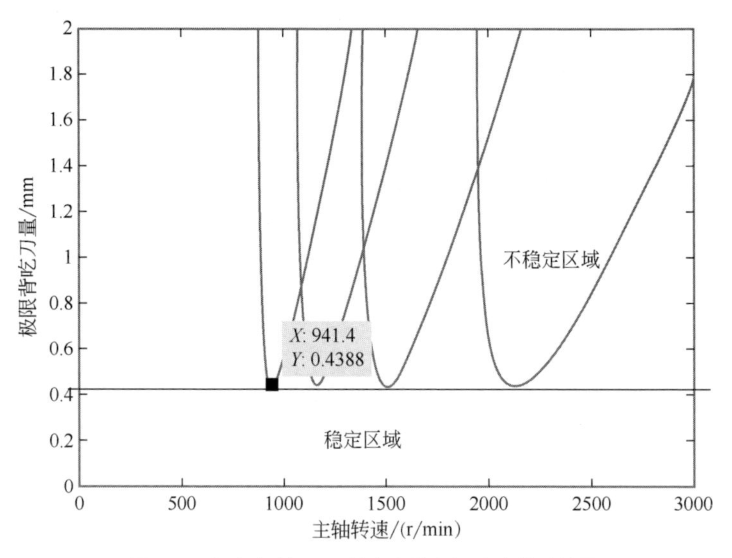

图 4.4　径向车削 TC4 钛合金的颤振稳定性叶瓣图

如图 4.4 所示，在表 4.1 所列参数下，外圆车削 TC4 钛合金的稳定性极限背吃刀量为 0.4388 mm。

现采用正交试验法，探究主振系统的阻尼比、静刚度系数、固有频率和方向系数等因素对外圆车削 TC4 钛合金颤振稳定性极限叶瓣图的影响规律。试验因素水平取值如表 4.2 所示。

◆ 表 4.2 试验因素水平取值

试验因素	阻尼比 ξ	静刚度系数 k	固有频率 ω_n	方向系数 u
水平 1	0.03	2606.6	402.5	0.28
水平 2	0.05	3106.6	502.5	0.56
水平 3	0.07	3606.6	602.5	0.84

正交试验安排如表 4.3 所示。

◆ 表 4.3 正交试验表

试验组号	阻尼比 ξ	静刚度系数 k	固有频率 ω_n	方向系数 u
1	1	1	1	1
2	1	2	2	2
3	1	3	3	3
4	2	1	2	3
5	2	2	3	1
6	2	3	1	2
7	3	1	3	2
8	3	2	1	3
9	3	3	2	1

4.2.2 试验结果分析

正交试验所得试验数据如表 4.4 所示。

◆ 表 4.4 正交试验数据

试验组	1	2	3	4	5	6	7	8	9
a_{plim}/mm	0.4328	0.2579	0.1996	0.2454	0.8775	0.5094	0.5257	0.4177	1.455

对表 4.4 中同水平的值取平均值，得出不同参数与极限背吃刀量之间的关系，如图 4.5～图 4.8 所示，并对其进行分析如下。

（1）阻尼比 ξ 对背吃刀量的影响

对表 4.4 阻尼比 ξ 的同水平值取平均值得阻尼比 ξ 与极限背吃刀量关系，如图 4.5 所示。

由图 4.5 可以看出，外圆车削 TC4 极限背吃刀量随阻尼比 ξ 的增大而增大，且近似呈线性关系，故在一定范围内选择稍大的阻尼比 ξ 的主振系统有助于车削的稳定。

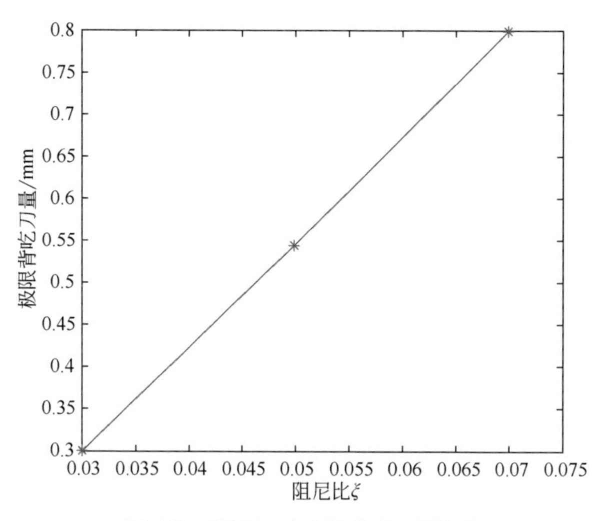

图 4.5　阻尼比 ξ 与极限背吃刀量关系

（2）静刚度系数 k 对极限背吃刀量的影响

对表 4.4 中代表静刚度系数 k 的同水平值取平均值，可得静刚度系数 k 与极限背吃刀量的关系，如图 4.6 所示。

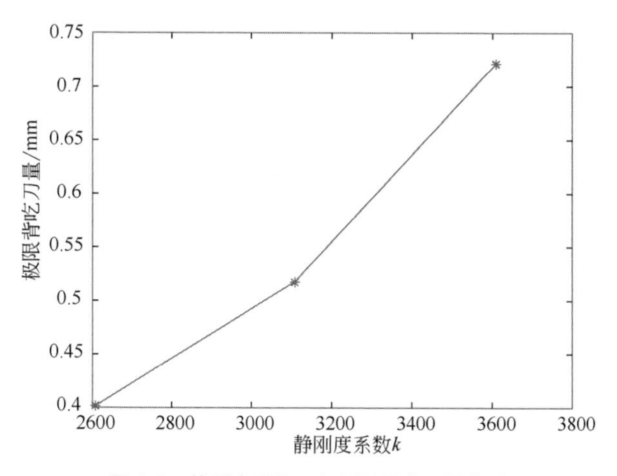

图 4.6　静刚度系数 k 与极限背吃刀量关系

由图 4.6 可以看出，外圆车削 TC4 极限背吃刀量随静刚度系数 k 的增大而增大，故在一定范围内选择稍大的静刚度系数 k 的主振系统有助于车削稳定。

（3）固有频率 ω_n 对极限背吃刀量的影响

对表 4.4 中代表固有频率 ω_n 的同水平值取平均值，可得固有频率 ω_n 与极限背吃刀量的关系，如图 4.7 所示。

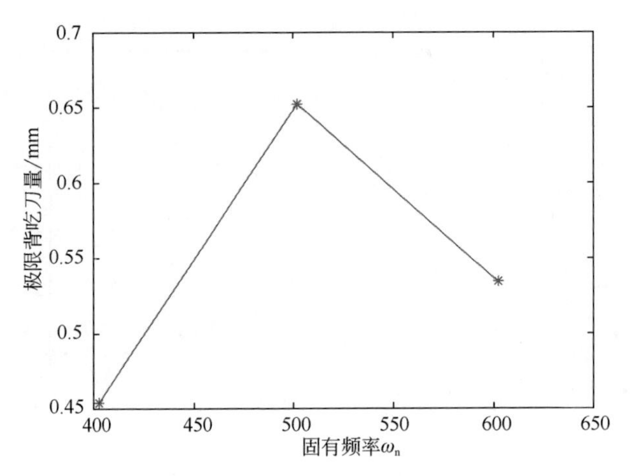

图 4.7 固有频率 ω_n 与极限背吃刀量关系

由图 4.7 可以看出，外圆车削 TC4 极限背吃刀量随固有频率 ω_n 的增大呈先增大后减小的趋势。

（4）方向系数 u 对极限背吃刀量的影响

对表 4.4 中代表方向系数 u 的同水平值取平均值，可得方向系数 u 与极限背吃刀量的关系，如图 4.8 所示。

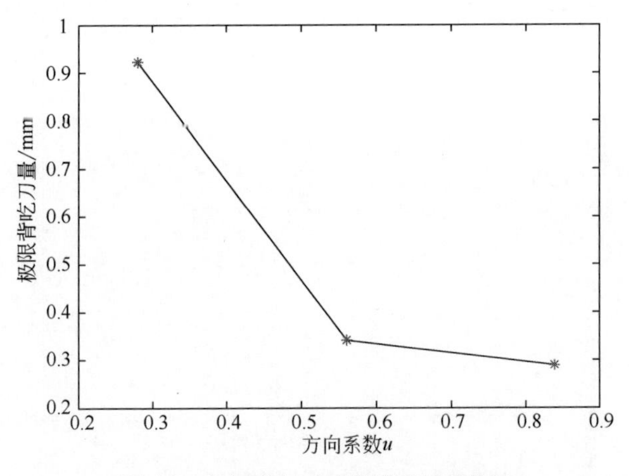

图 4.8 方向系数 u 与极限背吃刀量关系

由图 4.8 可以看出，外圆车削 TC4 极限背吃刀量随方向系数 u 的增大呈逐渐减小趋势。

（5）各参数对极限背吃刀量的影响程度分析

对正交试验数据表中的极限背吃刀量 a_p 的水平均值进行极差分析，极差分析表如表 4.5 所示。

◇ 表 4.5　极限背吃刀量极差分析表

试验因素	阻尼比 ξ	静刚度系数 k	固有频率 ω_n	方向系数 u
水平 1 均值	0.2968	0.4013	0.4533	0.9218
水平 2 均值	0.5441	0.5177	0.6528	0.4310
水平 3 均值	0.7995	0.7213	0.5343	0.2876
极差 R	0.5027	0.3200	0.1995	0.6342
主次顺序	方向系数 u > 阻尼比 ξ >静刚度系数 k >固有频率 ω_n			

故在极限背吃刀量极差分析表中可看出，在外圆车削 TC4 钛合金时，方向系数 u 即动态切削力 $\Delta F_d(t)$与刀具振动方向 X 的夹角 β 以及刀具的主偏角 K_r 对稳定极限背吃刀量的影响最大，其次为主振系统即刀具的阻尼比，再次为主振系统的静刚度系数，主振系统的固有频率对稳定性极限背吃刀量的影响最小。

4.3　主振系统动力学参数的识别

4.3.1　主振系统刀杆阻尼比识别

主振系统刀杆阻尼比识别试验在 KDN 数控车床上进行，振动信号分析采用东华测试 DH5923N 动态信号测试分析系统，采样频率为采集信号的 10～20 倍，量程范围为采集信号的 1.5 倍。试验采用力锤激振，采样时间为 8s。加速度传感器置于刀杆尾部，力锤敲击刀杆头部，试验装置如图 4.9 所示。

图 4.9　试验装置

试验测主振系统刀杆阻尼比自由衰减曲线如图 4.10 所示。

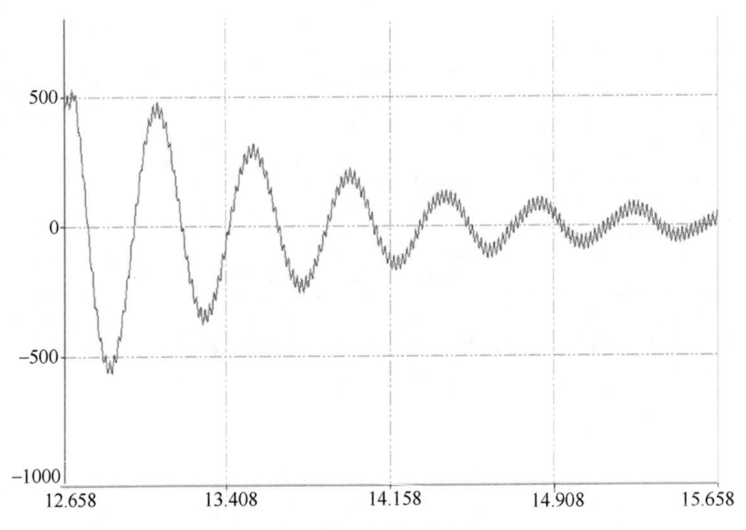

图 4.10　自由衰减曲线

自由衰减曲线从左到右的峰值分别为 $A_1,A_2,A_3,\cdots,A_i$，设减幅系数为 η:

$$\eta=\frac{A_1}{A_2}=\frac{A_i}{A_{i+1}}=\mathrm{e}^{nT_1} \quad (4.7)$$

式中，T_1 为振动周期。则对数减幅系数为

$$\sigma=\frac{1}{i\times\ln\left(\frac{A_1}{A_{i+1}}\right)}=2\pi\xi/\sqrt{1-\xi^2} \quad (4.8)$$

由上式可得

$$n=-\frac{\sigma}{T_1};\quad \frac{\xi}{\sqrt{1-\xi^2}}=\frac{1}{2\pi i}\ln\left(\frac{A_1}{A_{i+1}}\right) \quad (4.9)$$

$$\xi=\ln\left(\frac{A_1}{A_{i+1}}\right)/\sqrt{4\pi^2 i^2+\left(\ln\left(A_1/A_{i+1}\right)\right)^2} \quad (4.10)$$

取前 6 组主振系统刀杆阻尼比识别试验的 A_1、A_3 峰值，所得刀杆阻尼比识别试验数据处理结果如表 4.6 所示。

◆ 表 4.6　刀杆阻尼比识别试验数据

参数	1	2	3	4	5	6
A_1	338.847	284.524	290.628	466.353	466.201	499.557
A_3	145.482	146.489	136.204	203.253	220.862	277.047
ξ	0.067	0.053	0.060	0.066	0.059	0.047
$\xi_{平均}$	0.059					

4.3.2 刀杆固有频率及静刚度系数识别

主振系统刀杆固有频率及静刚度系数识别可根据刀杆固有频率测试试验获得。试验在 KDN 数控车床上进行，振动信号分析采用东华测试 DH5923N 动态信号测试分析系统，采样频率为采集信号的 10～20 倍，量程范围为采集信号的 1.5 倍。采用力锤激振，采样时间为 8s。加速度传感器置于刀杆尾部，力锤敲击刀杆头部。刀杆固有频率测试试验快速傅里叶变换曲线如图 4.11 所示。

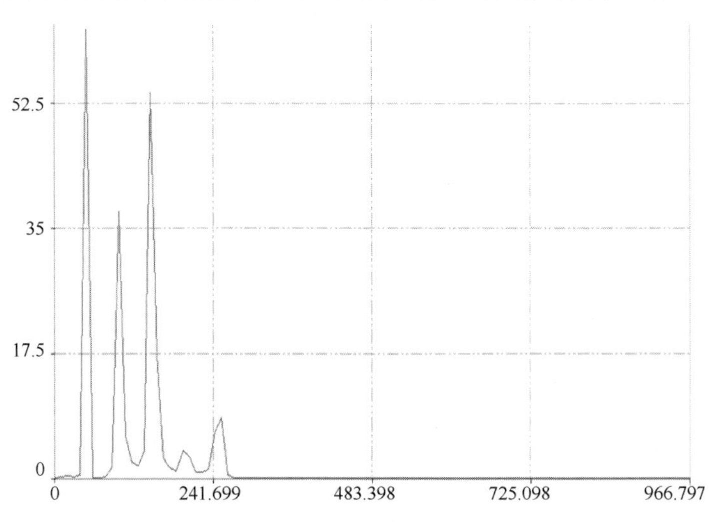

图 4.11　固有频率快速傅里叶变换曲线

车床车削颤振发生时颤振频率快速傅里叶变换曲线如图 4.12 所示。

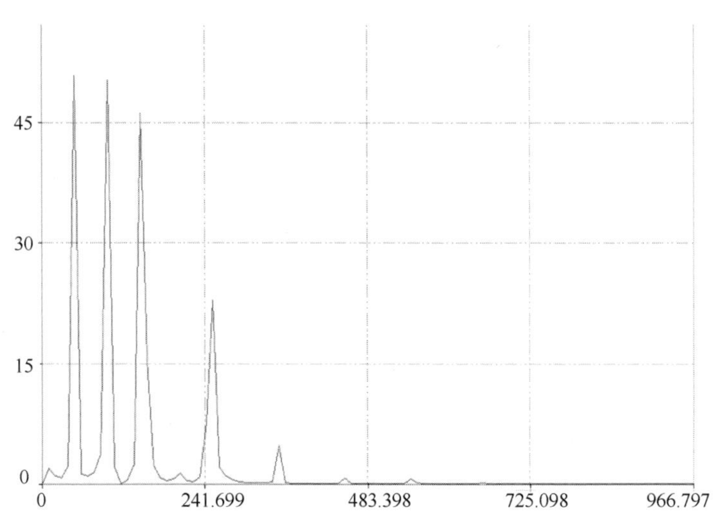

图 4.12　颤振频率快速傅里叶变换曲线

根据图 4.11、图 4.12 分析可得车床车削颤振发生时刀杆的颤振频率为 205.078 Hz，因为颤振发生的频率总是在振动系统某阶固有频率附近，故刀杆的固有频率为 195.313 Hz，因为固有频率 $\omega_n=(k/m)^{1/2}$，故刀杆沿竖直方向的静刚度系数约为 2937.3。

4.4 车削 TC4 钛合金颤振稳定性叶瓣图

由 3.1 节可知，方向系数 u 对外圆车削 TC4 钛合金稳定性极限背吃刀量的影响最大，且极限背吃刀量随方向系数 u 的增大呈逐渐降低趋势。因为 $u=\cos\beta/\sin K_r$，在试验中所用的刀杆型号为 SDJCR2525M11，刀片型号为 DCMT11T304LF KC5010，刀具主偏角为 93°，动态切削力 $\Delta F_d(t)$与刀具振动方向 X 的夹角 β 为 60°，故 u 约为 0.5。外圆车削 TC4 钛合金实际动力学参数如表 4.7 所示。

◆ 表 4.7　外圆车削 TC4 钛合金实际动力学参数

参数	ω_n	ξ	k	K_s	u	μ
值	195.313	0.059	2937.3	1675	0.5	1

根据表 4.7 动力学参数，使用 MATLAB 编程绘制实际外圆车削 TC4 钛合金稳定性叶瓣图，如图 4.13 所示。

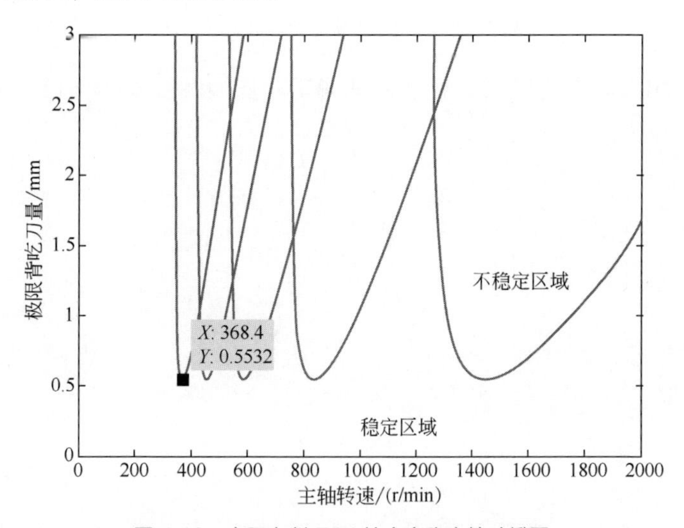

图 4.13　实际车削 TC4 钛合金稳定性叶瓣图

由稳定性叶瓣图可知，仿真所得车床车削 TC4 钛合金稳定极限背吃刀量为 0.5532 mm，当背吃刀量小于 0.5532 mm 时，在任意转速下，车削都稳定进行。

背吃刀量大于 0.5532 mm 时，背吃刀量与转速组成点位于叶瓣图曲线下方时，车削稳定进行；当背吃刀量与转速组成点位于曲线上方时，车削不稳定。

4.5 车削 TC4 钛合金稳定性试验

根据所绘实际外圆车削 TC4 钛合金稳定性叶瓣图设计试验，验证叶瓣图的准确性。试验在 KDN 数控车床上进行，工件材料为 TC4 钛合金，规格为 ϕ100 mm×400 mm，使用 DH5923N 动态信号测试分析系统进行信号采集。因为颤振发生时会在工件加工表面形成不规则的振纹，故使用粗糙度测试仪对表面粗糙度进行测量，作为颤振发生程度的判断基准。试验中所用的刀杆型号为 SDJCR2525M11，刀片型号为 DCMT11T304LF KC5010，刀具主偏角为 93°，动态切削力 $\Delta F_{\mathrm{d}}(t)$与刀具振动方向 X 的夹角 β 为 60°，参考金属切削手册知外圆车削钛合金的最佳进给量为 0.1～0.3 mm/r，试验方案如表 4.8 所示。

◆ 表 4.8 试验方案

背吃刀量/mm	转速/(r/min)	进给量/(mm/r)
0.4	400	0.1
0.4	500	0.1
0.7	500	0.1
1.0	500	0.1

4.5.1 时域分析

按照表 4.8 试验方案在 KDN 数控车床上进行车削试验，通过 DH5923N 动态信号测试分析系统对所测信号进行时域分析，结果如图 4.14（a）～（d）所示。

对比图 4.14（a）～（d）可以看出，由于机床内部各种因素的耦合以及环境等因素的影响，在进行车削加工时，无论背吃刀量以及转速取何值，还是会有振动产生。对上述时域信号进行均值以及标准差分析可得图（a）～（d）四种切削参数下振动平均幅值为−4.352 μm、−4.107 μm、−4.471 μm、−9.072 μm，标准差分别为 562.059、489.709、535.448、570.893。可以看出，当背吃刀量为 0.4 mm 时，未超过稳定性叶瓣图的极限背吃刀量，无论转速取何值，其平均幅值较小，标准差较小，切削较稳定。当背吃刀量为 0.7 mm，转速为 500 r/min 时，背吃刀量和转速所构成的点位于叶瓣曲线下方，平均幅值以及标准差也相对较小，切削较稳定。当背吃刀量为 1.0 mm，转速为 500 r/min 时，背吃刀量与转速构成的点位于叶瓣曲线上方，平均幅值以及标准差较大，且与背吃刀量为 0.7 mm，转速为 500 r/min 时对比平均幅值增大了 1 倍左右，切削不稳定。

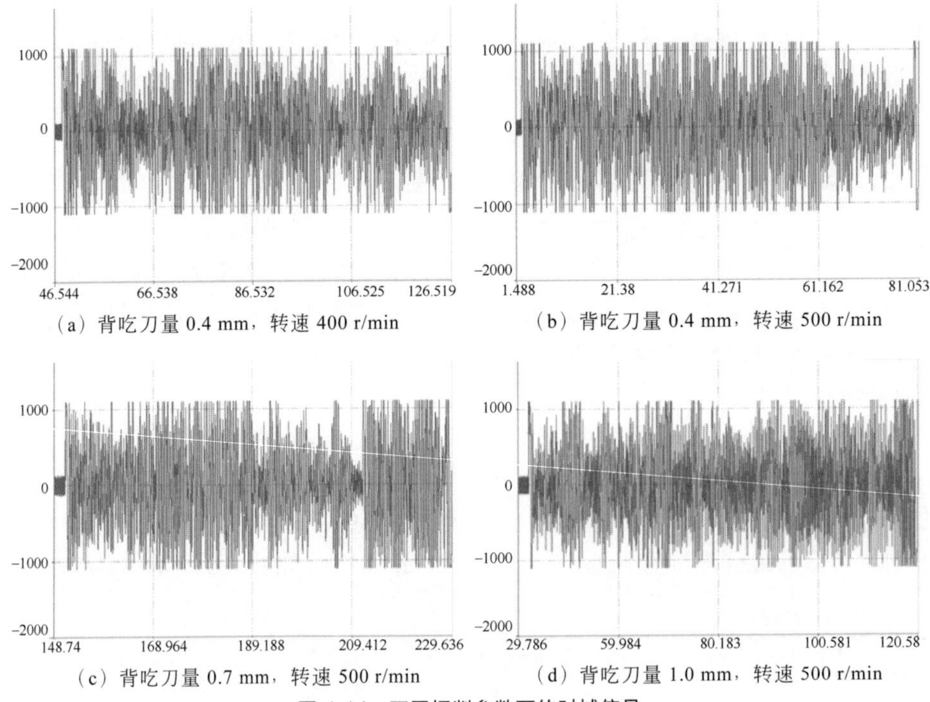

图 4.14　不同切削参数下的时域信号

4.5.2　工件表面粗糙度分析

为了验证时域分析的可靠性，避免偶然因素的影响，采用相同切削参数进行车削试验，对工件加工表面进行粗糙度分析，粗糙度测量取样长度为 0.8 mm，评定长度为 5，滤波采用高斯滤波，试验所得粗糙度曲线如图 4.15 所示。

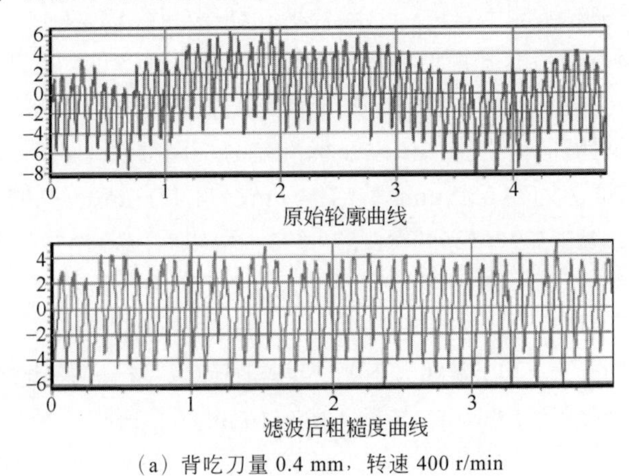

(a) 背吃刀量 0.4 mm，转速 400 r/min

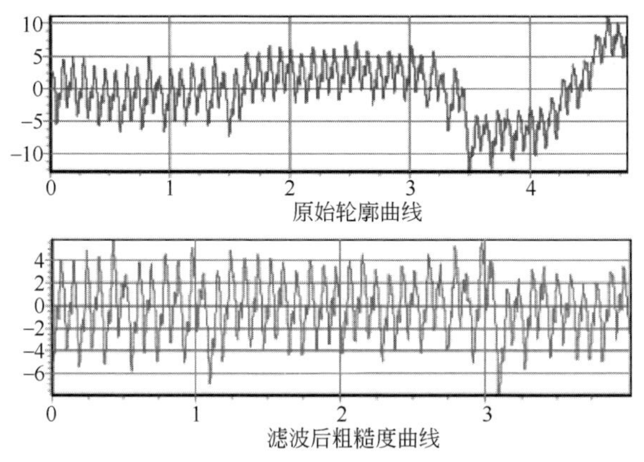

（b）背吃刀量 0.4 mm，转速 500 r/min

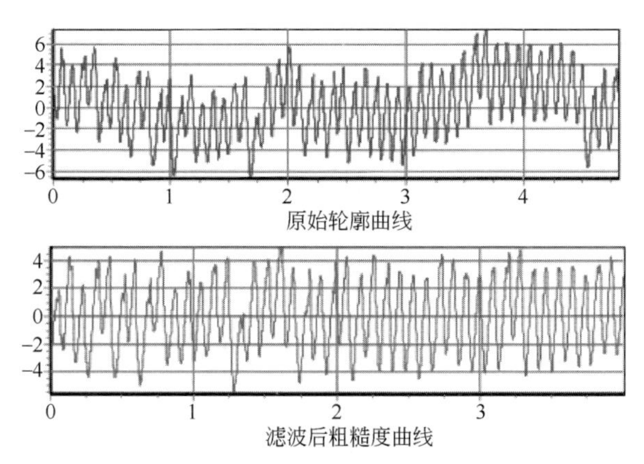

（c）背吃刀量 0.7 mm，转速 500 r/min

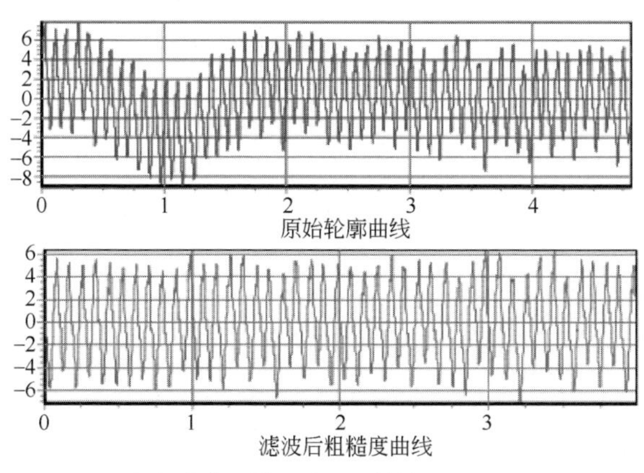

（d）背吃刀量 1.0 mm，转速 500 r/min

图 4.15 粗糙度曲线

对比图 4.15（a）～（d）所示粗糙度变化曲线可以看出，不同切削参数下，工件表面的 MR 曲线以及原始轮廓曲线有着明显的不同。通过原始轮廓曲线可以看出图（a）～（d）四种切削参数下轮廓最大高度 *Rz*（一个取样长度内，最大轮廓峰高和最大轮廓谷深之和的高度）值分别为 10.440 μm、11.221 μm、10.454 μm、13.426 μm。其变化曲线如图 4.16 所示。

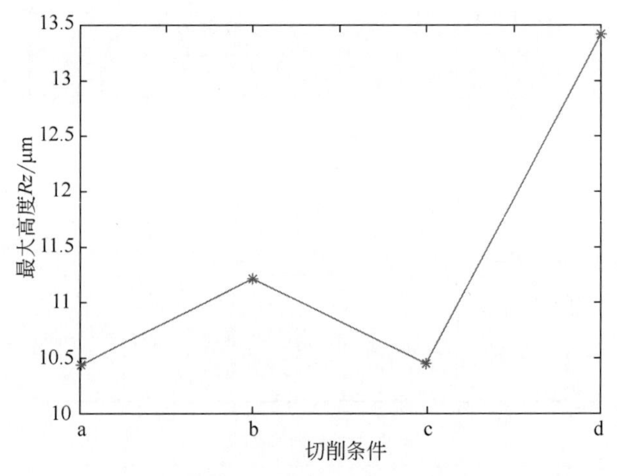

图 4.16　轮廓最大高度 *Rz* 变化曲线

在一个取样长度内评定轮廓的算术平均偏差（*Ra* 值），测得 a、b、c、d 四种切削参数下 *Ra* 值分别为 2.215 μm、2.017 μm、2.128 μm、2.794 μm。其变化曲线如图 4.17 所示。

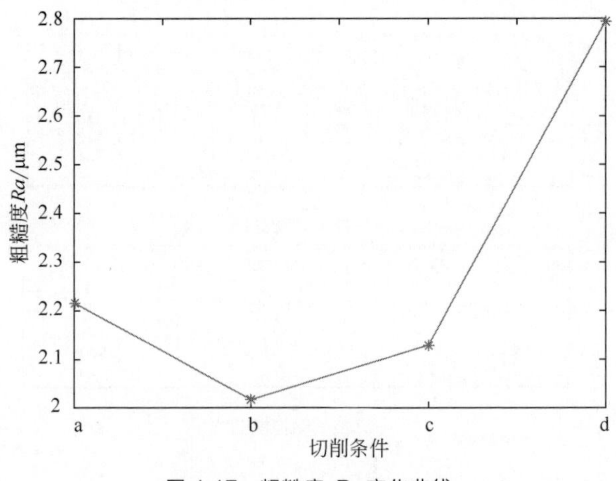

图 4.17　粗糙度 *Ra* 变化曲线

通过图 4.16 轮廓最大高度 *Rz* 变化曲线以及图 4.17 粗糙度 *Ra* 变化曲线可以看出，当背吃刀量为 0.4 mm 时，此时未超过稳定性叶瓣图的极限背吃刀量，无论转速取何值，其 *Rz* 值与 *Ra* 值较小，切削较稳定。当背吃刀量为 0.7 mm、转速为 500 r/min 时，背吃刀量和转速所构成的点位于叶瓣曲线下方，*Rz* 值与 *Ra* 值也相对较小，切削较稳定。当背吃刀量为 1.0 mm、转速为 500 r/min 时，背吃刀量与转速构成的点位于叶瓣曲线上方，此时的 *Rz* 值与 *Ra* 值急剧增加，工件表面加工质量降低，切削不稳定。

结合粗糙度仪测量结果可以看出，背吃刀量为 0.4 mm、转速为 400 r/min 时，工件表面 *Rz* 值为 10.440 μm，*Ra* 值为 2.215 μm；背吃刀量为 0.4 mm、转速为 500 r/min 时，工件表面 *Rz* 值为 11.221 μm，*Ra* 值为 2.017 μm；背吃刀量为 0.7 mm、转速为 500 r/min 时，工件表面 Rz 值为 10.454 μm，*Ra* 值为 2.128 μm。以上三种方案中，背吃刀量与转速所构成的点位于稳定性叶瓣曲线下方，故 *Rz* 值和 *Ra* 值变化相差不大，切削稳定。当背吃刀量为 1.0 mm、转速为 500 r/min 时，工件表面 *Rz* 值为 13.426 μm，*Ra* 值为 2.794 μm，当试验采用的背吃刀量与主轴转速构成的点位于叶瓣曲线上方时，*Rz* 值和 *Ra* 值则分别 13.426 μm、2.794 μm，此时背吃刀量与转速所构成的点位于稳定性叶瓣曲线上方，与背吃刀量为 0.7 mm、转速为 500 r/min 时相比，*Rz* 值增大了 28%左右，*Ra* 值增大了 31%左右，工件表面加工质量降低，切削不稳定。

4.6 径向振动车削 TC4 钛合金有限元仿真

因径向振动车削时超声振动振幅对加工材料表面的完整性有着重要的影响[9,187,188]，故本节基于 Johnson-Cook 本构模型以及 Zorev 摩擦模型建立了常规车削及径向振动车削 TC4 钛合金的有限元模型；利用 Third Wave AdvantEdge 切削仿真软件进行了常规车削 TC4 钛合金和径向振动外圆车削 TC4 钛合金的有限元仿真，获得径向振动外圆车削 TC4 钛合金的最佳振幅；采用单变量仿真试验，探究刀具的进给量对 Mises 应力、切削力及切削热的影响[189]。

4.6.1 TC4 钛合金外圆车削有限元建模

4.6.1.1 Johnson-Cook 材料本构模型

材料本构模型用来描述材料的力学性质，是表征材料变形过程中的动态响应的一种模型。在材料的微观结构组织一定的情况下，材料的变形速度、材料的变形程度以及材料的变形温度等因素的影响都会引起流动应力较大的变动，故材料的本构模型一般表示为材料的流动应力与应变、应变率、温度等参数之间的数学函数关系式。目前常用塑性材料本构模型有 Bodner-Paton、Follansbee-Kocks、Johnson-Cook、Zerrilli-Armstrong 等。

对 TC4 钛合金进行外圆车削时涉及高应变率、大应变及高温度梯度等问题，TC4 钛合金在刀具的作用下在很短的时间内变成切屑，因此只有在大应变率条件下建立应力与温度、应变率之间的关系，才能将材料在外圆车削过程中的弹塑性变形规律准确描述出来。因此，综合考虑各因素（应变、应变率、热软化）对 TC4 钛合金硬化应力的影响，采用 Johnson-Cook 流动应力模型作为 TC4 钛合金材料本构模型。

Johnson-Cook 等效流动应力模型为[190]

$$\sigma=\left(A+B\varepsilon^{n}\right)\left[1+C\ln\left(\frac{\dot{\varepsilon}}{\dot{\varepsilon}_{0}}\right)\right]\left[1-\left(\frac{T-T_{\mathrm{r}}}{T_{\mathrm{m}}-T_{\mathrm{r}}}\right)^{m}\right] \tag{4.11}$$

式中，A 为材料静态屈服应力；B 为材料强度系数；C 为应变率相关系数；n 为应变硬化指数；m 为温度软化指数；ε 为材料等效塑性应变；$\dot{\varepsilon}$ 为等效塑性应变率；$\dot{\varepsilon}_0$ 为参考应变率；T 为当前温度；T_{r} 为环境温度；T_{m} 材料熔点。

TC4 钛合金材料 Johnson-Cook 本构参数如表 4.9 所示[191]。

◆ 表 4.9　TC4 钛合金材料 Johnson-Cook 本构参数

参数	A/MPa	B/MPa	n	T_{r}	T_{m}	m	C	$\dot{\varepsilon}_0$
值	831.355	857.932	0.302	20.0	1687.0	0.724	0.015	1.0

4.6.1.2　刀具与切屑摩擦模型

在径向振动外圆车削 TC4 钛合金过程中，车削刀具的前刀面与切屑之间的接触摩擦对切屑形态、切削力、切削温度以及刀具磨损具有重要的影响，正确建立刀具的前刀面与切屑之间的摩擦模型是外圆车削 TC4 钛合金有限元仿真试验成功的重要因素之一。目前常用于有限元仿真分析中的刀屑摩擦模型有剪切摩擦模型、黏滑摩擦模型以及滑动库仑摩擦模型。外圆车削 TC4 钛合金过程中，在刀具的前刀面和切屑之间的接触区域，其法向应力场分布曲线是非线性的，故本书选取模型为滑动库伦摩擦模型。

基于滑动库仑摩擦模型，根据 Zorev 摩擦理论，刀具进行车削时，在远离刀尖的区域处，切削温度和切削力相对较低，刀-屑发生滑动摩擦，在此区域内，摩擦系数可视为常数；在邻近刀尖区域处，温度升高，切屑前刀面发生黏结，形成黏结摩擦区，黏结摩擦区的摩擦应力可视为定值。根据滑动摩擦区和黏结摩擦区的划分可得以下公式：

$$\tau = \tau_s,\ \mu\sigma > \tau_s\ （黏结摩擦区） \tag{4.12}$$

$$\tau = \mu\sigma,\ \tau \leqslant \tau_s\ （滑动摩擦区） \tag{4.13}$$

式中，τ 为摩擦应力；σ 为法向应力；τ_s 为 TC4 钛合金材料的剪切屈服应力；μ 为摩擦系数，仿真中取 0.3。

4.6.1.3 切屑分离准则

在外圆车削 TC4 钛合金过程中，随着材料不断地从工件上脱离，切屑便随之生成。故在有限元仿真试验的建模过程中，合理地模拟切屑分离这一物理过程，才能使仿真更贴合实际，使结果有效准确。目前，切屑分离准则主要有两种：几何准则和物理准则。

在几何准则中，首先对刀尖点和被加工材料单元之间的最小距离 D 进行定义。仿真中，随着加工的进行，当 D 小于临界值时即产生切屑分离。

D 可表示为

$$D \leqslant AL \tag{4.14}$$

式中，A 为分离系数；L 为单元网格长度。

物理分离准则是依据剪切区材料单元的物理量（应力、应变、断裂能等）是否达到临界值进行判定，其判定条件如下：

首先定义材料物理量分离标准，当被加工材料单元的物理量超过分离标准时，单元分离，切屑断开。本书选取的是基于 Johnson-Cook 断裂方程的应变分离准则，其表达式为[192]

$$\varepsilon_f = \left[d_1 + d_2 \exp\left(d_3 \frac{\sigma_p}{\sigma_e}\right)\right]\left[1 + d_4 \ln\left(\frac{\dot{\varepsilon}_p}{\dot{\varepsilon}_0}\right)\right]\left[1 + d_5\left(\frac{1-T_r}{T_m - T_r}\right)\right] \tag{4.15}$$

式中，d_1～d_5 为材料分离参数；ε_f 为材料断裂应变；σ_p 为主应力平均应力；σ_e 为 Mises 应力。

外圆车削 TC4 钛合金材料分离参数如表 4.10 所示[192]。

◆ 表 4.10　外圆车削 TC4 钛合金材料分离参数

参数	d_1	d_2	d_3	d_4	d_5
值	-0.09	4	-0.5	0.002	4

4.6.1.4 网格划分

Third Wave AdvantEdge 切削仿真软件中采用的是任意拉格朗日-欧拉自适应网格划分法（ALE 法）[99]。ALE 法集合了拉格朗日网格划分法和欧拉网格划分法的优点，在边界运动的处理上采用拉格朗日法可有效地对材料切削过程中边界的变化进行跟踪。在材料内部的划分上采用欧拉网格划分技术，则可使材料内部的网格相互独立存在，能更好地反映切削过程中材料各部分变化情况。ALE 法的自适应模块还可根据参数设定对网格进行自动调整，防止网格畸变。

4.6.2 仿真方案设计

仿真试验在 Third Wave AdvantEdge 切削仿真软件上进行，工件材料设定为 Ti-6Al-4V，工件规格为 ϕ15 mm×60 mm，车削刀具选择 TiAlN 涂层刀具，切削角为 55°，刀具前角为 7°，后角为 7°，刀尖圆弧半径为 0.02 mm。使用 Third Wave AdvantEdge 建立二维外圆车削仿真模型如图 4.18 所示。

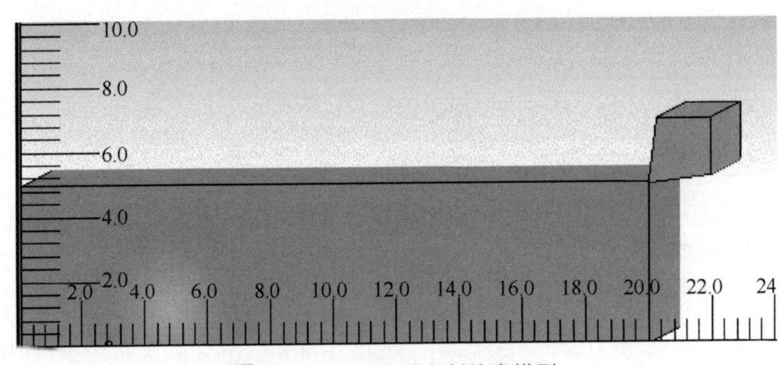

图 4.18 二维外圆车削仿真模型

Ti-6Al-4V（TC4）钛合金材料参数见表 4.11。

◇ 表 4.11 Ti-6Al-4V（TC4）钛合金材料参数

参数	热导率 /[W/(m•℃)]	密度 /(kg/m³)	弹性模量 /GPa	泊松比	线胀系数 /℃⁻¹	比热容 /[J/(kg•℃)]
值	6.8	4450	109	0.34	9.10×10^{-6}	611

TiAlN 涂层刀具材料参数见表 4.12。

◇ 表 4.12 TiAlN 涂层刀具材料参数

参数	热导率 /[W/(m•℃)]	密度 /(kg/m³)	弹性模量 /GPa	泊松比	线胀系数 /℃⁻¹	比热容 /[J/(kg•℃)]
值	10	4345	510	0.32	7.24×10^{-6}	975

将上述工件和刀具的材料参数以及 Johnson-Cook 本构模型参数、Zorev 摩擦模型参数导入 Third Wave AdvantEdge 外圆车削仿真模型中。仿真试验方案见表 4.13。

◆ 表 4.13　仿真试验方案

外圆车削方式	进给/(mm/r)	转速/(m/min)	背吃刀量/mm	振频/kHz	振幅/μm
常规外圆车削	0.05	60	1	0	0
径向振动外圆车削	0.05	60	1	20	5
径向振动外圆车削	0.05	60	1	20	10
径向振动外圆车削	0.05	60	1	20	15
径向振动外圆车削	0.05	60	1	20	20

4.6.3　仿真结果分析

4.6.3.1　Mises 应力分析

图 4.19（a）～（e）为常规外圆车削，振幅分别为 5 μm、10 μm、15 μm、20 μm 径向振动外圆车削通过 Third Wave AdvantEdge 仿真所得 TC4 钛合金 Mises 应力分布云图。

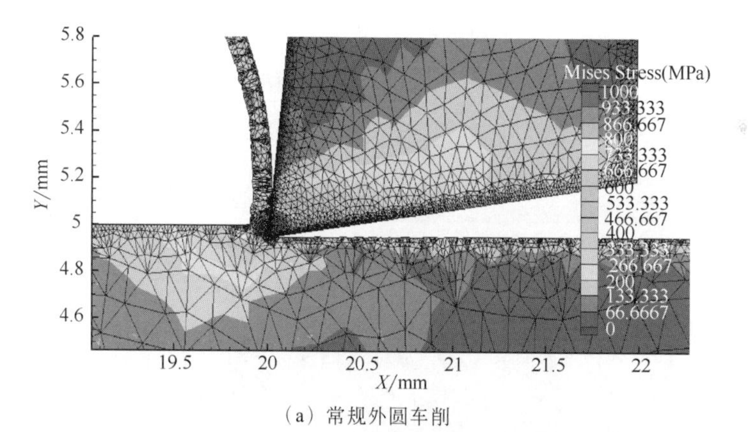

（a）常规外圆车削

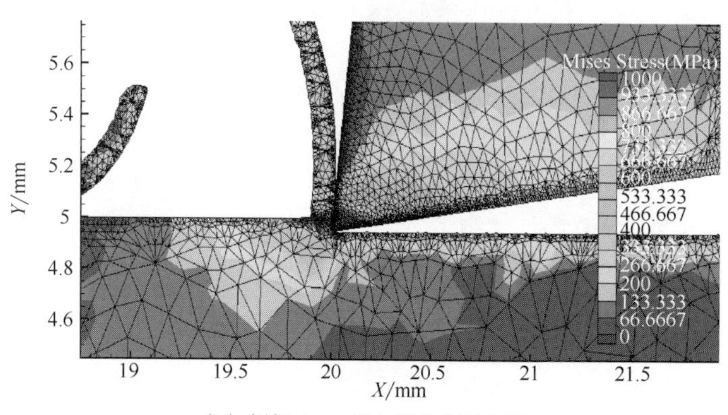

（b）振幅 5 μm 径向振动外圆车削

图 4.19

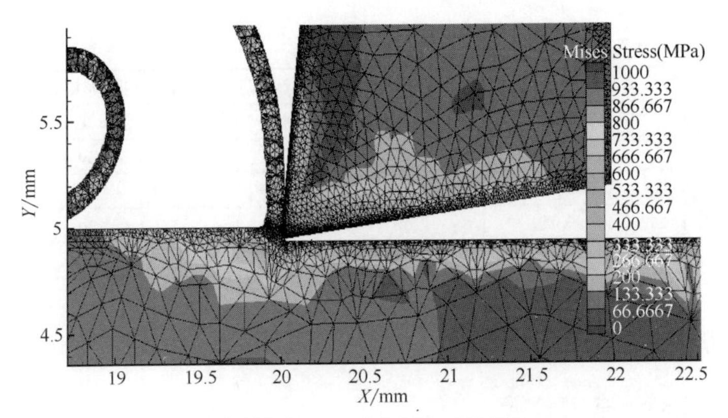

（c）振幅 10 μm 径向振动外圆车削

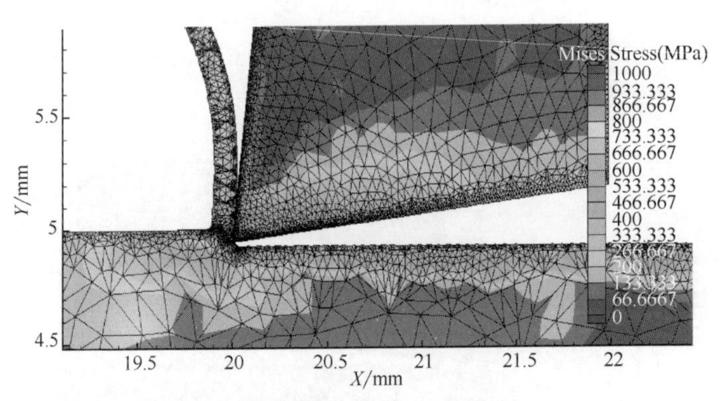

（d）振幅 15 μm 径向振动外圆车削

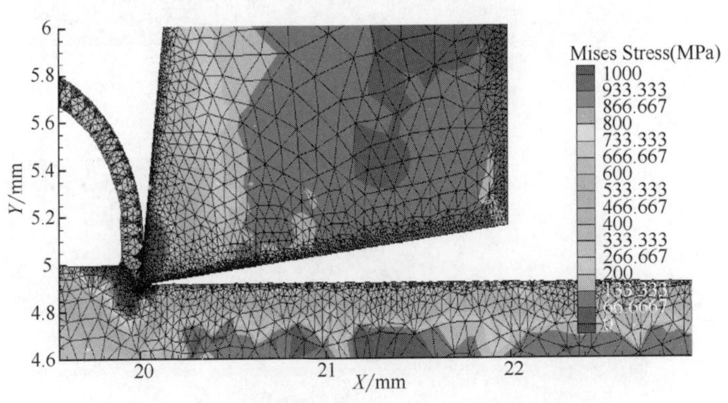

（e）振幅 20 μm 径向振动外圆车削

图 4.19　Mises 应力分布云图

将图 4.19（a）～（e）Mises 应力进行数值拟合，将所得数据结果提取，导入 MATLAB 软件，绘制不同振幅下 TC4 钛合金最大 Mises 应力，其变化曲线如图 4.20 所示。

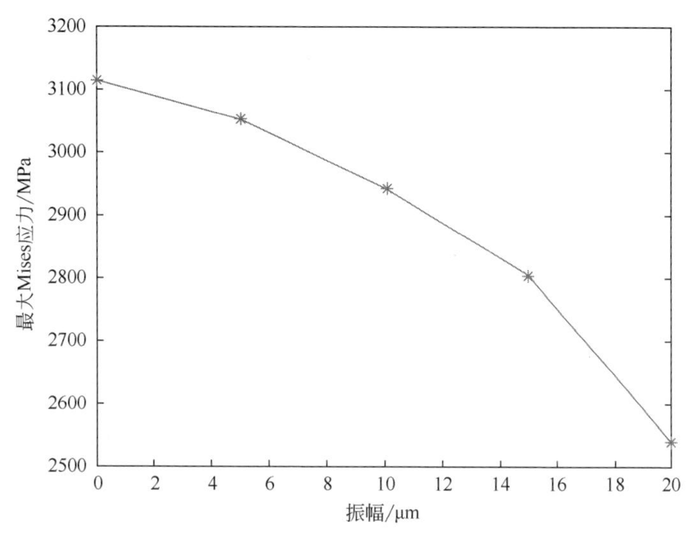

图 4.20　TC4 钛合金最大 Mises 应力变化曲线

根据 TC4 钛合金最大 Mises 应力变化曲线可知，随着振幅的不断增加，TC4 钛合金的最大 Mises 应力不断减小。Mises 应力是指当某一点的等效应力应变达到某一与应力应变状态有关的定值时，材料发生屈服。在振幅为 0 即常规外圆车削时，TC4 钛合金最大 Mises 应力为 3113.9 MPa；当采用振幅为 20 μm 的径向振动外圆车削时，TC4 钛合金最大 Mises 应力为 2540.4 MPa。仿真结果表明，径向振动外圆车削可有效减小 TC4 钛合金材料的 Mises 应力，使外圆车削加工更易进行。

4.6.3.2　切削力分析

图 4.21（a）～（e）分别为常规外圆车削，振幅为 5 μm、10 μm、15 μm、20 μm 径向振动外圆车削通过 Third Wave AdvantEdge 仿真所得切削力曲线。

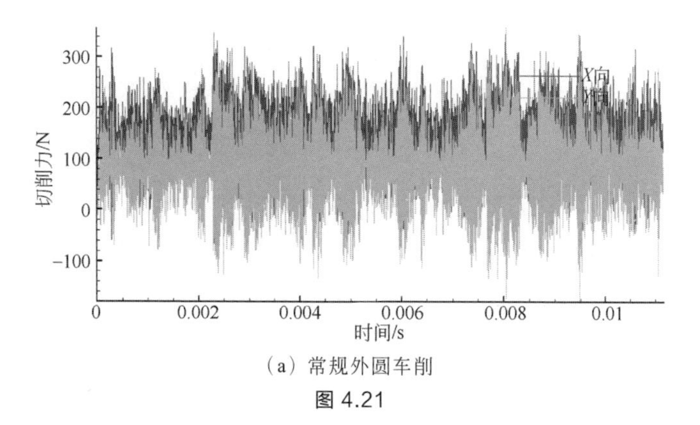

（a）常规外圆车削

图 4.21

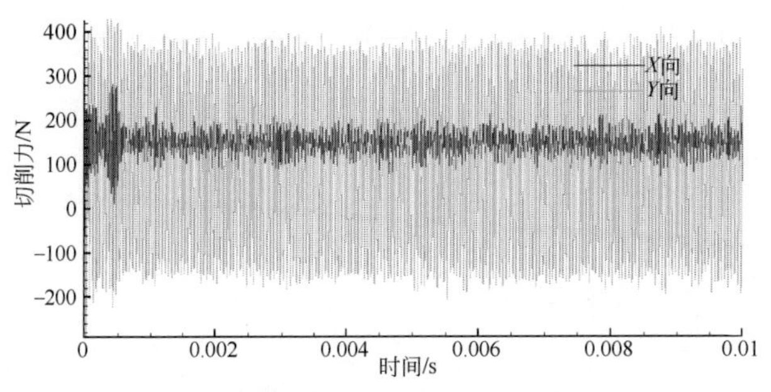

（b）振幅 5μm 径向振动外圆车削

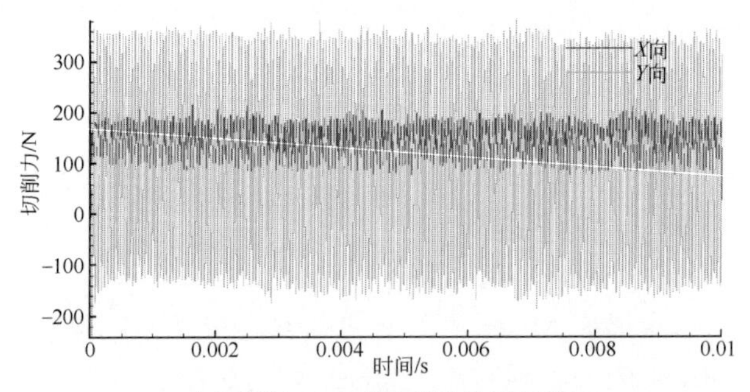

（c）振幅 10μm 径向振动外圆车削

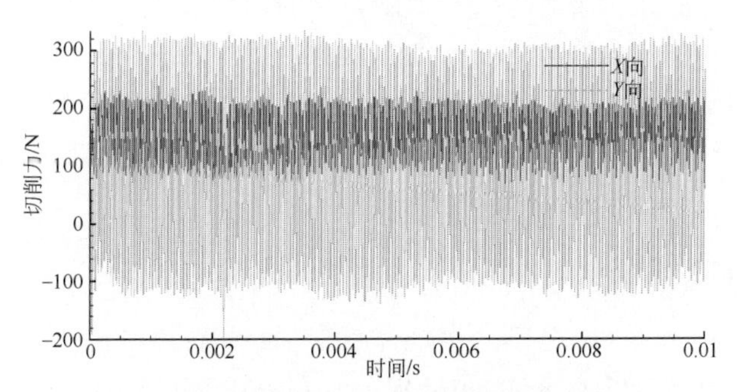

（d）振幅 15μm 径向振动外圆车削

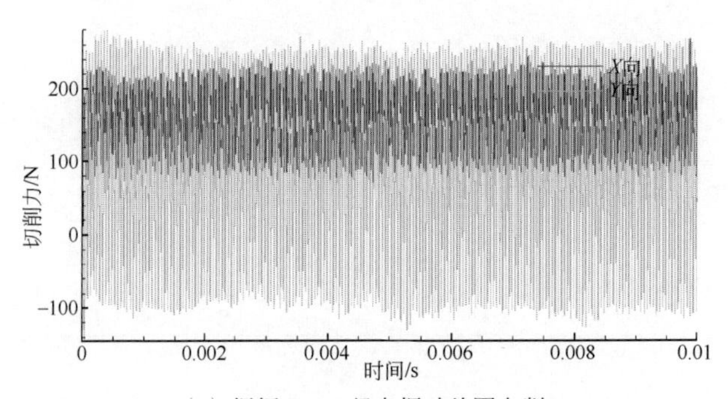

（e）振幅 20μm 径向振动外圆车削

图 4.21　切削力曲线

将图 4.21（a）～（e）切削力曲线进行数值拟合，将所得数据结果提取导入 MATLAB 软件，绘制不同振幅下 X 向、Y 向平均切削力变化曲线，如图 4.22 所示。

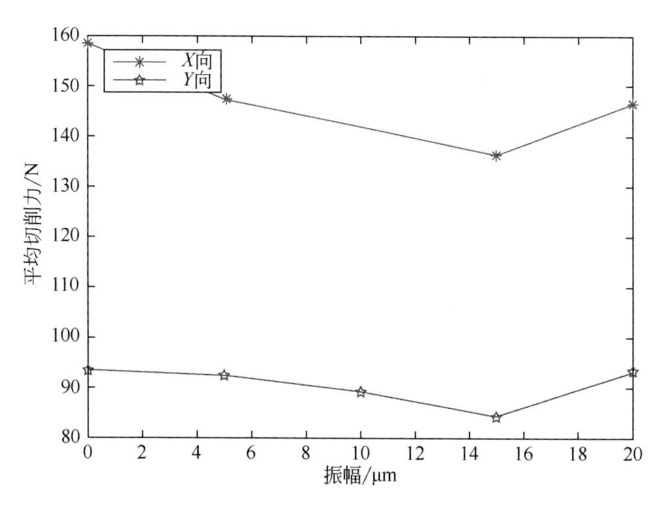

图 4.22　不同振幅下平均切削力变化曲线

从图 4.21、图 4.22 可以看出，常规外圆车削中 X 向、Y 向切削力因再生型效应产生动态切削力，故变化曲线呈不规则波动，采用径向振动外圆车削时抑制了动态切削力的生成，X 向、Y 向切削力呈周期性变化。X 向切削力在 0 值以上波动，Y 向切削力则是正负波动。在上述所述的加工条件中，X 向切削力作为主切削力，占外圆车削加工功率的 98%以上，Y 向切削力为背向力，产生的位移很小，占 X 向加工功率的 1%～2%，可近似认为不做功。故研究外圆车削过程中切削力的变化情况重点是 X 向切削力的变化情况。从切削力变化曲线上可以看出，在 X 方向上，振幅为 0 时（常规外圆车削），切削力为 158.5 N；振幅为 15 μm 时，切削力为 136.4 N，随着振幅的增加切削力均值逐步减小；但当振幅在 20 μm 时，切削力为 146.4 N，切削力反向增大。在 Y 方向上，振幅为 0 时（常规外圆车削）切削力为 93.5 N；振幅为 15 μm 时，切削力为 84.2 N。随着振幅的增大，切削力也在逐渐减小；但在振幅为 20 μm 时，切削力为 93.3 N，切削力同样出现反向增大的现象。

4.6.3.3　切削热分析

切削热的主要来源是使被加工材料表面发生弹塑性变形所做的功，切削做功所消耗的能量有 97%～99%转化为热量。当机床进行常规车削时，刀具的前刀面始终与切屑以及工件加工表面接触，切削热得不到有效的散发，从而导致刀尖表面温度过高，进而导致工件加工表面及刀尖受到破坏。采用径向振动车削加工时，由于采用的是断续切削，刀具的前刀面与切屑发生周期性的接触及分离。高温的切屑和车削刀具相接触的时间缩短，切削热能得到有效的散发，降低刀尖的温度。图 4.23 为不同振幅下刀尖最高切削温度变化曲线。

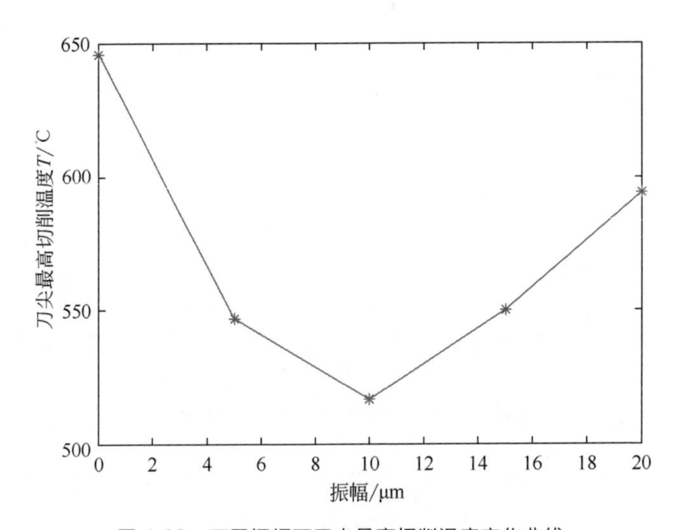

图 4.23 不同振幅下刀尖最高切削温度变化曲线

从图 4.23 可以看出，径向振动外圆车削与常规外圆车削相比，刀尖的切削温度明显降低。振幅为 0 时（常规外圆车削），刀尖的最高切削温度为 645 ℃；随着振幅的增加，刀尖的最高温度不断降低，在 10 μm 时，温度达到最低为 516.8 ℃。当超过 10 μm 时，温度又出现反向增高的现象，在振幅为 20 μm 时，温度为 594.2 ℃，但未超过常规外圆车削刀尖的最高切削温度。

结合 Mises 应力分析、切削力分析以及刀尖最高切削温度分析，可选取频率 20 kHz、振幅 10 μm 为最佳径向振动外圆切削参数。

4.6.3.4 切削参数分析

基于振动频率 20 kHz、振幅 10 μm 的径向振动外圆车削以及常规外圆车削，分别对进给量为 0.05 mm/r、0.1 mm/r、0.15 mm/r、0.2 mm/r 的外圆车削进行单变量仿真，背吃刀量及主轴转速不变。

仿真所得不同进给量下 X 向、Y 向平均切削力变化曲线如图 4.24 所示。

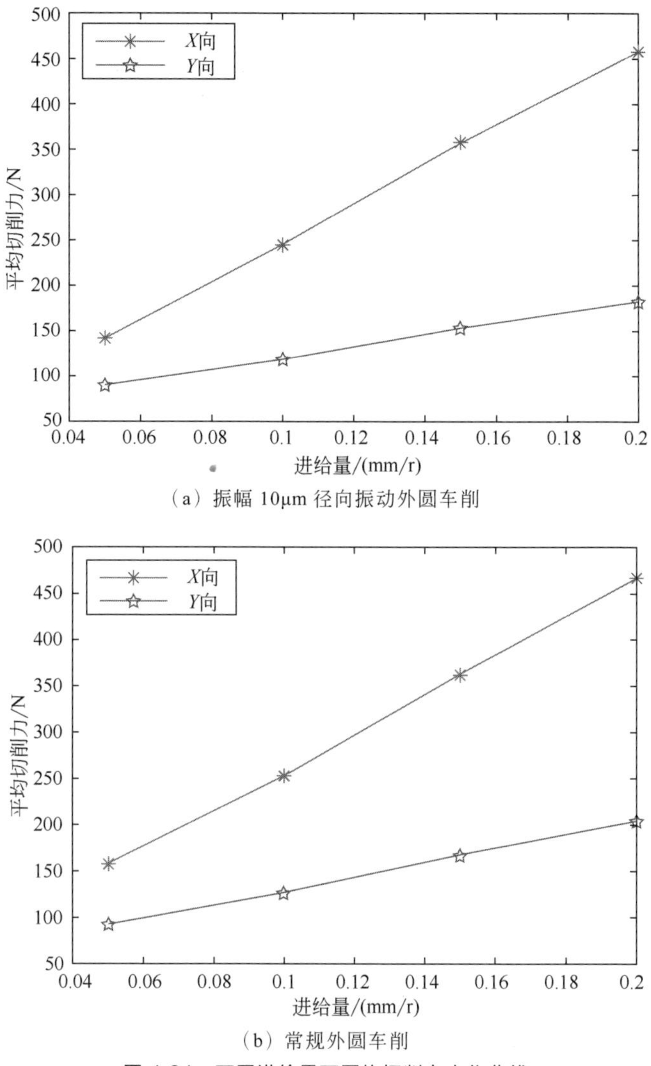

（a）振幅 10μm 径向振动外圆车削

（b）常规外圆车削

图 4.24　不同进给量下平均切削力变化曲线

对比图 4.24（a）、（b）平均切削力变化曲线可知，以振动频率 20 kHz、振幅 10 μm 的径向振动外圆车削时，当进给量为 0.05 mm/r 时，X 向、Y 向的平均切削力分别为 142.1 N、89.3 N；当进给量为 0.2 mm/r 时，X 向、Y 向的平均切削力分别为 457.5 N、182.7 N。平均切削力随进给量的加快呈不断增大趋势。以常规外圆车削时，当进给量为 0.05 mm/r 时，X 向、Y 向的平均切削力分别为 158.5 N、93.5 N；当进给量为 0.2 mm/r 时，X 向、Y 向的平均切削力分别为 466.4 N、203.5 N。平均切削力随进给量的加快也呈不断增大趋势。

仿真得到不同进给量下 TC4 钛合金最大 Mises 应力变化曲线如图 4.25 所示。

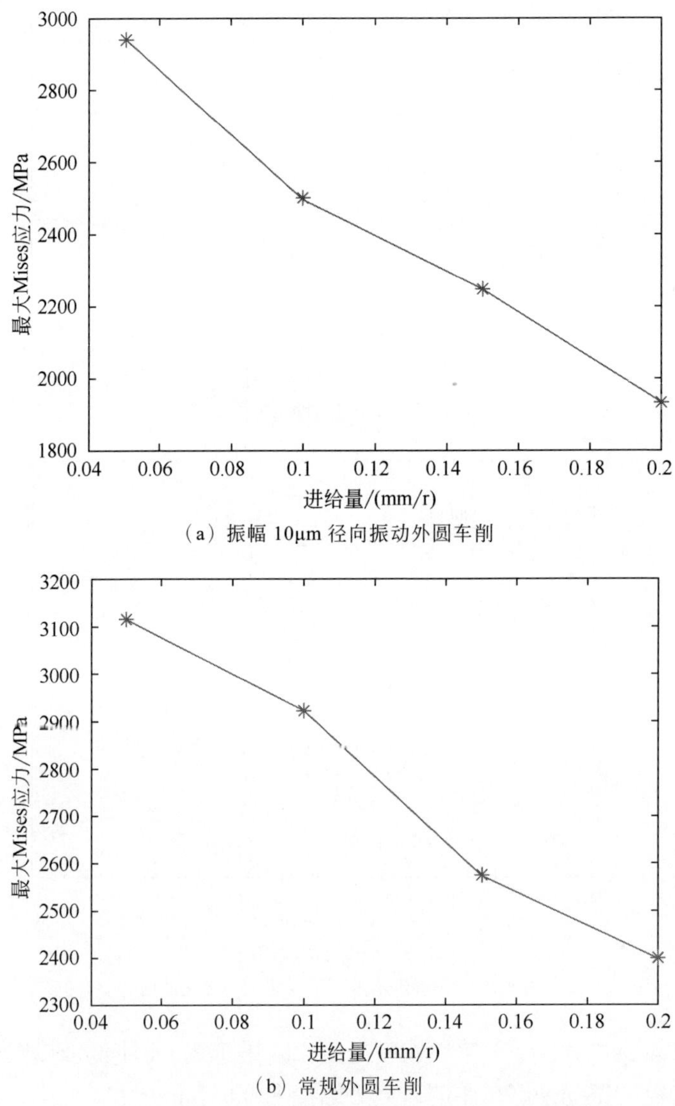

（a）振幅 10μm 径向振动外圆车削

（b）常规外圆车削

图 4.25　不同进给量下 TC4 钛合金最大 Mises 应力变化曲线

对比图 4.25（a）、（b）TC4 钛合金最大 Mises 应力变化曲线可知，以振动频率 20 kHz、振幅 10 μm 的径向振动外圆车削时，随着进给量的增大，TC4 钛合金最大 Mises 应力由进给量为 0.05 mm/r 时的 2944.1 MPa 降低至进给量为 0.2 mm/r 时的 1936.3 MPa。以常规外圆车削时，TC4 钛合金最大 Mises 应力由进给量为0.05 mm/r时的3113.9 MPa降低至进给量为0.2 mm/r时的2396.2 MPa。仿真表明，进给量的增加可有效降低 TC4 钛合金最大 Mises 应力，使加工更易进行。

仿真所得不同进给量下刀尖最高切削温度变化曲线如图 4.26 所示。

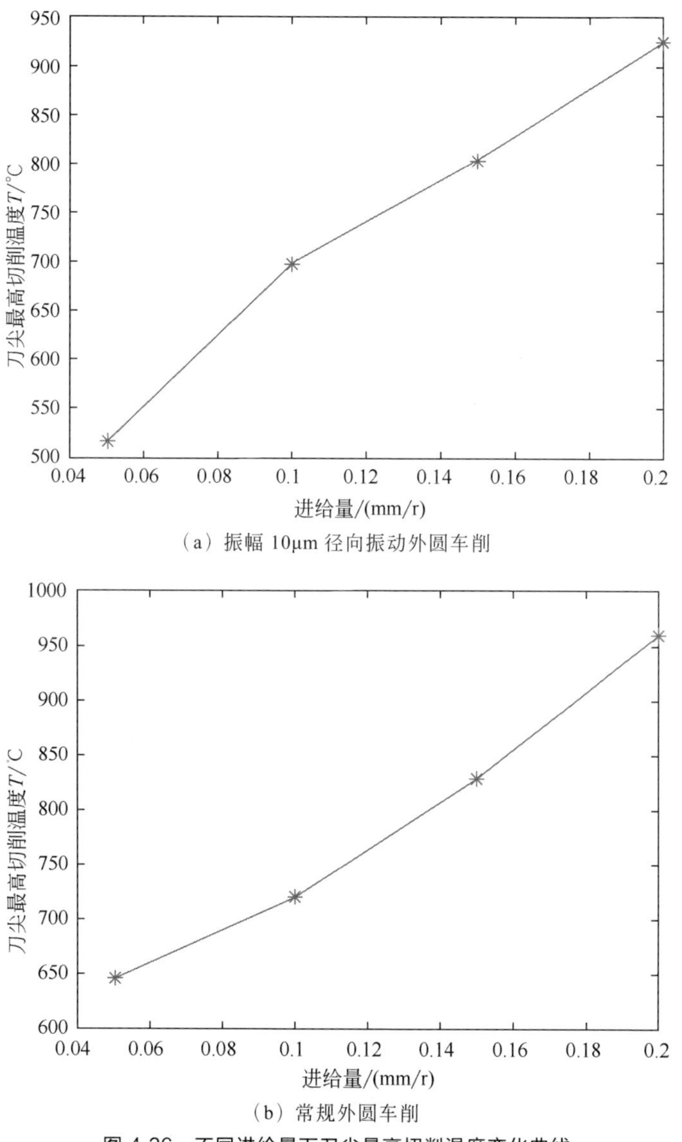

（a）振幅 10μm 径向振动外圆车削

（b）常规外圆车削

图 4.26　不同进给量下刀尖最高切削温度变化曲线

对比图 4.26(a)、(b)刀尖最高切削温度变化曲线可知，以振动频率 20 kHz、振幅 10 μm 的径向振动外圆车削时，当进给量为 0.05 mm/r 时，温度为 516.8 ℃；当进给量为 0.2 mm/r 时，温度增至 925.9 ℃。随着进给量的增加，刀尖的最高切削温度呈逐渐上升趋势。以常规外圆车削时，当进给量为 0.05 mm/r 时，温度为 645.9 ℃；当进给量为 0.2 mm/r 时，温度增至 959.4 ℃。随着进给量的增加，刀尖的最高切削温度也呈逐渐上升趋势。

4.7 径向超声振动车削对比试验

基于 4.4 节仿真结果可知：采用径向振动车削技术后，相比常规车削技术，TC4 钛合金的最大 Mises 应力、平均切削力以及刀尖的切削温度有效降低，车削加工更易进行。此外，采用径向振动切削技术，因再生型效应产生的动态切削力显著降低，动态切削厚度也随之减小，工件表面粗糙度降低。

4.7.1 试验方法

本书采用正交试验法研究 TC4 钛合金常规车削和径向振动车削在不同主轴转速、进给量以及背吃刀量条件下时域波形变化、粗糙度变化以及 TC4 钛合金表面振纹对比情况。正交试验设置三因素三水平，通过对正交试验粗糙度结果的均值极差分析分别给出影响常规外圆车削和径向振动外圆车削 TC4 钛合金粗糙度的主次因素排序。

根据正交试验表，在 TC4 钛合金棒料上进行外圆车削试验，在相同参数下，先采用常规外圆车削进给 20 mm，然后开启超声波发生器，采用径向振动外圆车削 20 mm，同一切削参数下，常规-径向外圆车削为一个过程，对比时域波形变化以及粗糙度变化、TC4 钛合金表面振纹对比情况，探究径向振动外圆车削对再生型颤振的抑制影响。

4.7.2 常规-径向振动车削 TC4 钛合金正交试验

常规-径向振动车削 TC4 钛合金正交试验在 KDN 数控车床上进行，工件材料为 TC4 钛合金，规格为 ϕ100 mm×400 mm。振动信号分析采用东华测试 DH5923N 动态信号测试分析系统，采样频率为采集信号的 10～20 倍，量程范围为采集信号的 1.5 倍。试验中所用的刀片型号为 DCMT11T304LF KC5010，刀具主偏角为 75°。使用吉泰科仪 TR200 粗糙度测试仪采集数据。

粗糙度测量取样长度为 0.8 mm，评定长度为 5 mm，滤波采用高斯滤波，为保证测量数据的准确性，使用 TR200 粗糙度测试仪对每组已加工表面测量三次，取平均值作为粗糙度测量结果。径向振动车削装置搭建选用 SCQ-1500F 超声波发生器、夹心式压电换能器、阶梯形变幅杆。超声车刀选择第 2 章设计的主偏角 75°径向振动车刀刀杆。径向振动车削装置采用 L 形板夹持在转塔刀架上，如图 4.27 所示。

图 4.27 径向振动车削装置

常规-径向振动车削正交试验装置如图 4.28 所示。

图 4.28 常规-径向振动车削正交试验装置

根据 4.5 节振动外圆车削 TC4 仿真试验，可得最佳振幅为 10 μm，故在设计时将变幅杆固定幅值为 10 μm。在数控车床停机状态下，将换能器、变幅杆及车刀（第 2 章设计的主偏角 75°径向振动车刀刀杆）按图 4.27 所示用 L 形板夹持在转塔刀架上。随后开启超声波发生器，用 DH5923N 动态信号测试分析系统进行信号采集，可得时域信号，如图 4.29 所示。

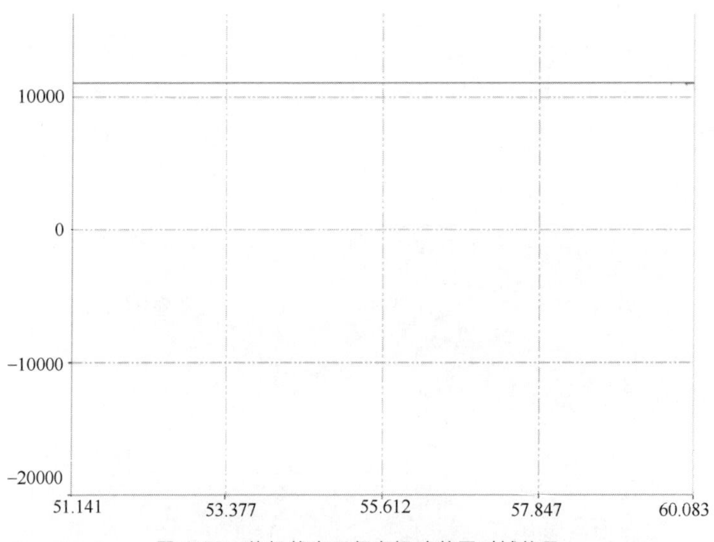

图 4.29 停机状态下径向振动装置时域信号

由图 4.29 可以看出，所设计径向振动车削装置的振幅在 10000 mV（即 10 μm）附近，符合试验要求。

正交试验设置三因素（转速、进给量、背吃刀量）三水平试验，试验因素水平取值如表 4.14 所示。

◇ 表 4.14 试验因素水平取值

试验因素	转速 n/(r/min)	进给量 f/(mm/r)	背吃刀量 a_p/mm
水平 1	400	0.05	0.5
水平 2	450	0.1	1.0
水平 3	350	0.15	1.5

正交试验表如表 4.15 所示。

◇ 表 4.15 正交试验表

试验组号	转速 n/(r/min)	进给量 f/(mm/r)	背吃刀量 a_p/mm
1	1	1	1
2	1	2	2
3	1	3	3
4	2	1	2
5	2	2	3
6	2	3	1
7	3	1	3
8	3	2	1
9	3	3	2

4.7.3 正交试验结果分析

4.7.3.1 时域信号分析

根据表 4.14 试验因素水平取值及表 4.15 正交试验表进行常规-径向振动车削 TC4 钛合金试验，利用 DH5923N 动态信号测试分析系统对车削过程中的时域信号进行数据采集，采样频率为采集信号的 10～20 倍，量程范围为采集信号的 1.5 倍，可得时域信号波形，如图 4.30（a）～（i）所示。

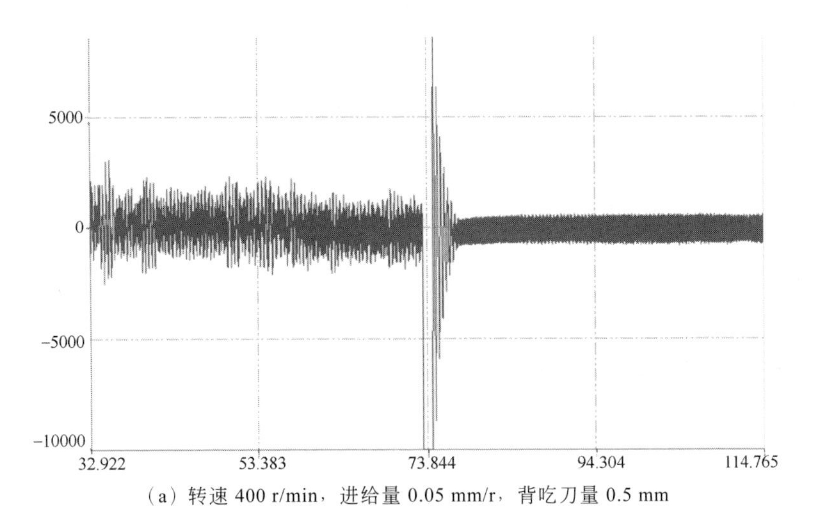

（a）转速 400 r/min，进给量 0.05 mm/r，背吃刀量 0.5 mm

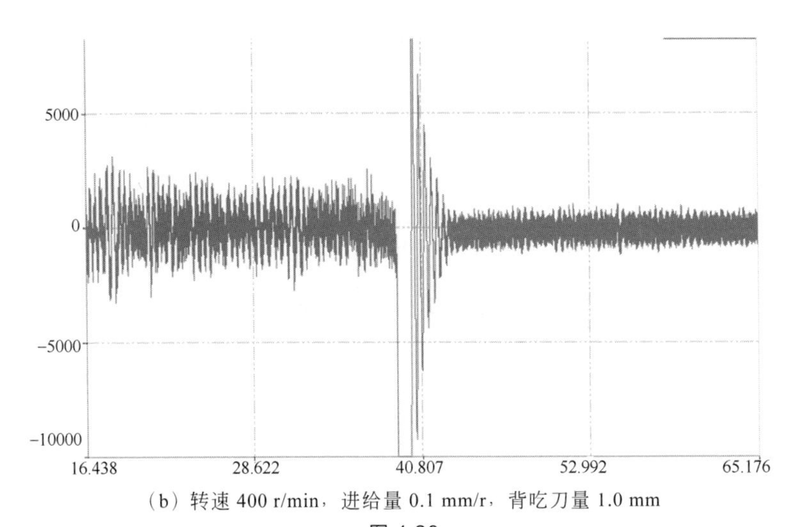

（b）转速 400 r/min，进给量 0.1 mm/r，背吃刀量 1.0 mm

图 4.30

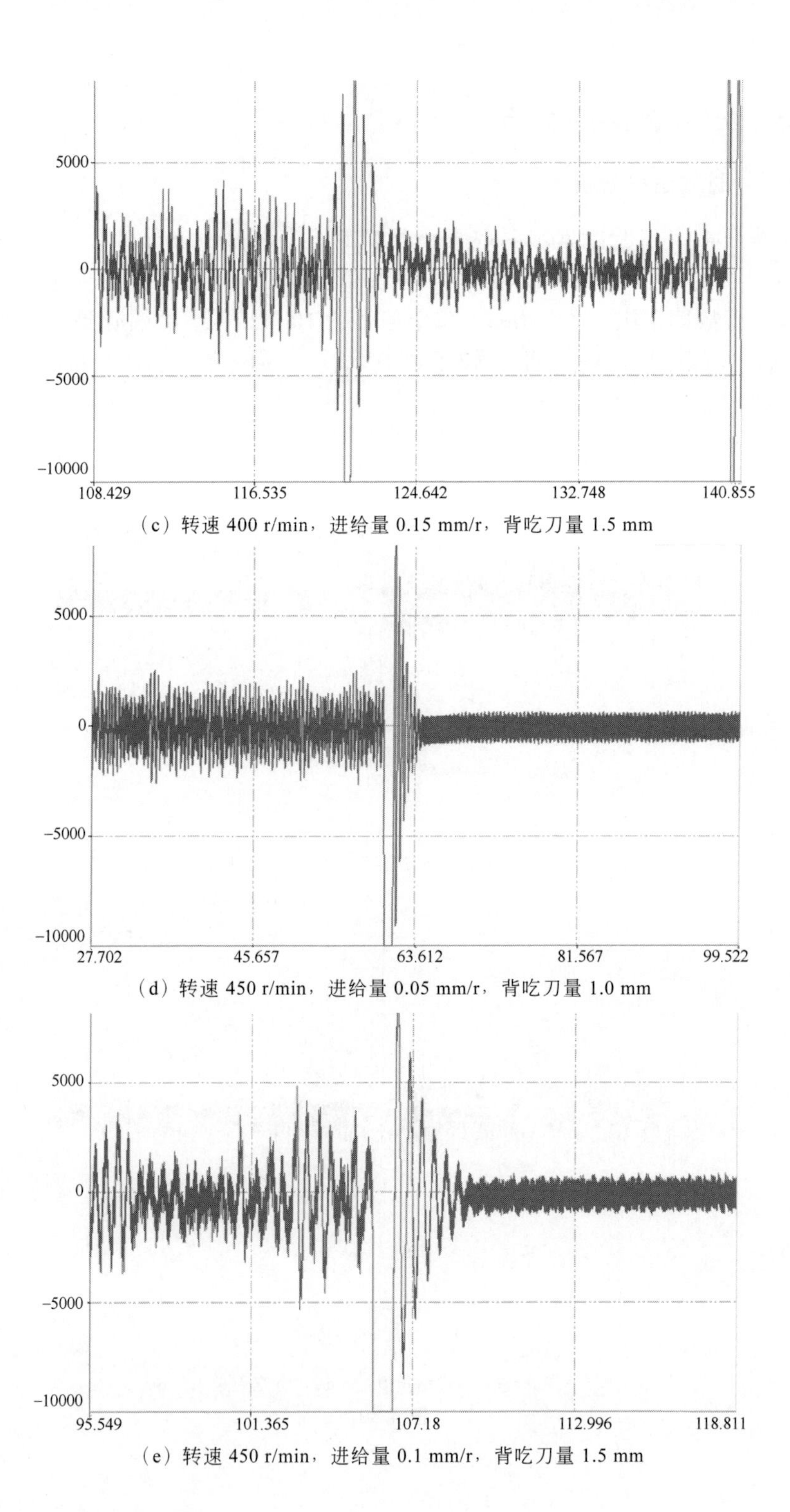

（c）转速 400 r/min，进给量 0.15 mm/r，背吃刀量 1.5 mm

（d）转速 450 r/min，进给量 0.05 mm/r，背吃刀量 1.0 mm

（e）转速 450 r/min，进给量 0.1 mm/r，背吃刀量 1.5 mm

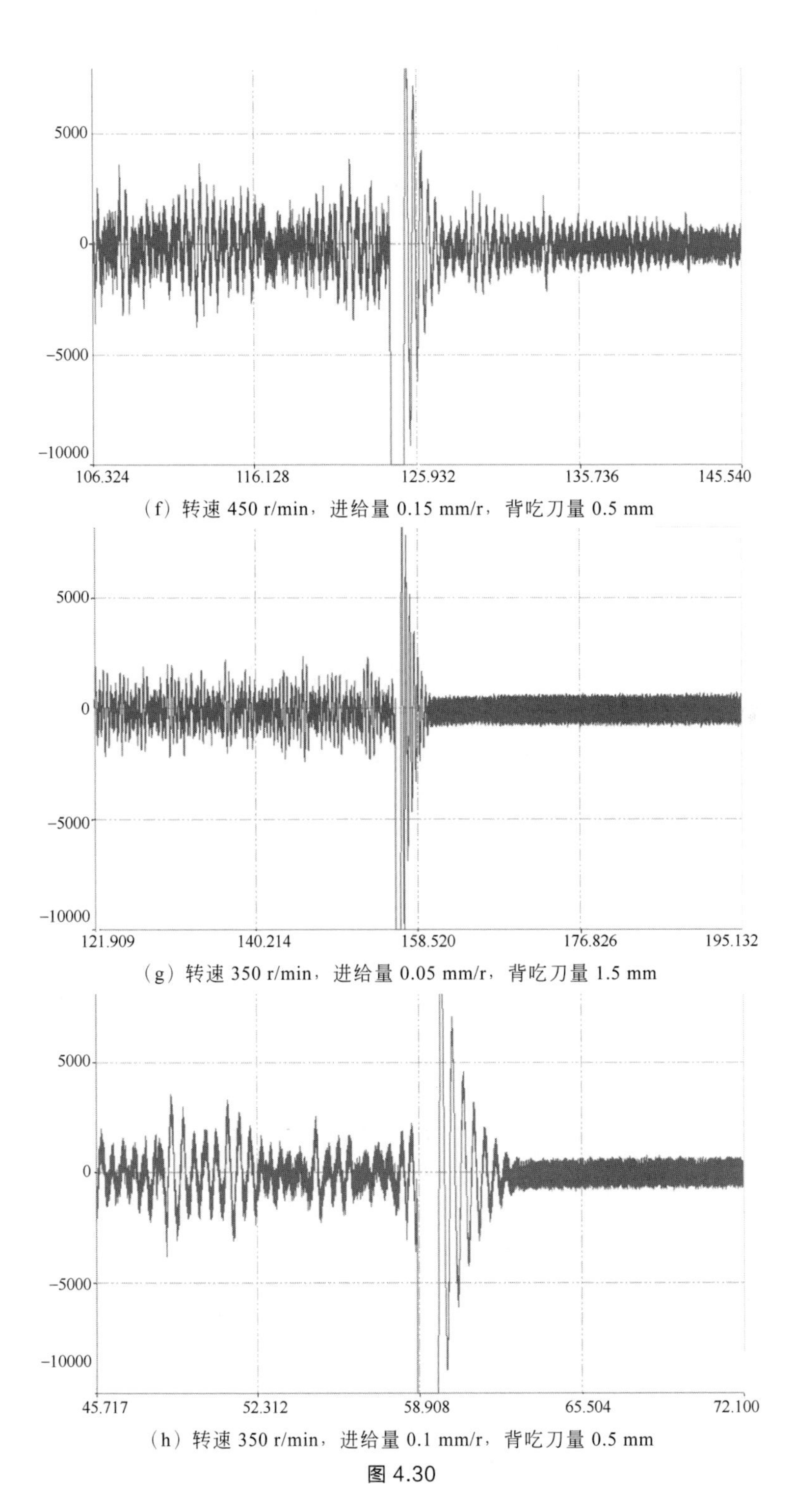

（f）转速 450 r/min，进给量 0.15 mm/r，背吃刀量 0.5 mm

（g）转速 350 r/min，进给量 0.05 mm/r，背吃刀量 1.5 mm

（h）转速 350 r/min，进给量 0.1 mm/r，背吃刀量 0.5 mm

图 4.30

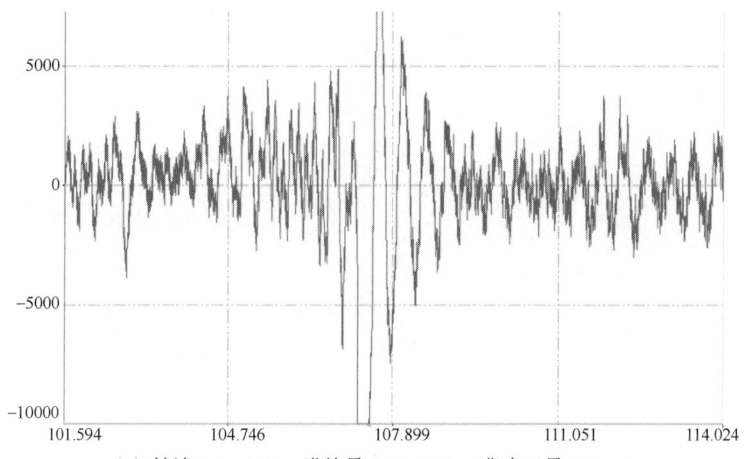

（i）转速 350 r/min，进给量 0.15 mm/r，背吃刀量 1.0 mm

图 4.30 常规-径向振动车削时域波形

对比图 4.30（a）～（i）可以看出，初始阶段（左半部分）采用常规外圆车削，时域波形变化较剧烈：开启超声波发生器后，振幅先是瞬间到达 10000 mV，而后急速下降；图的右半部分即采用径向振动外圆车削后的时域信号，当刀杆与工件接触时，径向超声振动与车刀外圆车削时沿机床坐标系 X 轴产生的振动相耦合抵消，振幅迅速下降；当车削工作完成，车刀与工件分离时，耦合作用消失，振幅又恢复为 10 μm 左右，故径向振动对再生型颤振具有一定的抑制作用。

对图 4.30 左半边常规车削 TC4 钛合金时域波形进行分析。

首先，观察转速对时域波形的影响：

① 同转速对比。根据时域波形可以看出，在同一转速条件下，因进给量和背吃刀量的不同，时域波形有着明显的变化。这表明时域波形的变化中进给量和背吃刀量也有着重要的影响。

② 不同转速对比。对比不同转速下的时域波形，发现不同转速条件下均有时域波形变化平稳的情况存在，且随着转速的变化，时域波形的变化似无规律，不妨假设主轴转速不是影响时域波形的主要因素。

观察背吃刀量对时域波形的影响：

① 同背吃刀量对比。根据时域波形可以看出：

当背吃刀量为 0.5 mm 时，在转速 400 r/min、进给量 0.05 mm/r 时，时域波形变化最为平稳；转速 350 r/min、进给量 0.1 mm/r 次之；在转速 450 r/min、进给量 0.15 mm/r、背吃刀量 0.5 mm 时，时域波形变化相对最为剧烈。

当背吃刀量为 1.0 mm 时，时域波形变化剧烈的情况为：转速 450 r/min、进给量 0.05 mm/r、背吃刀量 1.0 mm<转速 400 r/min、进给量 0.1 mm/r、背吃刀

量 1.0 mm<转速 350 r/min、进给量 0.15 mm/r、背吃刀量 1.0 mm。

当背吃刀量为 1.5 mm 时，时域波形变化剧烈的情况为：转速 350 r/min、进给量 0.05 mm/r、背吃刀量 1.5 mm<转速 450 r/min、进给量 0.1 mm/r、背吃刀量 1.5 mm<转速 400 r/min、进给量 0.15 mm/r、背吃刀量 1.5 mm。

② 不同背吃刀量对比。从同背吃刀量对比情况来看，当背吃刀量分别为 0.5 mm、1.0 mm、1.5 mm 时，时域波形的变化均有平稳和剧烈变化的情况发生，故背吃刀量对时域波形的影响不大。反观同背吃刀量情况下的时域波形变化程度可以看出，随着进给量的逐步增大，时域波形变化越剧烈，而转速的影响并无规律。

观察进给量对时域波形的影响：

① 同进给量对比。从时域波形可以看出，当进给量为 0.05 mm/r 时，时域波形变化都相对平稳且振幅都较小；当进给量为 0.1 mm/r 时，时域波形也相对较平稳；当进给量为 0.15 mm/r 时，时域波形都变化剧烈，且振幅增大。

② 不同进给量对比。对比进给量为 0.05 mm/r、0.1 mm/r、0.15 mm/r 的时域波形可以看出，随着进给量的不断增大，时域波形的变化情况愈加剧烈且振幅增大。故暂可认为进给量是影响时域波形变化的主导因素。

基于常规外圆车削时域分析结果对图 4.30 右半边径向振动外圆车削 TC4 钛合金时域波形进行分析：根据常规外圆车削 TC4 钛合金时域分析的结论，观察进给量对径向振动外圆车削 TC4 钛合金的影响。根据图 4.30 径向振动外圆车削时域波形可以看出，随着进给量的增大，径向振动外圆车削 TC4 钛合金的时域波形变化迅速，且振幅增大，表明进给量同样是径向振动外圆车削时域波形变化的主导因素。

4.7.3.2 粗糙度分析

根据表 4.14 及表 4.15 进行常规-径向振动外圆车削 TC4 钛合金试验，利用 TR200 粗糙度测试仪对已加工的 TC4 钛合金表面进行粗糙度测试。粗糙度测量取样长度为 0.8 mm，评定长度为 5 mm，滤波采用高斯滤波，为保证测量数据的准确性，使用粗糙度测量仪对每组已加工表面测量三次，取平均值作为粗糙度测量结果。图 4.31 为常规外圆车削和径向振动外圆车削 TC4 钛合金表面图片，图 4.32 为不同车削方式下 TC4 钛合金表面振纹对比图。

从图 4.31 及图 4.32 中可以看出，与常规外圆车削时因颤振形成不规则的振纹相比，径向超声振动车削后，TC4 钛合金表面的振纹更加平整、分布更加均匀，材料去除更彻底，有效减少了由于钛合金切屑粘刀造成的表面划痕和积屑瘤等现象。

（a）径向振动外圆车削表面　　（b）常规外圆车削表面

图 4.31　车削加工表面对比（见书后彩插）

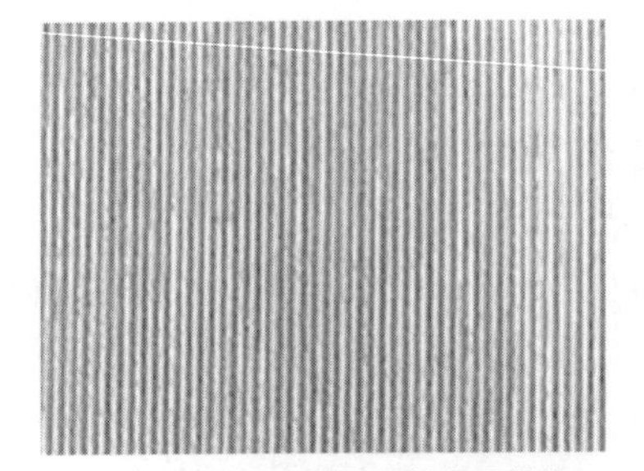

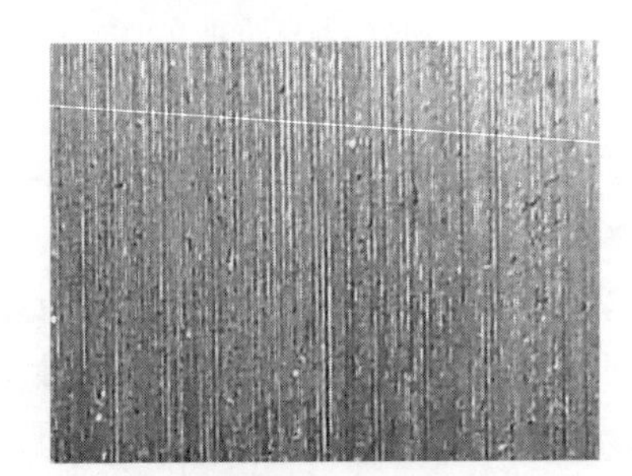

（a）径向振动外圆车削表面振纹　　（b）常规外圆车削表面振纹

图 4.32　TC4 钛合金表面振纹对比（见书后彩插）

（1）常规车削 TC4 钛合金表面粗糙度分析

常规车削 TC4 钛合金表面粗糙度曲线如图 4.33 所示。

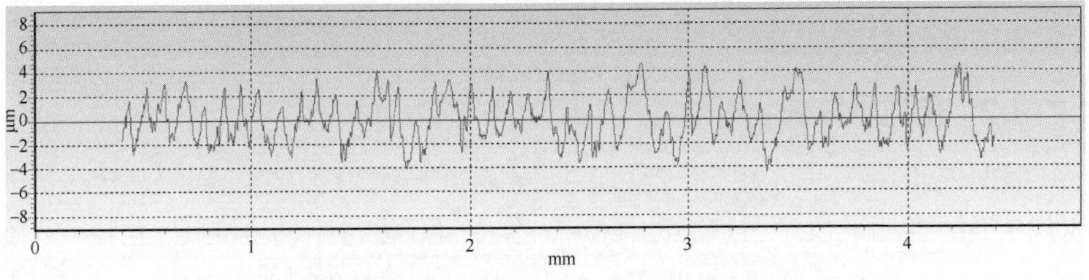

（a）转速 400 r/min，进给量 0.05 mm/r，背吃刀量 0.5 mm

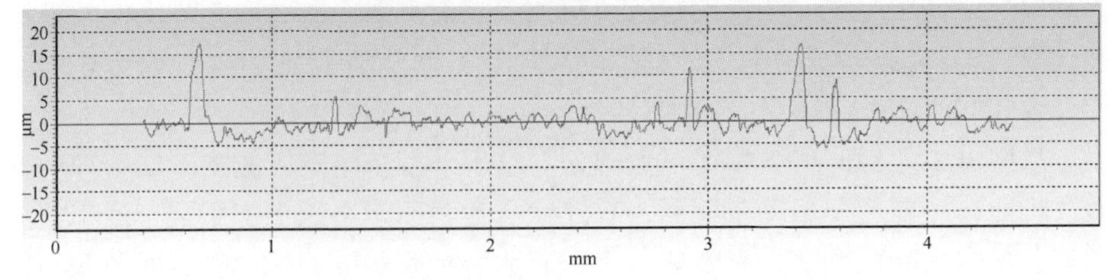

（b）转速 400 r/min，进给量 0.1 mm/r，背吃刀量 1.0 mm

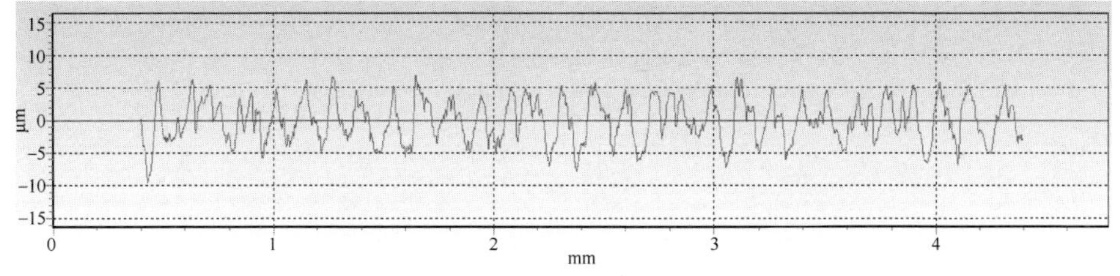

（c）转速 400 r/min，进给量 0.15 mm/r，背吃刀量 1.5 mm

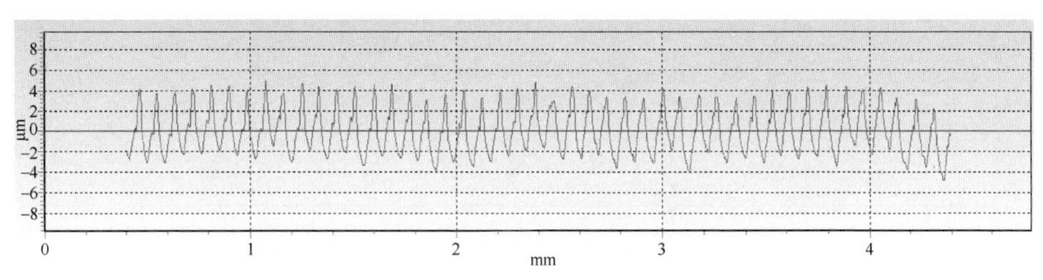

（d）转速 450 r/min，进给量 0.05 mm/r，背吃刀量 1.0 mm

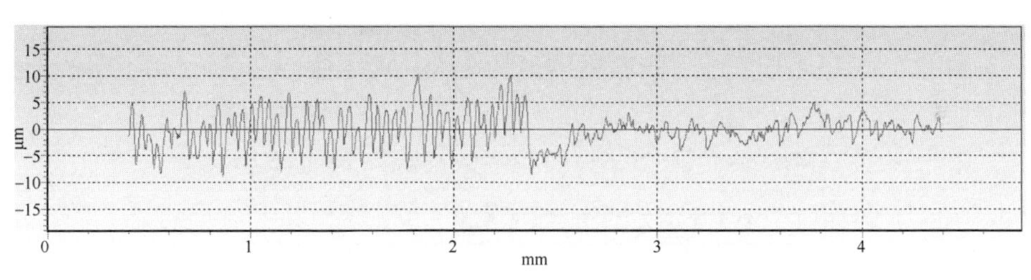

（e）转速 450 r/min，进给量 0.1 mm/r，背吃刀量 1.5 mm

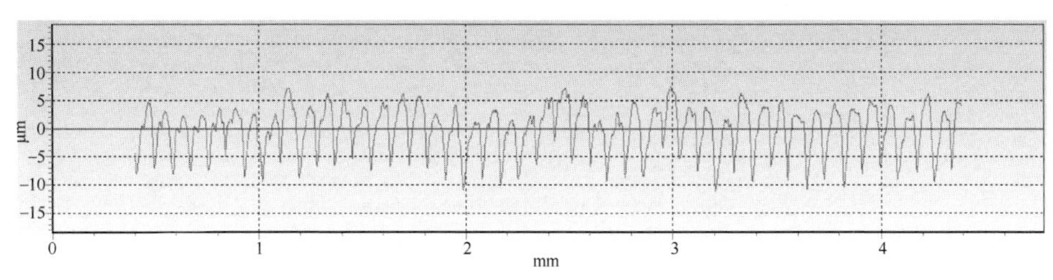

（f）转速 450 r/min，进给量 0.15 mm/r，背吃刀量 0.5 mm

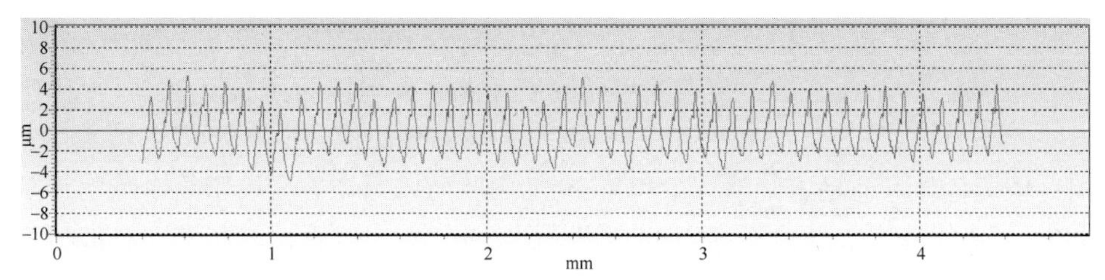

（g）转速 350 r/min，进给量 0.05 mm/r，背吃刀量 1.5 mm

图 4.33

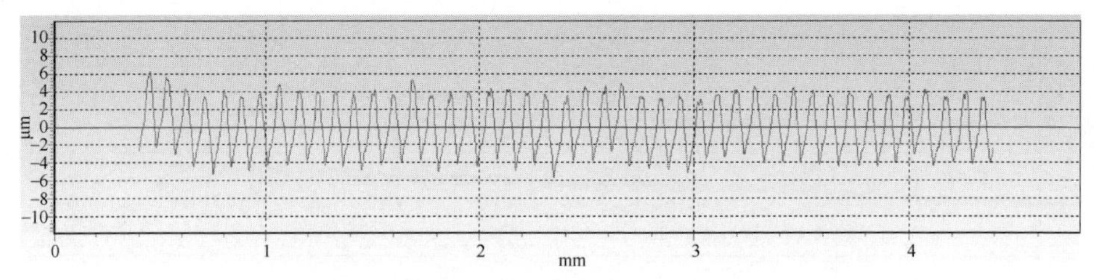

（h）转速 350 r/min，进给量 0.1 mm/r，背吃刀量 0.5 mm

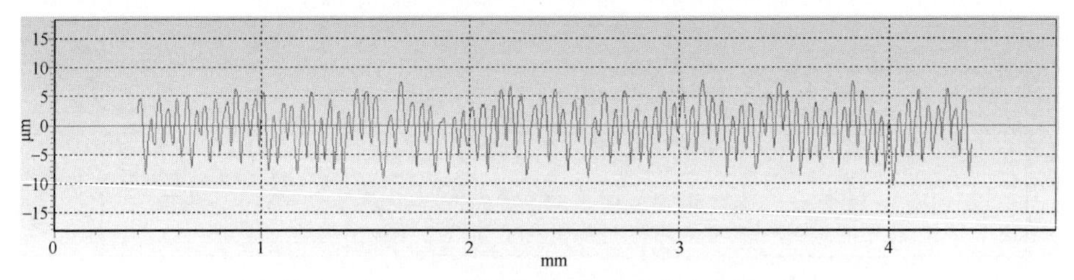

（i）转速 350 r/min，进给量 0.15 mm/r，背吃刀量 1.0 mm

图 4.33　常规车削 TC4 钛合金表面粗糙度曲线

由图 4.33 可明显看出，随着进给量的增大，TC4 钛合金表面的粗糙度呈逐渐增加趋势。

常规车削 TC4 钛合金正交试验粗糙度数据表如表 4.16 所示。

◆ 表 4.16　常规车削 TC4 钛合金正交试验粗糙度数据表

试验组号	水平组合	*Ra*/μm
1	111	1.507
2	122	2.049
3	133	2.709
4	212	1.719
5	223	2.329
6	231	3.193
7	313	1.787
8	321	2.356
9	332	3.136

根据表 4.16 对常规车削 TC4 钛合金正交试验结果进行分析，可得表面粗糙度变化曲线，如图 4.34 所示。

从常规车削 TC4 钛合金表面粗糙度变化曲线中可以看出，第 3、6、9 组的粗糙度幅值相对较高，对应的是进给量为 0.15 mm/r。第 1、4、7 组粗糙度幅值相对较低，对应的是进给量为 0.05 mm/r，由此可以看出，进给量是影响常规车削 TC4 钛合金的主导因素，同时也验证了时域分析中进给量是影响时域波形变化的主导因素的准确性。

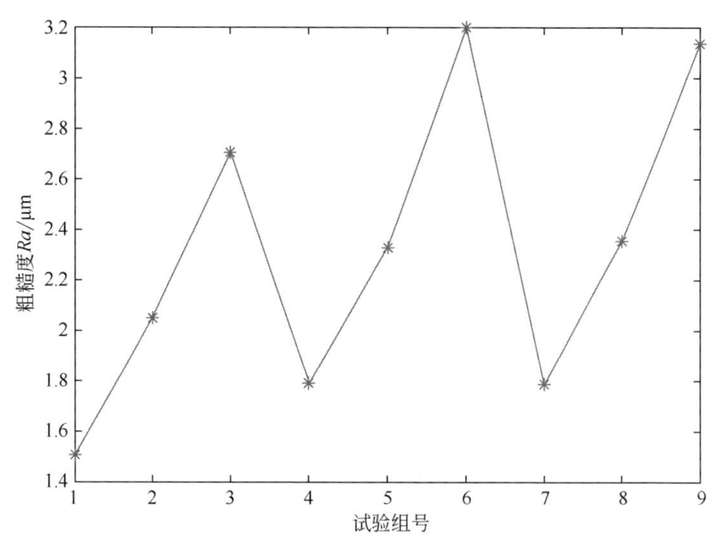

图 4.34 常规车削 TC4 钛合金表面粗糙度变化曲线

对车削 TC4 钛合金正交试验数据表中粗糙度的水平均值进行极差分析，如表 4.17 所示。

◆ 表 4.17 常规车削 TC4 钛合金表面粗糙度极差分析表

试验因素	转速 n/(r/min)	进给量 f/(mm/r)	背吃刀量 a_p/mm
水平 1 均值	2.088	1.671	2.352
水平 2 均值	2.414	2.242	2.301
水平 3 均值	2.426	3.013	2.275
极差 R	0.338	1.342	0.077
主次顺序	进给量 f>转速 n>背吃刀量 a_p		

从 TC4 钛合金表面粗糙度极差分析表中可以看出，当采用常规车削 TC4 钛合金时，进给量对 TC4 钛合金表面的粗糙度影响最大，转速次之，背吃刀量的影响最弱。

从常规车削 TC4 钛合金时域分析和表面粗糙度分析中可以看出，随着进给量的增加，外圆车削 TC4 钛合金的时域波形失稳现象也随之增大，TC4 钛合金表面的粗糙度也随之呈增大趋势。

（2）径向振动外圆车削 TC4 钛合金表面粗糙度分析

径向振动外圆车削 TC4 钛合金表面粗糙度曲线如图 4.35 所示。

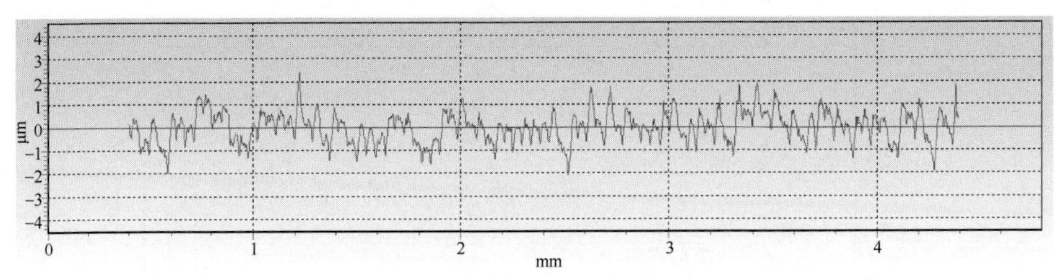

（a）转速 400 r/min，进给量 0.05 mm/r，背吃刀量 0.5 mm

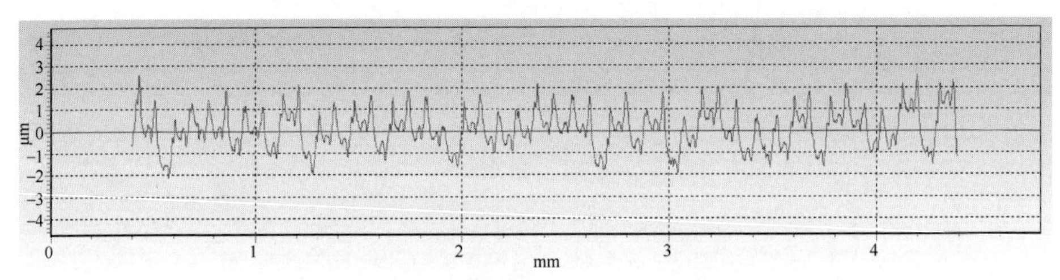

（b）转速 400 r/min，进给量 0.1 mm/r，背吃刀量 1.0 mm

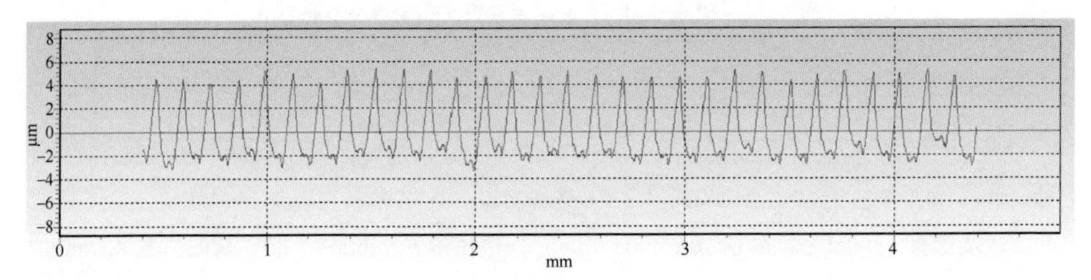

（c）转速 400 r/min，进给量 0.15 mm/r，背吃刀量 1.5 mm

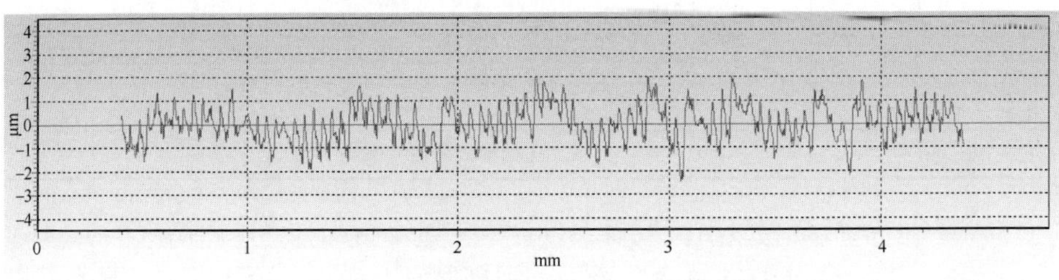

（d）转速 450 r/min，进给量 0.05 mm/r，背吃刀量 1.0mm

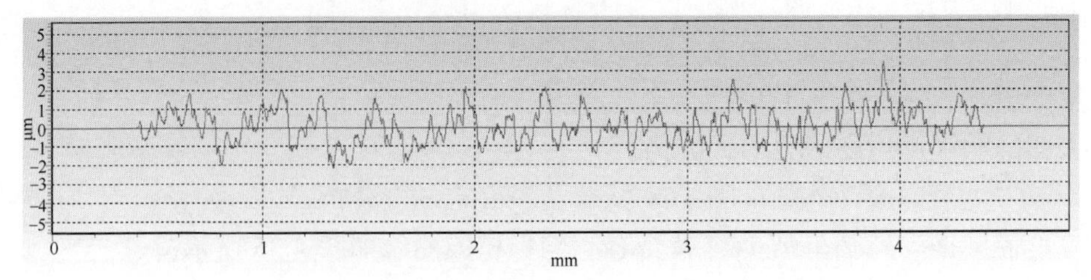

（e）转速 450 r/min，进给量 0.1 mm/r，背吃刀量 1.5mm

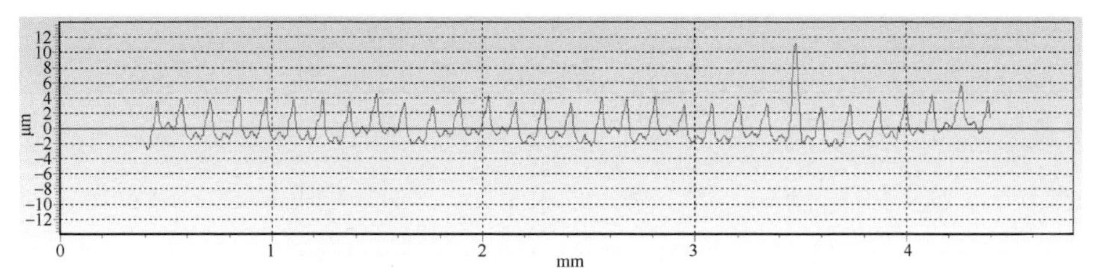

（f）转速 450 r/min，进给量 0.15 mm/r，背吃刀量 0.5mm

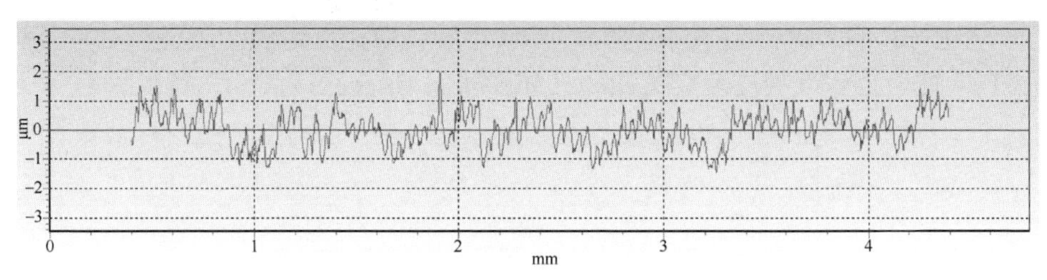

（g）转速 350 r/min，进给量 0.05 mm/r，背吃刀量 1.5mm

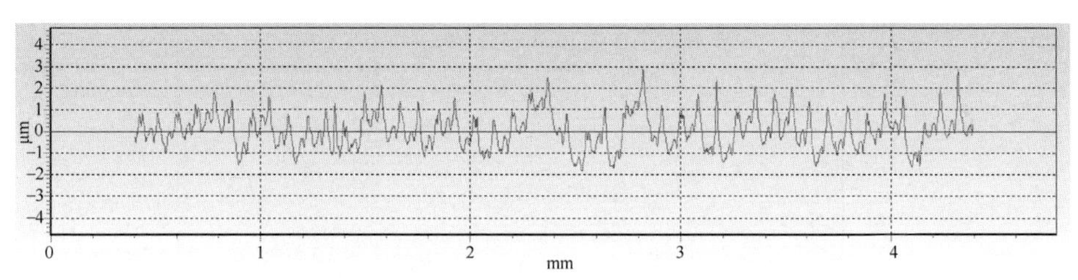

（h）转速 350 r/min，进给量 0.1 mm/r，背吃刀量 0.5mm

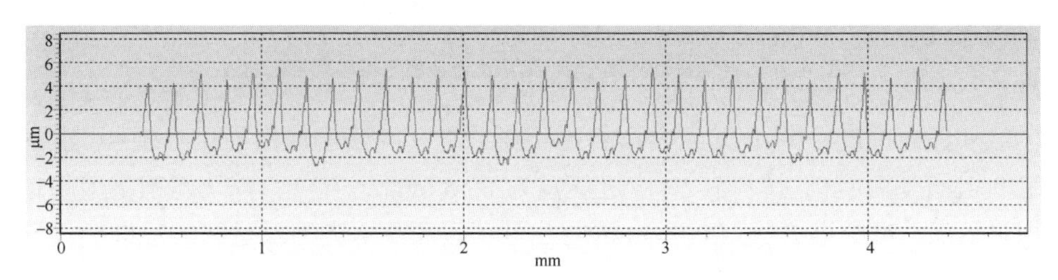

（i）转速 350 r/min，进给量 0.15 mm/r，背吃刀量 1.0 mm

图 4.35　径向振动外圆车削 TC4 钛合金表面粗糙度曲线

对比图 4.35（a）～（i）可明显看出，随着进给量的增大，TC4 钛合金表面的粗糙度呈逐渐增加趋势。

径向振动外圆车削 TC4 钛合金正交试验粗糙度数据表如表 4.18 所示。

◆ 表 4.18　径向振动外圆车削 TC4 钛合金正交试验粗糙度数据表

试验组号	水平组合	*Ra*/μm
1	111	0.534
2	122	0.704

续表

试验组号	水平组合	Ra/μm
3	133	1.992
4	212	0.618
5	223	0.715
6	231	1.350
7	313	0.477
8	321	0.652
9	332	1.619

根据表 4.18 对径向振动外圆车削 TC4 钛合金正交试验结果进行分析，可得 TC4 钛合金表面粗糙度变化曲线，如图 4.36 所示。

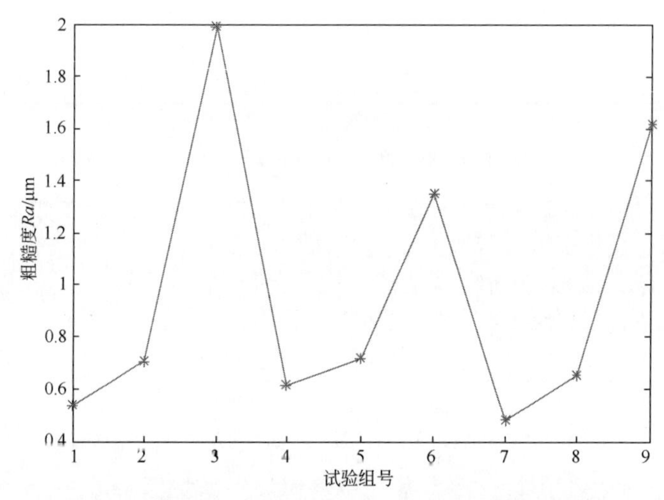

图 4.36 径向振动外圆车削 TC4 钛合金表面粗糙度变化曲线

从径向振动车削 TC4 钛合金表面粗糙度变化曲线中可以看出，第 3、6、9 组的粗糙度幅值相对较高，对应进给量为 0.15 mm/r。第 1、4、7 组粗糙度幅值相对较低，对应进给量为 0.05 mm/r。由此可以看出，进给量是影响径向振动车削 TC4 钛合金的主导因素。同时，也验证了时域分析的准确性。

现对径向振动外圆车削 TC4 钛合金正交试验数据表中粗糙度的水平均值进行极差分析，极差分析表如表 4.19 所示。

◆ 表 4.19 径向振动外圆车削 TC4 钛合金表面粗糙度极差分析表

试验因素	转速 n/(r/min)	进给量 f/(mm/r)	背吃刀量 a_p/mm
水平 1 均值	1.077	0.543	0.845
水平 2 均值	0.894	0.690	0.980
水平 3 均值	0.916	1.654	1.061
极差 R	0.183	1.111	0.216
主次顺序	进给量 f>背吃刀量 a_p>转速 n		

从 TC4 钛合金表面粗糙度极差分析表中可以看出，当采用径向振动车削 TC4 钛合金时，进给量对 TC4 钛合金表面的粗糙度影响最大，背吃刀量次之，主轴转速的影响最弱。从径向振动车削 TC4 钛合金时域分析和表面粗糙度分析中可以看出，随着进给量的增加，径向振动车削 TC4 钛合金的时域波形失稳现象也随之增大，TC4 钛合金表面的粗糙度也随之呈增大趋势。

本章使用再生型颤振稳定性叶瓣图法是基于颤振系统的线性动力学模型，假设刀具系统为再生型颤振的主振系统，而对于工件、尾座等因素的影响没有探究。试验表明，径向超声振动可与车削时沿机床坐标系 X 轴产生的振动相耦合抵消，降低振幅，从而达到降低 TC4 钛合金表面粗糙度抑制再生型颤振的效果。但是通过正交试验还可看出，进给量为影响车削稳定性的关键因素，故在进给方向上施加一轴向振动车削技术或者施加一径向与轴向复合的振动车削技术能否进一步抑制再生型颤振的发生还有待进一步研究。

其次，进行常规及径向振动车削 TC4 钛合金时，因超声振动车削设备材质及超声振动传导精度问题，时域信号的测量所用的传感器都是吸附在 L 形板上的，L 形板仅与变幅杆法兰盘相接触，传感器接收信号时会有一定的干扰误差，故只能在参数条件相同情况下进行常规-径向振动车削对比试验。如何在不影响超声振动传导精度的前提下改进传感器还需日后不断完善。

轴向超声振动车削 6061 铝合金

本章通过对 6061 铝合金轴向超声振动车削加工机理的研究，运用有限元仿真与切削试验相结合的方法，对轴向超声振动车削工艺性能进行了分析；通过指数函数法与多元非线性回归，建立了轴向超声振动车削表面粗糙度预测模型，并结合多目标遗传算法对轴向超声振动进行了切削参数优化研究。

5.1 轴向超声振动车削机理

轴向超声振动根据车削加工中刀尖是否与工件分离可分为分离型与不分离型轴向超声振动车削，可通过 MATLAB 建立轴向超声振动车削加工轨迹模型，分析两种车削方式的形成机理。

5.1.1 轴向超声振动车削加工轨迹模型

轴向超声振动车削是在进给方向加上一个微小、高频的超声振动，从而改变刀具与材料之间的加工轨迹，改善表面质量。图 5.1 为轴向超声车削加工原理图，Y 轴为刀具切削速度方向，Z 轴为进给方向。图中工件安装在机床主轴上，随主轴转动，刀具沿进给方向运动，同时超声振动装置对刀具施加沿轴向且随时间变化的正弦运动。

常规车削在 YZ 平面内，刀具轨迹是一条直线，如图 5.2（a）所示。轴向超声振动车削由于在进给方向施加了高频振动，改变了切削机理，故在 YZ 平面内刀具轨迹是一条往复振动的正弦曲线，如图 5.2（b）所示。图中，4 条曲线分别代表相邻的 4 个加工运动轨迹，f 为进给量，$2A$ 为超声振幅，φ 为相邻切削轨迹的相位差。

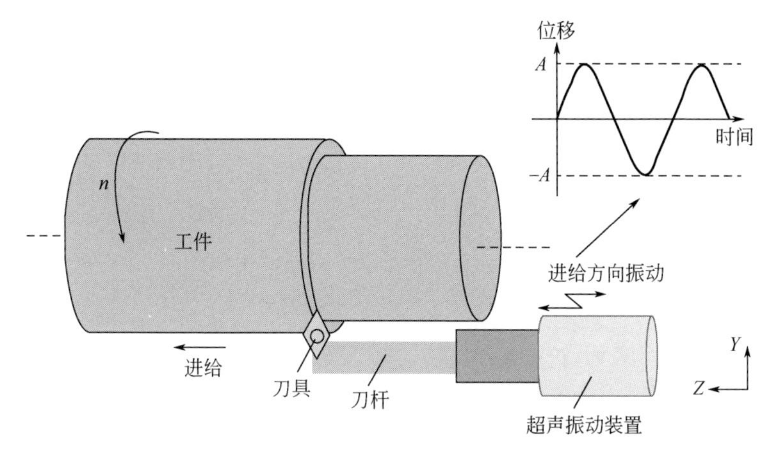

图 5.1　轴向超声振动车削加工原理图

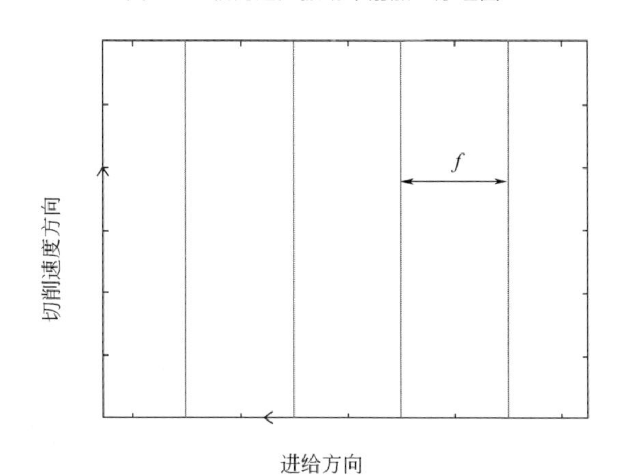

（a）常规车削刀具轨迹

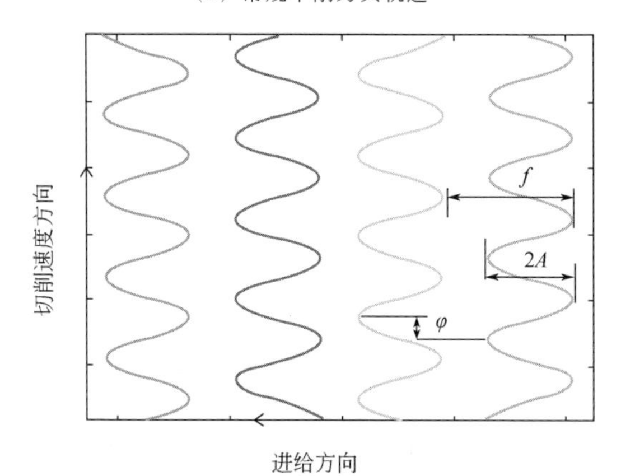

（b）轴向超声振动车削刀具轨迹

图 5.2　两种状态下车削轨迹图

常规车削中，相邻车削轨迹与进给量有关，不会发生改变。轴向超声振动车削由于超声振动的存在，相邻车削轨迹发生变化，进给量也会随着超声振动发生周期性改变。将频率为 f_u、振幅为 A 的振动信号施加在刀具进给方向，可通过公式表达为

$$x_f = A\sin\left(2\pi f_u t + \varphi\right) \tag{5.1}$$

则进给方向的刀尖运动轨迹为

$$x_z = f + A\sin\left(2\pi f_u t + \varphi\right) \tag{5.2}$$

切削速度方向的刀尖运动轨迹为

$$x_y = \frac{\pi d n t}{1000} \tag{5.3}$$

相邻切削轨迹之间的相位差 φ 等于振动频率与工件转速比值的小数部分乘以 2π，即[193]

$$\varphi = \left\{\frac{60 f_u}{n} - \left[\frac{60 f_u}{n}\right]\right\} \times 2\pi \tag{5.4}$$

式中，x_z 为进给方向的刀尖运动轨迹，mm；f 为初始进给量，mm/r；x_y 为切削速度方向的刀尖运动轨迹，mm；d 为工件直径，mm；n 为主轴转速，r/min。

通过改变超声振动频率、振幅、工件直径、进给量及主轴转速等，可改变轴向超声振动车削的运动轨迹。将刀尖运动轨迹沿进给-切削速度方向组成的平面展开，利用 MATLAB 对加工运动轨迹进行仿真分析。在进给-切削速度方向组成的平面内，不同进给量、相位差下轴向超声振动刀尖运动轨迹如图 5.3 所示，其中主轴转速为 100 r/min，超声振幅 $2A$=0.01 mm。

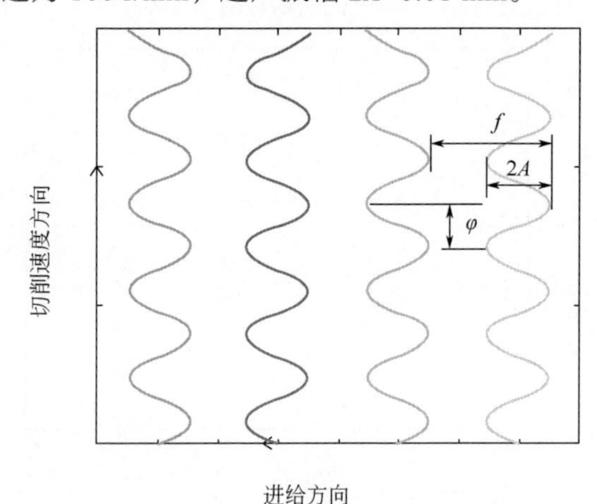

（a）f=0.02 mm/r，$f > 2A$，$\varphi=\pi$

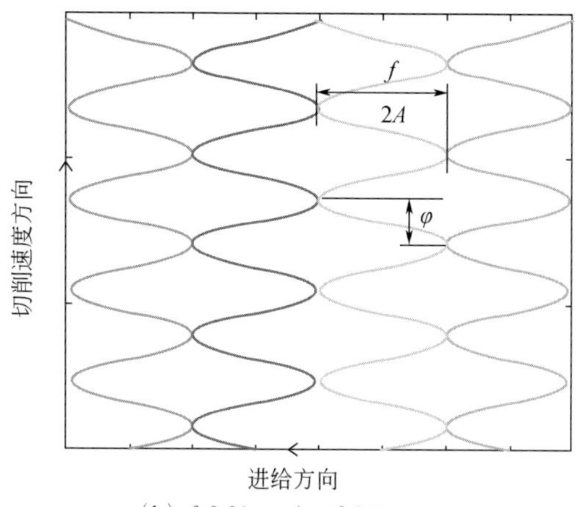

（b）f=0.01 mm/r，f=2A，φ=π

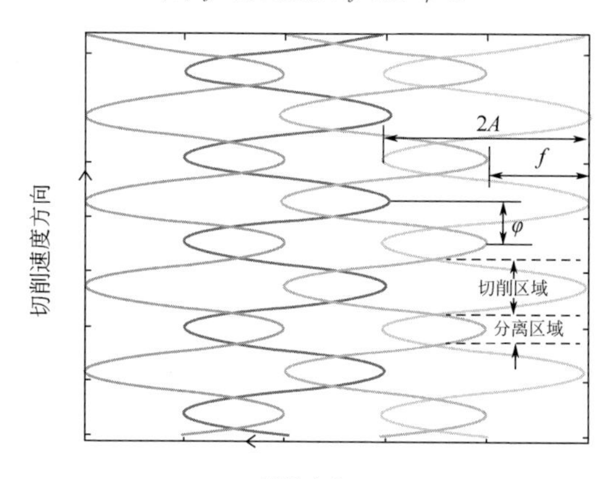

（c）f=0.005 mm/r，f< 2A，φ=π

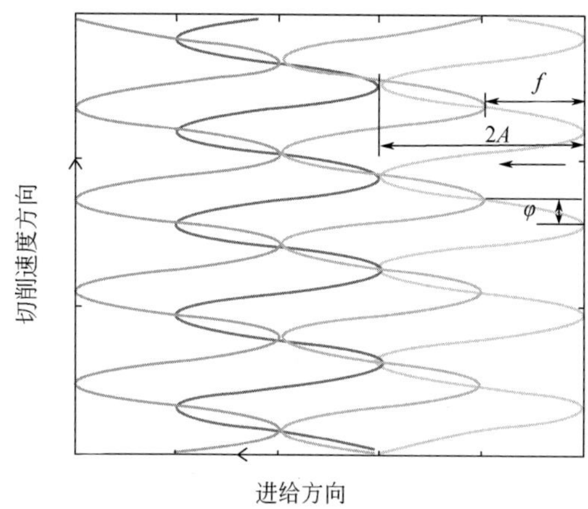

（d）f=0.005 mm/r，f< 2A，φ=π/2

图 5.3

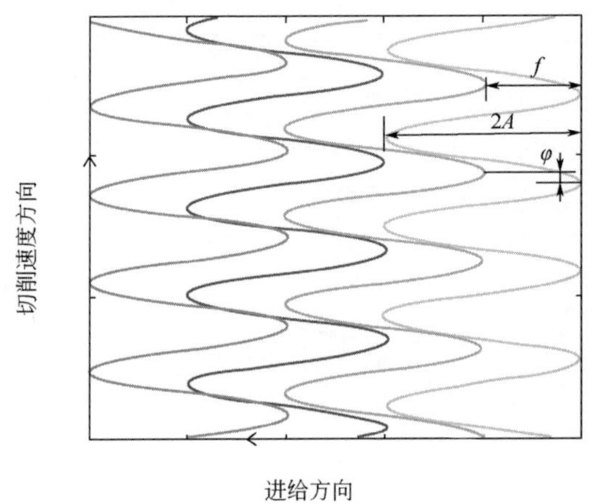

（e）f=0.005 mm/r，f< $2A$，φ=π/4

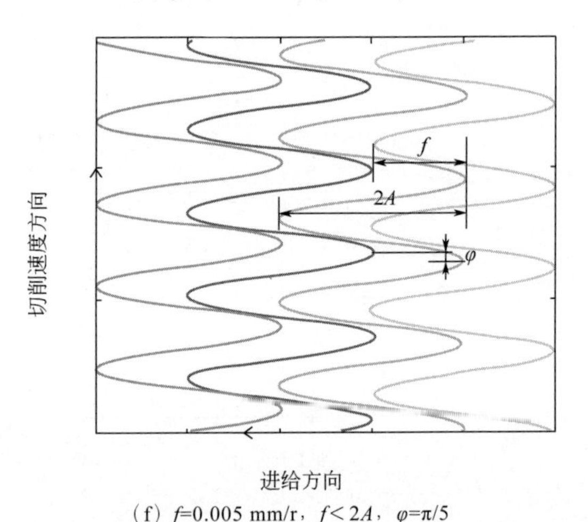

（f）f=0.005 mm/r，f< $2A$，φ=π/5

图 5.3　不同加工参数下轴向超声振动刀尖运动轨迹图

当 φ=π 时，不同轴向超声振动进给量下刀尖运动轨迹分布如图 5.3（a）、（b）、（c）所示。当进给量不同时，相邻刀尖运动轨迹之间的疏密程度也不同。当 f> $2A$ 时，相邻刀尖运动轨迹之间并无交集，相互远离，属于连续切削；当 f=$2A$ 时，相邻刀尖运动轨迹出现相交的临界位置；当 f< $2A$ 时，相邻刀尖运动轨迹相互交叉，在交叉区域出现刀具与工件分离现象。由此可知，进给量与超声振幅之间的大小关系对于改变刀尖运动轨迹的疏密状态至关重要，同时，f < $2A$ 是实现轴向超声振动车削刀具与工件分离的一个重要因素。图 5.3（d）、（e）、（f）为 f< $2A$ 时，不同相位差下轴向超声振动刀尖运动轨迹分布。与图 5.3（c）相比，当 φ=π/2 时，相邻刀尖运动轨迹开始远离，之间交集变小；当 φ=π/4、π/5 时，相邻刀尖运动轨迹逐渐远离，之间也无交叉区域，刀具与工件之间不

会发生分离。可以看出，对于轴向超声振动车削，只有 $f<2A$，同时满足一定的相位差条件才能实现断续切削。

为进一步分析需满足的相位差条件，将刀尖运动轨迹简化为三角波，计算断续切削临界相位差，如图 5.4 所示[192]。图中，Y 轴为切削速度方向，Z 轴为进给方向，A 为超声振幅，f 为进给量，φ 为相邻切削轨迹相位差。此时，进给量小于 2 倍超声振幅，切削轨迹与轮廓线重合，处于断续切削临界位置，从图中可知，$\triangle A_1B_1C \backsim \triangle A_2B_2C$，则

$$\frac{A_1B_1}{A_2B_2}=\frac{A_1C}{A_2C} \tag{5.5}$$

$$2A/f=\pi/\varphi \tag{5.6}$$

整理可得断续切削临界相位差为

$$\varphi=f\pi/2A \tag{5.7}$$

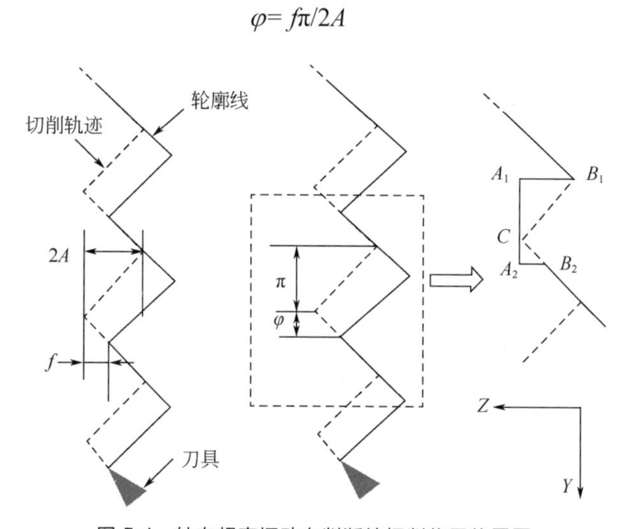

图 5.4　轴向超声振动车削断续切削临界位置图

由图 5.4 及式（5.7）可得，在 $f<2A$ 的条件下，当 $\varphi \geqslant f\pi/2A$ 时，轴向超声振动车削为断续切削，属于分离型振动车削。

综上所述，选择不同的超声振动切削参数，可以实现不同的刀尖运动轨迹分布。当 $f \geqslant 2A$ 时，轴向超声振动车削为不分离型振动车削，即切削过程中刀具始终与工件表面相接触。而轴向超声振动车削要实现断续切削需满足以下条件：

① $f<2A$，进给量小于 2 倍超声振幅；

② $\varphi \geqslant f\pi/2A$。

图 5.5 为轴向超声振动车削单个周期内刀尖运动轨迹图。由图可知，在单个周期内，刀具从 O 点出发，向进给正方向运动。随着刀具向进给正方向运动，实际进给量变大，刀具前刀面与材料摩擦增大，切削力增大，切削温度上升；当运动到 A 点时，刀尖在进给方向的速度变为 0；继而刀尖向进给负方向运动，进给量变小，切削刃与材料接触面积减小，切削力变小甚至出现反向，切削温度下降，同时有利于切屑的排出；当刀尖运动到 B 点时，进给方向的速度再次变为 0，刀尖向着进给正向运动直至返回 O 点，完成一个周期的振动。

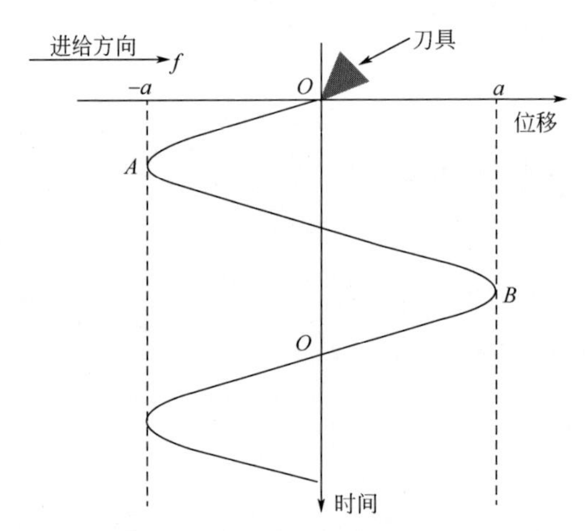

图 5.5　轴向超声振动车削单个周期内刀尖运动轨迹图

5.1.2　轴向超声振动理论表面残余高度模型

车削过程中，刀具与零件表面的摩擦、切屑分离过程中表层金属的塑性变形以及加工系统中的高频振动，都会影响工件表面粗糙度[194]。按照国家标准，表面粗糙度有三种评定参数，分别为高度特征参数、间距特征参数及形状特征参数。高度特征参数包括轮廓算术平均偏差 Ra、轮廓最大高度 Rz 与轮廓均方根偏差 Rq[195]；间距特征参数用轮廓单元的平均宽度 R_{sm} 表示；形状特征参数用轮廓支撑长度率表示，指在给定的水平位置上，轮廓的实体材料长度与评定长度的比率。其中，轮廓算术平均偏差 Ra 能比较精确、全面地反映轮廓的几何特征，因此本书采用 Ra 作为表面粗糙度评定参数。

通过几何条件与切削参数得到的切削工件表面理论残余高度可直接影响表面粗糙度数值大小。图 5.6 为轴向超声振动车削加工表面理论残余高度 R_{th}[196]。

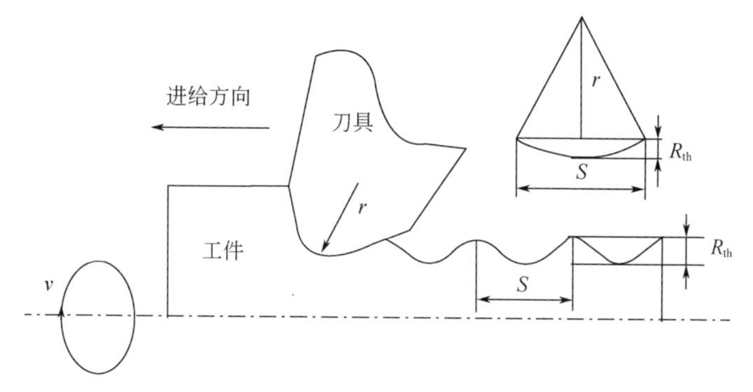

图 5.6　轴向超声振动车削加工表面理论残余高度 R_{th}

图 5.6 中，刀具的刀尖圆弧半径为 r，进给量为 S，理论残余高度为 R_{th}，根据勾股定理可得

$$r^2-(S/2)^2=(r-R_{th})^2 \tag{5.8}$$

由于 $r \gg R_{th}$，故可得出理论残余高度为

$$R_{th} \approx S^2/8r \tag{5.9}$$

由式（5.9）可得，理论表面粗糙度与刀尖圆弧半径、进给量有关。当刀尖圆弧半径一定时，表面理论粗糙度随进给量的增加而增加；当进给量一定时，表面理论粗糙度随刀尖圆弧半径的增大而减小。

5.2　轴向超声振动车刀刀杆设计

本节采用振动频率为 20 kHz 的轴向超声振动装置。为使车刀的振型与轴向超声振动系统相匹配并产生共振，需对轴向超声振动车刀刀杆进行设计并定制。首先建立了刀杆数学模型，再利用 ANSYS Workbench 软件对刀杆进行模态分析及谐响应分析，设计出符合试验要求的刀杆。

5.2.1　轴向超声振动车刀刀杆数学建模

根据超声振动车削机理，振动车刀包括一振型车刀至五振型车刀。一般纵向振动车削可选用一振型车刀，弯曲振动车削可选用二振型至五振型车刀[197]。本书中轴向超声振动车削属于纵向振动车削，在试验中采用一振型车刀。

振动车刀的设计是整个超声振动系统的关键，针对外圆车削 6061 铝合金，振动车刀需结构简单，便于拆卸；超声能损耗小，传递效率高；车刀能与超声系统振动频率产生共振。

选择 42CrMo 作为振动车刀的材料。由于一振型车刀属于纵向振动刀杆，因此，为保证传递效率，设计刀柄为圆柱体，刀杆与变幅杆采用螺纹连接，端面开 M18×1.5mm 深 20 mm 的螺纹孔。设圆柱体的半径 R 为 16 mm（与变幅杆放大端半径相同），螺纹孔 r 为 8.25 mm，圆柱体底面积为 S，刀杆柄长为 L，则车刀刀杆的固有频率为[184]

$$F=\frac{S_m}{2\pi L^2}\sqrt{\frac{EJ}{\rho S}} \tag{5.10}$$

式中，S_m 为振型系数；E 为弹性模量，GPa；J 为截面惯性矩，mm^4；ρ 为密度，g/mm^3。其中，E=212 GPa，$J=\pi R^4[1-(\gamma/R)^4]/4$ mm^4，$\rho=7.85\times10^{-3}$ g/mm^3，代入式（5.10）可得

$$F=\frac{S_m R^2}{4\pi L^2(R-r)}\sqrt{\frac{E\left[1-\left(\frac{\gamma}{R}\right)^4\right]}{\rho}} \tag{5.11}$$

整理可得刀柄长度为

$$L=\frac{R}{2}\sqrt{\frac{S_m}{\pi F(R-r)}\sqrt{\frac{E\left[1-\left(\frac{\gamma}{R}\right)^4\right]}{\rho}}} \tag{5.12}$$

轴向超声振动所用车刀属于一振型车刀，故 m=1，S_1–4.730。本书中超声振动频率为 20 kHz，为达到共振要求，刀杆的固有频率应为 20 kHz，即 F=20 kHz。代入上述参数，得到轴向超声振动刀杆柄长 L =55 mm。

5.2.2 振动刀杆模态分析

在外圆车削中，车刀主偏角一般为 75°或 90°。90°主偏角车刀切削时轴向力较大，径向力较小，适于车削细长轴类工件，75°主偏角车刀适于车削短粗类工件。试验棒料为 ϕ60×400 mm 铝合金，故设计主偏角 75° 、柄长 55 mm 的刀杆。

利用 ANSYS Workbench 软件对刀杆进行模态分析，验证其固有频率及振型的正确性。模态分析是研究结构动力学特性的一种方法，包括固有频率和模态振型等内容[198]。其分析过程主要包括建立三维模型、设置材料属性、划分模型网格、添加固定约束和选取振型阶数等几部分。

在 SolidWorks 中建立刀杆三维模型，并导入 ANSYS 中进行分析。最终优化后的刀杆三维模型如图 5.7（a）所示。振动刀杆选用 42CrMo 为材料，其物

理属性为：密度 7.85×10^{-3} g/mm^3，弹性模量 212 GPa，泊松比 0.28。仿真时，采取六面体主体法进行网格划分，网格大小设置为 1.5 mm，划分后的网格如图 5.7（b）所示。

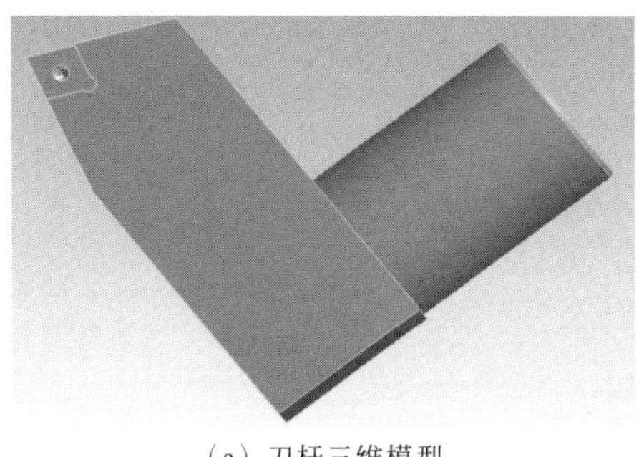

（a）刀杆三维模型

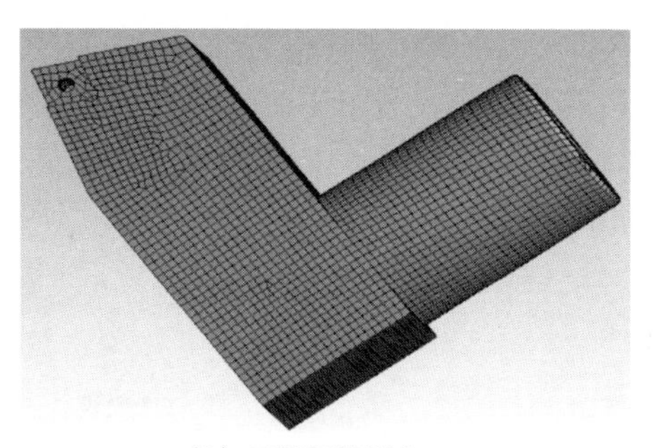

（b）刀杆网格划分

图 5.7　刀杆三维模型及网格划分后有限元模型

因刀杆与变幅杆采用螺纹连接，故对螺纹孔施加约束。在 20 kHz 超声频率的激励下，可引发共振的频率范围为（20±1）kHz，因此，仿真中提取 21 kHz 以内的固有频率进行分析，得到的固有频率如表 5.1 所示。振动刀杆在第 7、8、9 阶模态下可实现共振，其频率分别为 20032 Hz、20372 Hz 与 20828 Hz。

◆ 表 5.1　刀杆 21 kHz 以内的固有频率

阶数	1	2	3	4	5	6	7	8	9
固有频率/Hz	1847.6	1853.1	3841.4	5484.1	10362	13207	20032	20372	20828

图 5.8 为刀杆第 7、8、9 阶模态振型位移云图。

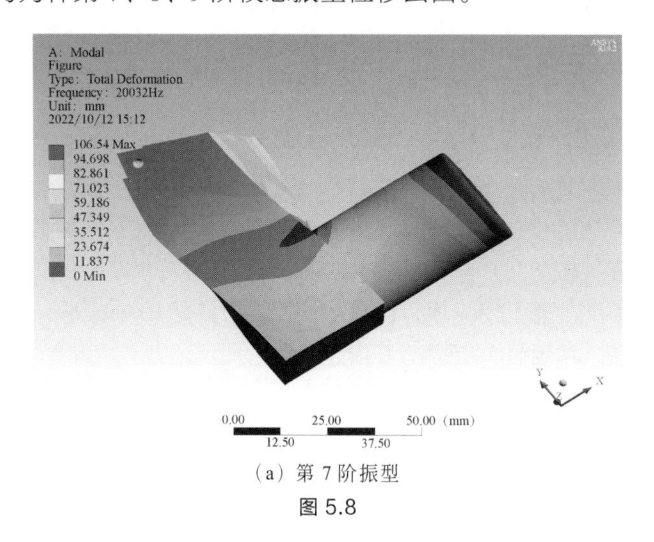

（a）第 7 阶振型

图 5.8

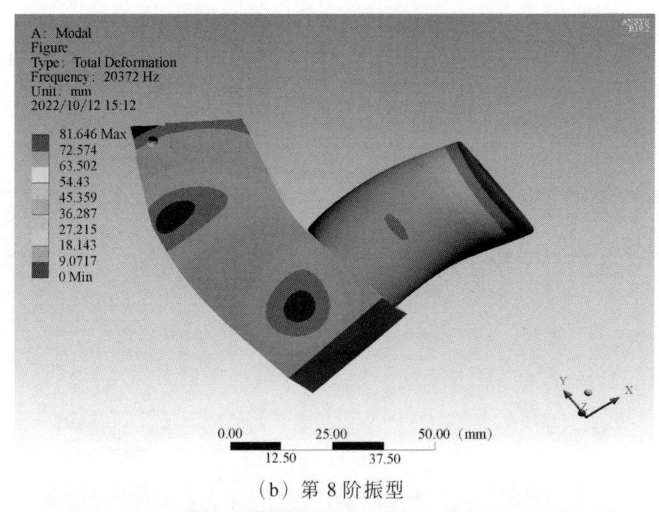

（b）第 8 阶振型

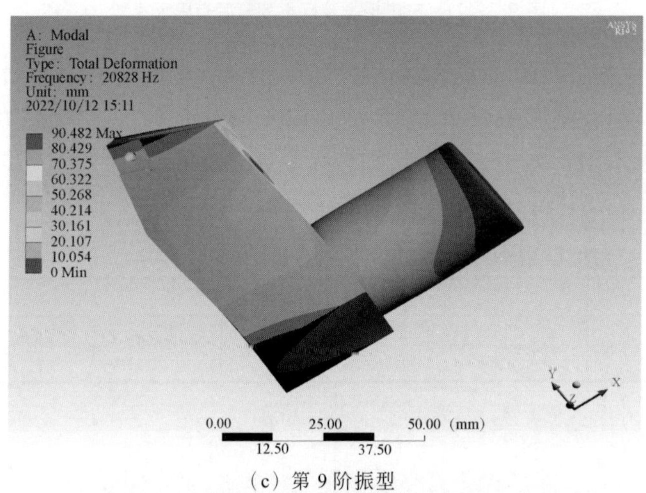

（c）第 9 阶振型

图 5.8　刀杆第 7、8、9 阶模态振型位移云图

一般在简谐激励下，刀杆会产生沿轴向、纵向的弯曲变形以及轴向的扭转变形。本书采用的是轴向超声振动系统，故需要刀杆产生沿轴向的弯曲变形。图 5.8（a）为第 7 阶模态下沿轴向的扭转变形，图 5.8（b）为第 8 阶模态下沿轴向的弯曲变形，图 5.8（c）为第 9 阶模态下沿纵向的弯曲变形。可以看出，只有图 5.8（b）的变形较大，而其他两种形式的变形相对较小，且相对共振频率仅相差 1.86%，满足轴向超声车刀的设计要求。

5.2.3　振动刀杆谐响应分析

试验中超声振频为 20 kHz，故设置 19～21 kHz 作为谐响应分析中的频率范围。间隔数为 50 段，求解方法采用模态叠加法。在刀杆轴向方向施加加速度，其轴向位移响应分析结果如图 5.9 所示。

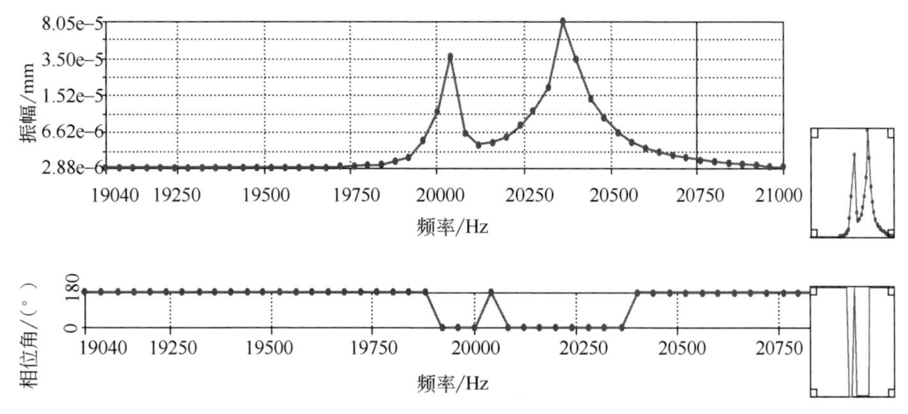

图 5.9 轴向位移响应分析结果

谐响应分析 Tabular Date 数据如表 5.2 所示。

◆ 表 5.2 谐响应分析 Tabular Date 数据

编号	频率/Hz	振幅/mm	相位角/(°)
1	19040	2.9391×10^{-6}	180
2	19080	2.9275×10^{-6}	180
3	19120	2.9168×10^{-6}	180
4	19160	2.9072×10^{-6}	180
5	19200	2.899×10^{-6}	180
6	19240	2.892×10^{-6}	180
7	19280	2.8866×10^{-6}	180
8	19320	2.8828×10^{-6}	180
9	19360	2.8805×10^{-6}	180
10	19400	2.8801×10^{-6}	180
11	19440	2.8821×10^{-6}	180
12	19480	2.8864×10^{-6}	180
13	19520	2.8936×10^{-6}	180
14	19560	2.9041×10^{-6}	180
15	19600	2.9188×10^{-6}	180
16	19640	2.9384×10^{-6}	180
17	19680	2.9641×10^{-6}	180
18	19720	2.9976×10^{-6}	180
19	19760	3.0419×10^{-6}	180
20	19800	3.1015×10^{-6}	180
21	19840	3.1845×10^{-6}	180

续表

编号	频率/Hz	振幅/mm	相位角/(°)
22	19880	3.3093×10^{-6}	180
23	19920	3.7254×10^{-6}	0
24	19960	5.3052×10^{-6}	0
25	20000	1.05×10^{-5}	0
26	20040	3.6517×10^{-5}	180
27	20080	6.2834×10^{-6}	0
28	20120	4.9658×10^{-6}	0
29	20160	5.1542×10^{-6}	0
30	20200	5.9609×10^{-6}	0
31	20240	7.4927×10^{-6}	0
32	20280	1.0535×10^{-5}	0
33	20320	1.8457×10^{-5}	0
34	20360	8.054×10^{-5}	0
35	20400	3.3739×10^{-5}	180
36	20440	1.3982×10^{-5}	180
37	20480	8.8553×10^{-6}	180
38	20520	6.5082×10^{-6}	180
39	20560	5.1662×10^{-6}	180
40	20600	4.5359×10^{-6}	180
41	20640	4.1676×10^{-6}	180
42	20680	3.8929×10^{-6}	180
43	20720	3.6801×10^{-6}	180
44	20760	3.5116×10^{-6}	180
45	20800	3.3746×10^{-6}	180
46	20840	3.255×10^{-6}	180
47	20880	3.1584×10^{-6}	180
48	20920	3.0728×10^{-6}	180
49	20960	2.9972×10^{-6}	180
50	21000	2.9298×10^{-6}	180

从结果分析可知，施加 19～21 kHz 的激励频率，其轴向位移响应上出现两个峰值，分别为第 7、8 阶固有频率，其中第 8 阶固有频率峰值最大。这是由于第 7 阶模态是沿轴向的扭转变形，第 9 阶模态是沿纵向的弯曲变形，第 8 阶模态为沿轴向的弯曲变形，故其轴向位移响应上第 8 阶固有频率最大，而第 9 阶固有频率在轴向几乎无变形，这与模态分析结果相同。另外，图 5.10 为 20372 Hz 激励下的刀杆谐波响应图。由图可知，在 20372 Hz 下，刀杆沿轴向反复运动，且其频率与试验设计频率误差仅为 1.86%。

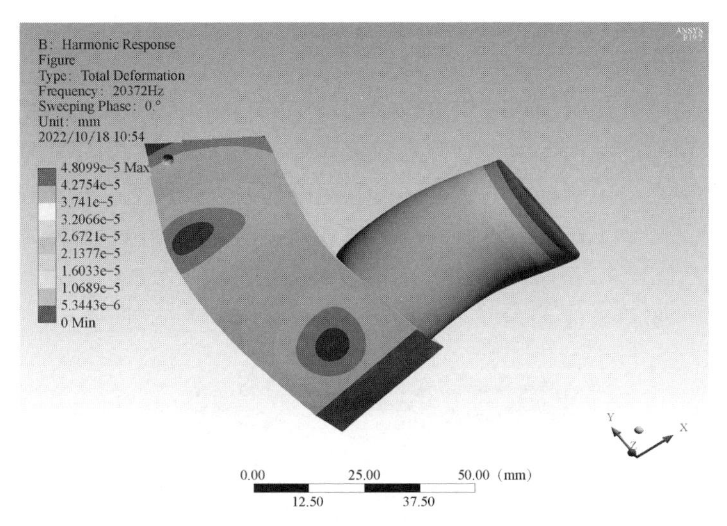

图 5.10　20372 Hz 激励下的刀杆谐波响应图

结合谐响应分析与模态分析结果可知，主偏角 75° 的刀杆在 20372 Hz 时轴向振动幅值最大且振型符合要求，故振动刀杆设计合理。图 5.11 为所设计的刀杆实物图。

图 5.11　设计的刀杆实物图

5.2.4　轴向超声振动系统的组成

试验使用的轴向超声振动装置由超声波发生器、换能器和变幅杆组成。通过超声波发生器发出高频电振荡信号，经换能器将高频电振荡信号转换成机械式高频振动，再由变幅杆将微小的机械振幅放大为试验所需振幅，传递给轴向振动车刀，从而实现轴向超声振动辅助车削加工。

根据轴向超声振动车削试验要求，试验选用定制的 SCQ-1500F 超声波发生器（上海声彦超声波仪器有限公司）。相关参数为：超声功率 1.5 kW，超声频率 20 kHz，电源 220 V。

换能器的主要作用是将超声波发生器发出的高频电信号转化为机械信号。根据工作原理不同，换能器主要分为磁致伸缩式与压电式。由于磁致伸缩式换能器工作时必须将电能转换成磁能，再利用磁能产生机械能，这个过程会消耗大量的能量，导致工作效率降低；而压电式换能器能够直接将电能转换为机械能，工作效率高[199]。压电式换能器多采用夹心式结构。本章采用定制的夹心式压电换能器，如图 5.12 所示。

图 5.12　定制的夹心式压电换能器

由于换能器输出的振幅只有几微米，而轴向超声振动车削中所需要的振幅一般为 5～20 μm，故需要添加变幅杆来放大输出的振幅以达到切削试验要求。变幅杆是超声振动系统中一个重要的组成部分，其主要作用是：将压电换能器输出的微小振幅放大为试验所需的振幅，即聚能作用；减少换能器与车刀之间的谐振阻抗，提高换能器的电声转换效率，即阻抗匹配作用。为满足切削试验要求，试验装置采用定制的阶梯形变幅杆。

安装后的轴向超声振动车削装置如图 5.13 所示。

图 5.13　轴向超声振动车削装置

5.3　铝合金轴向超声振动车削有限元仿真

金属切削加工涉及复杂的力学、物理等问题，加工过程中刀具和工件的高速运动状态难以实时观测分析。选用 AdvantEdge 软件对加工过程进行仿真分析。基于材料的 Johnson-Cook 本构模型、滑动库仑摩擦模型以及任意拉格朗日-欧拉自适应网格划分法，建立常规车削与轴向超声振动车削有限元模型，保证了数值仿真模拟的计算精度及效率。基于轴向超声振动车削机理，选择合理的切削参数，分析不分离型轴向超声振幅及切削参数对切削力、切削温度及应力的影响，并根据仿真结果选取轴向超声振动车削 6061 铝合金的最佳振幅。

5.3.1 车削 6061 铝合金有限元模型

通过定义材料本构模型及物理特性参数，确定刀具-切屑接触模型及网格划分方法，设置刀具几何参数及加工参数，从而建立 6061 铝合金常规车削与不分离型轴向超声振动车削二维仿真模型。

5.3.1.1 Johnson-Cook 本构模型

在实际的金属切削过程中，工件与刀尖的接触部分通常具有较大的温度、应变和应变率。为提高仿真的准确性，建立能正确反映温度、应变和应变率对材料流动应力影响的本构方程尤为重要。

Johnson-Cook 本构模型考虑了金属加工中的应变强化效应、应变率硬化效应和有关温度的软化效应，结构简单，待定系数少。因此，用 Johnson-Cook 流动应力模型作为 6061 铝合金材料本构模型，其具体方程表达式为[200]

$$\sigma=\left[A+B\varepsilon^{n}\right]\left[1+C\ln\left(\frac{\dot{\varepsilon}}{\dot{\varepsilon}_0}\right)\right]\left[1-\left(\frac{T-T_0}{T_{\mathrm{m}}-T_0}\right)^{m}\right] \tag{5.13}$$

式中，A 为材料的屈服强度，MPa；B 为应变，MPa；ε 为等效塑性应变；n 为硬化指数；C 为应变敏感率；$\dot{\varepsilon}_0$ 为参考应变率；$\dot{\varepsilon}$ 为等效塑性应变率；m 为热软化参数；T_0 为常温系数；T_{m} 为材料熔点。

6061-T6 铝合金本构模型参数如表 5.3 所示[201]。

◆ 表 5.3　6061-T6 铝合金本构模型参数

参数	A/MPa	B/MPa	n	T_0/℃	T_{m}/℃	m	C	$\dot{\varepsilon}_0$/s^{-1}
值	265	170	0.314	20	582	1.316	0.02	1

5.3.1.2 刀具-切屑接触摩擦模型及网格划分

刀具-切屑接触摩擦选取滑动库仑摩擦模型，该模型刀具与切屑接触区域可以分为黏结区域和滑动区域。刀具与切屑接触区域在黏结区具有较大的应变和较高的温度，易形成内摩擦，即黏结摩擦；滑动区域切削温度和切削力较小，摩擦力为外摩擦力，服从库仑摩擦定律。由此可得滑动库仑摩擦模型为[189]

$$\tau_f = \tau_s, \quad \mu\sigma_n \geqslant \tau_s \tag{5.14}$$

$$\tau_f = \mu\sigma_n, \quad \mu\sigma_n < \tau_s \tag{5.15}$$

式中，τ_f 为摩擦应力；τ_s 为剪切屈服应力；μ 为相对摩擦系数，取 0.4。

网格划分是进行有限元仿真分析十分重要的一步，采用适当的有限元网格划分方法可以提高 6061 铝合金切削仿真精度，使切削仿真更符合实际情况。本章有限元切削仿真模拟采用任意拉格朗日-欧拉自适应法（Arbitrary Lagrangian Eulerian adaptive，ALE）进行网格划分。ALE 法充分利用了欧拉法与拉格朗日法的优点，既可对切削过程中边界网格的变化做出灵活改变，又可使内部网格单元相对材料独立存在，可有效模拟切削过程中各部分变化情况。AdvantEdge FEM 金属切削仿真软件中还可通过网格划分选项卡改变网格划分参数，提高仿真效率及精度。

5.3.2 仿真参数设置

采用 AdvantEdge FEM 金属切削仿真软件进行仿真。工件选用 6061 铝合金，尺寸为 $\phi_d 15\times60$ mm，其各项物理特性参数见表 5.4[113,202]。刀具型号为 CCGT09T308，材质为硬质合金，牌号为 YG6，刀尖圆弧半径 0.8 mm，前角 5°，后角 7°，其各项物理特性参数见表 5.5。根据本次试验要求，在刀具轴向施加频率为 20 kHz、幅值为 10 μm 的超声振动，切削方式为干切削。

◆ 表 5.4　6061 铝合金物理特性参数

参数	热导率/[W/(m·°C)]	密度/(kg/m^3)	弹性模量/GPa	线胀系数/°C^{-1}	比热容/(J/kg)	泊松比
值	100	2700	69	1.35×10^{-5}	700	0.33

将上述刀具参数、材料物理特性参数、Johnson-Cook 本构模型参数以及滑动库仑摩擦模型参数导入 AdvantEdge 仿真软件中，建立轴向超声振动车削仿真模型。

◆ 表 5.5　硬质合金刀具物理特性参数

参数	热导率/[W/(m·°C)]	密度/(kg/m^3)	弹性模量/GPa	比热容/(J/kg)	泊松比
值	121	15250	723	134	0.24

根据不分离型轴向超声振动车削机理，设置仿真试验方案见表 5.6。

◆ 表 5.6　仿真试验方案

车削方式	切削速度/(m/min)	切削深度/mm	进给量/(mm/r)	振频/kHz	振幅/μm
常规车削	100	1	0.1	0	0
轴向振动	100	1	0.1	20	6
轴向振动	100	1	0.1	20	10
轴向振动	100	1	0.1	20	14
轴向振动	100	1	0.1	20	18
轴向振动	100	1	0.1	20	20

5.3.3　仿真结果分析

仿真完成后，通过 AdvantEdge 后处理程序 Tecplot 对常规车削与不分离型轴向超声振动车削仿真结果进行对比，选取不分离型轴向超声振动车削 6061 铝合金的最佳振幅。

5.3.3.1　切削温度分析

图 5.14（a）～（f）分别为常规车削，振幅为 6 μm、10 μm、14 μm、18 μm 及 20 μm 不分离型轴向超声振动车削仿真得到的切削温度分布云图。在切削过程中，切削热的产生主要有三个来源：材料发生弹性和塑性变形功、切屑与前刀面摩擦功、工件与刀具后刀面之间的摩擦功。由图 5.14（a）～（f）可知，切削时产生的热量主要集中在刀具与切屑的接触区域，尤其刀尖产生的切削热最高。相比于图 5.14（a）常规车削，图 5.14（b）～（f）中不分离型轴向超声振动车削产生的切削热更多地通过切屑排出，切削温度明显降低。这是由于在不分离型轴向超声振动车削单个振动周期内，刀具向远离进给正向运动时，改变了常规车削过程中切屑与前刀面持续高温、高压的状态，降低了摩擦力，带走大量的热量。另外，这种运动有利于切削产生的热量向环境中扩散，优化了散热条件。

两种切削方式对切屑厚度的影响如图 5.15 所示。由图 5.15（b）可知，不分离型轴向超声振动车削切屑细长且远离刀具，而图 5.15（a）中常规车削切屑较厚且靠近刀具。这是由于刀具向进给负向运动时，前刀面与切屑摩擦力减小甚至为负摩擦，同时振动切削剪切角较大，因此，不分离型轴向超声振动车削可减小切屑厚度。

（a）常规车削

（b）振幅为 6 μm 轴向超声振动车削

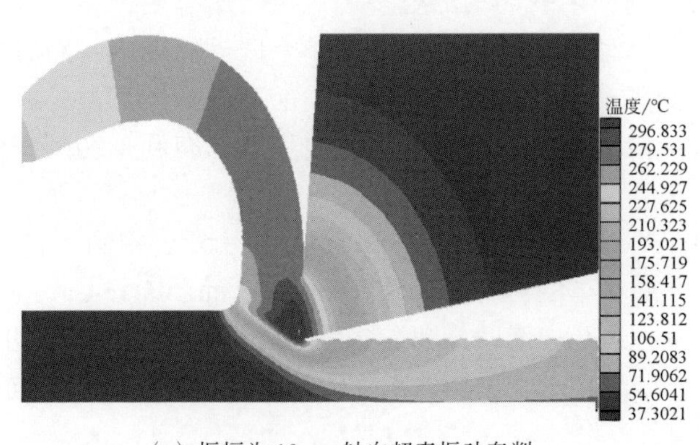

（c）振幅为 10 μm 轴向超声振动车削

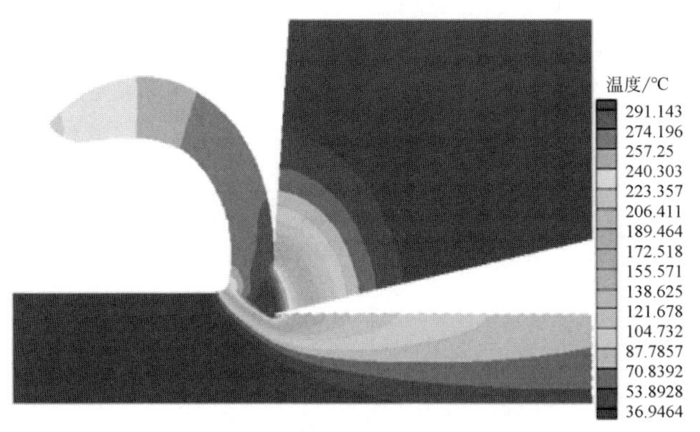

（d）振幅为 14 μm 轴向超声振动车削

（e）振幅为 18 μm 轴向超声振动车削

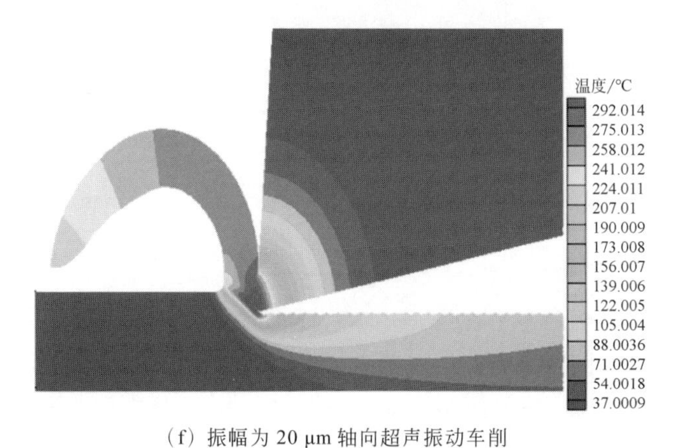

（f）振幅为 20 μm 轴向超声振动车削

图 5.14　常规车削与不分离型轴向超声振动车削温度分布云图

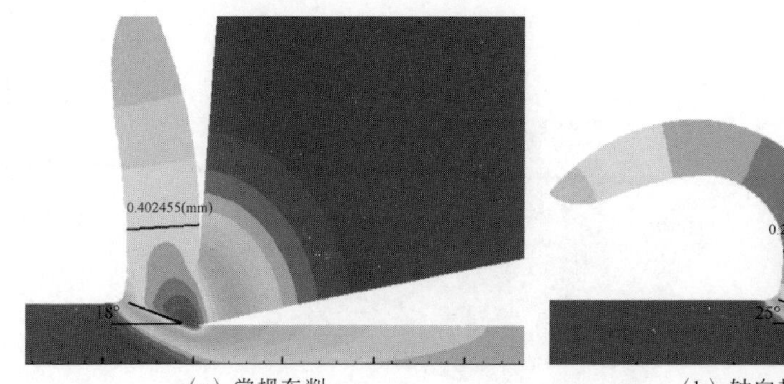

（a）常规车削

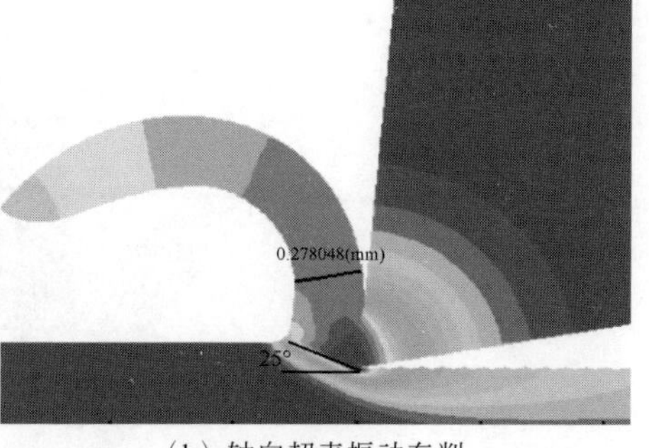

（b）轴向超声振动车削

图 5.15 常规车削与不分离型轴向超声振动车削切屑厚度对比

将图 5.14（a）～（f）得到的车削稳定时切削温度仿真结果提取到 GraphPad 中，绘制不同振幅下最高切削温度变化曲线，如图 5.16 所示。由图可知，不分离型轴向超声振动车削与常规车削相比，切削温度显著降低。常规车削加工中最高切削温度为 384.5℃，施加超声振动后，随着振幅的增加，切削温度逐渐下降。在振幅 10 μm 时，切削温度最低，为 361.4℃，相比常规车削降低了 6%。当振幅超过 10 μm 时，由于单个周期内脉冲作用增强，使得前刀面与切屑摩擦力增大，不分离型轴向超声振动的优势减弱，切削温度呈现逐渐升高的趋势。当振幅为 20 μm 时，切削温度为 376.4℃，仍小于常规车削。

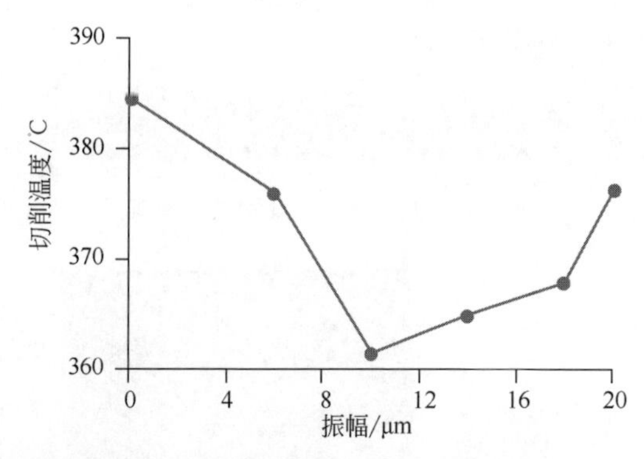

图 5.16 不同振幅下最高切削温度变化曲线（v=100 m/min，a_p=1 mm，f=0.1 mm/r）

5.3.3.2 切削力分析

为分析常规车削与不分离型超声振动车削的切削力特性，提取两种车削方式车削稳定阶段的切削力曲线进行分析比较。图 5.17（a）～（f）为常规车削，振幅分别为 6 μm、10 μm、14 μm、18 μm 及 20 μm 不分离型轴向超声振动车削仿真得到的动态切削力曲线。

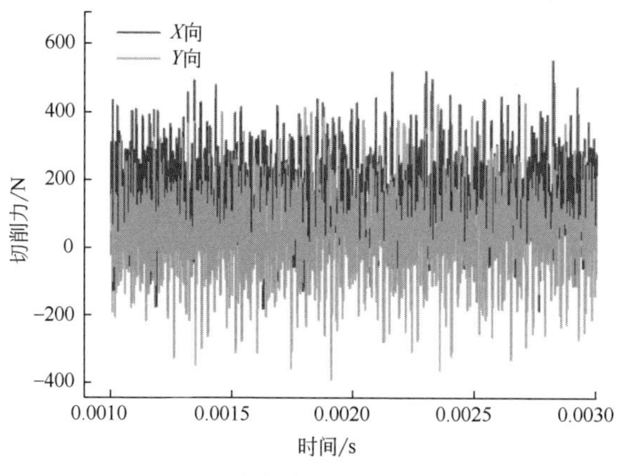

(a) 常规车削

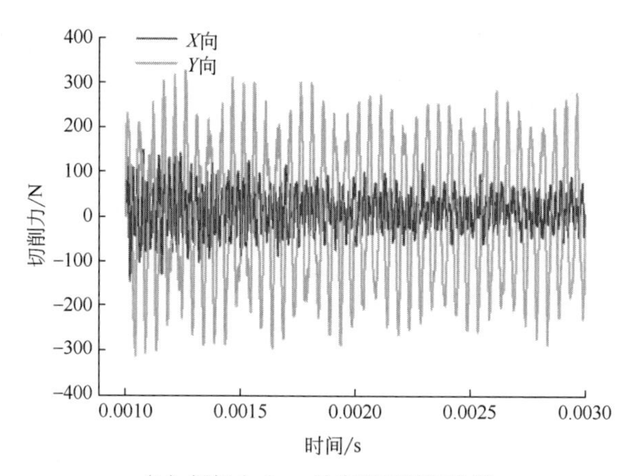

(b) 振幅为 6 μm 轴向超声振动车削

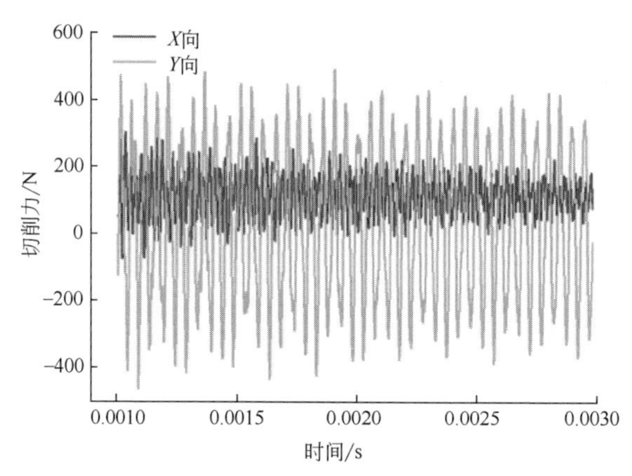

(c) 振幅为 10 μm 轴向超声振动车削

图 5.17

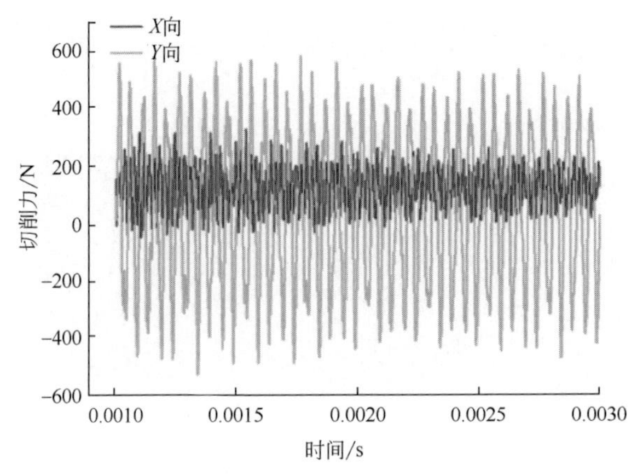

（d）振幅为 14 μm 轴向超声振动车削

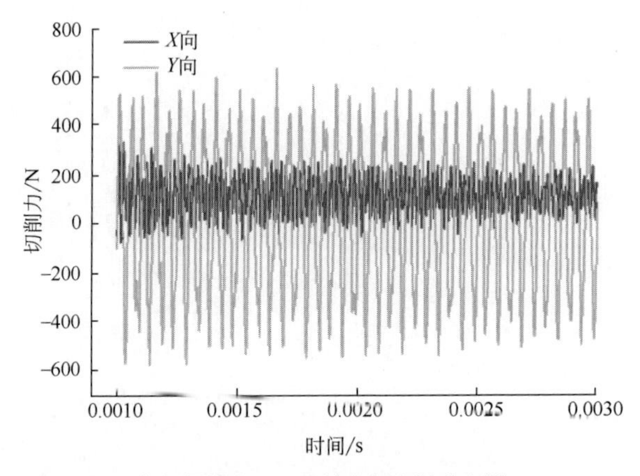

（e）振幅为 18 μm 轴向超声振动车削

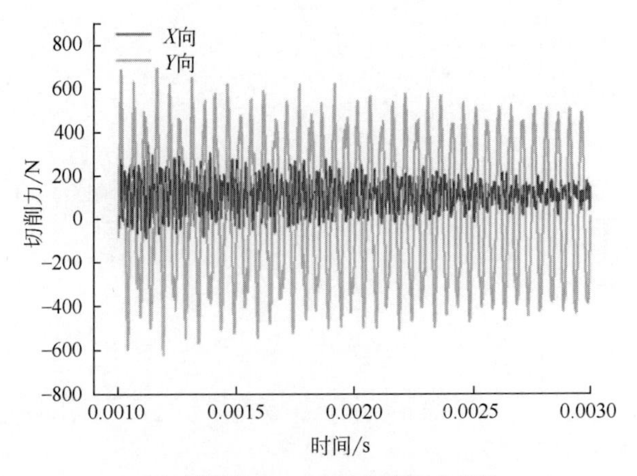

（f）振幅为 20 μm 轴向超声振动车削

图 5.17　常规车削与不分离型轴向超声振动车削动态切削力曲线

由图 5.17（a）可知，常规车削动态切削力呈现不规则振荡状态，切削不稳定。这是由于在常规车削过程中，刀具与工件易产生相对振动，即颤振。颤振的发生会降低车削的稳定性，加剧车削振动。图 5.17（b）～（f）中不分离型轴向超声振动车削由于在进给方向施加了超声振动，切削过程中刀具对切屑有一个周期脉冲作用，故动态切削力发生周期性变化。与常规车削相比，不分离型轴向超声振动车削切削力变化较为平稳，说明施加超声振动可以提高切削稳定性，抑制车削颤振。对图 5.17（a）～（f）仿真得到的动态切削力进行数值拟合，将所得结果提取到 GraphPad 中绘制不同振幅下平均切削力变化曲线，如图 5.18 所示。

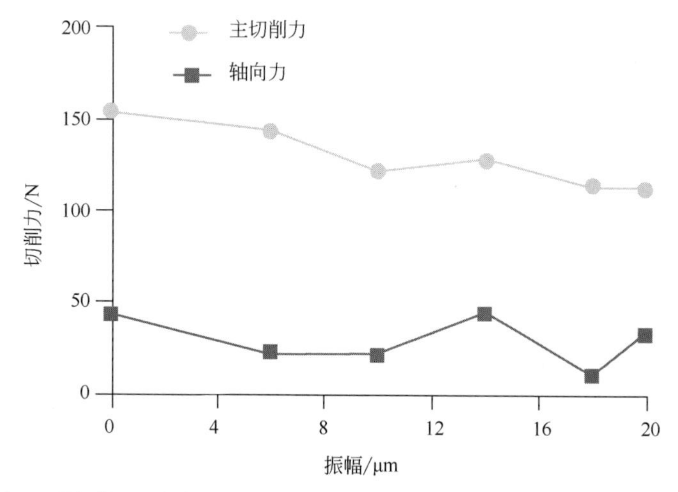

图 5.18　不同振幅下平均切削力变化曲线（v=100 m/min，a_p=1 mm，f=0.1 mm/r）

由图 5.18 可知，相比于常规车削，不分离型轴向超声车削由于进给方向的周期性脉冲作用，车削过程中刀具与切屑处产生的弹塑性变形减小，致使不分离型轴向超声振动切削力明显降低。常规车削平均主切削力为 154 N，随着振幅的增加，不分离型轴向超声振动平均主切削力总体呈下降趋势；在 10 μm 时，平均主切削力为 123 N，比常规车削下降了 20.1%；当振幅为 14 μm 时，平均主切削力小幅度上升，但仍小于常规车削；振幅为 20 μm 时，平均主切削力最小为 113 N。但随着振幅的增大，进给方向单个周期内脉冲作用增大，刀具与材料接触时的冲击力增大，可能会使刀具磨损，降低刀具寿命，因此车削时振幅不宜选择过大。

5.3.3.3　Mises 应力分析

图 5.19（a）表示常规车削应力分布状态，图（b）～（d）表示振幅为

10 μm 时不分离型轴向超声振动车削单周期内应力分布情况。由图可知，常规车削与不分离型轴向超声振动车削应力集中分布在刀具与工件接触处。这是由于刀具与工件接触处产生剧烈的挤压与剪切，导致工件发生弹塑性变形。在图（a）常规车削中，刀具与材料始终具有较高的接触应力。在单个振动周期内，不分离型轴向超声振动车削大致可分为三个阶段。图（b）为第一阶段，刀具向轴向正方向运动，刀具与切屑开始接触，由于剪切、挤压，应力逐渐增大。图（c）为第二阶段，刀具继续向轴向正方向运动，应力急剧上升，当运动到最大处时，应力达到最大。图（d）为第三阶段，刀具逐渐向轴向负方向运动，刀具开始远离切屑，应力逐渐减小。不分离型轴向振动车削由于应力周期性变化，刀尖圆弧处应力值并没有一直处于较高水平，这有利于提高刀具寿命。

（a）常规车削

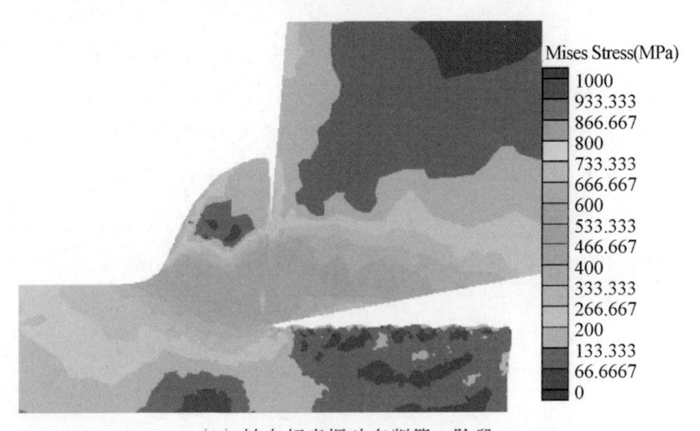

（b）轴向超声振动车削第一阶段

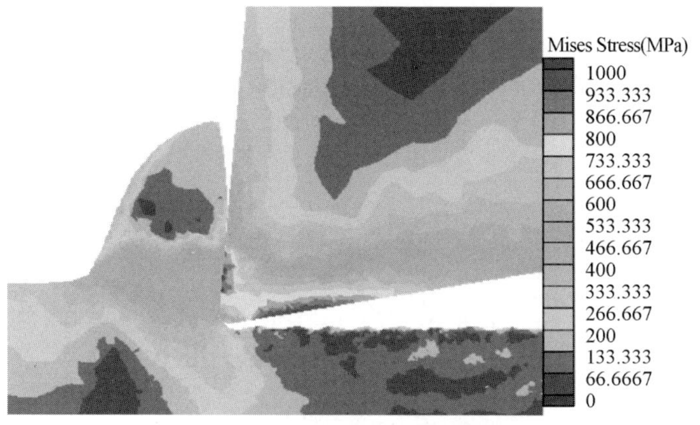

（c）轴向超声振动车削第二阶段

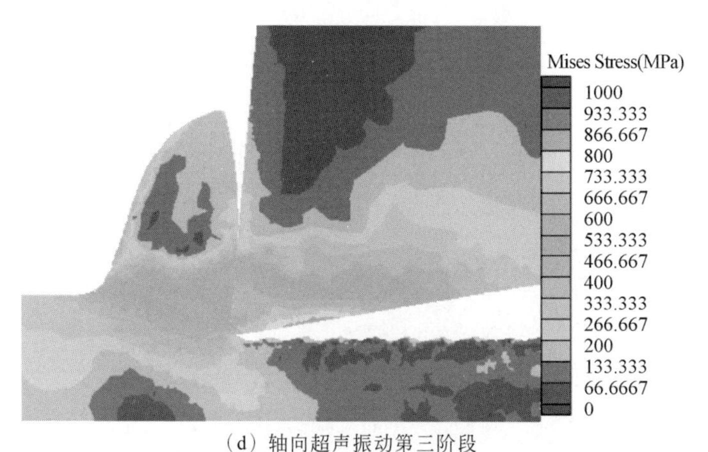

（d）轴向超声振动第三阶段

图 5.19　常规车削与轴向超声振动车削单周期内应力分布情况

图 5.20（a）～（f）为常规车削，振幅分别为 6 μm、10 μm、14 μm、18 μm 及 20 μm 不分离型轴向超声振动车削仿真得到的应力分布云图。

由图 5.20 可知，常规车削与不分离型轴向超声振动车削应力多分布在刀具与切屑接触位置，且在刀尖圆弧区域应力达到最大，这与单周期内应力分布情况相同。对图 5.20 仿真得到的 Mises 应力进行数值拟合，将所得结果提取到 GraphPad 中绘制不同振幅下最大应力变化曲线，如图 5.21 所示。

由图 5.21 可得，常规车削应力值为 3321 MPa，远高于不分离型轴向超声振动车削。随着振幅的增加，应力也随之降低。在振幅为 10 μm 和 14 μm 时应力较小，分别为 2108.46 MPa 和 1954 MPa，相比常规车削分别下降了 36.5%和 41.1%。当振幅继续增大时，由于刀尖与切屑接触处脉冲作用增强，导致应力出现小幅上升，但仍小于常规车削应力值。

（a）常规车削

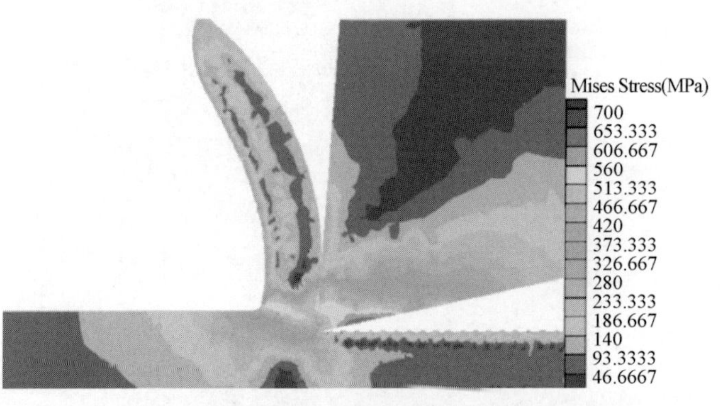

（b）振幅为 6 μm 轴向超声振动车削

（c）振幅为 10 μm 轴向超声振动车削

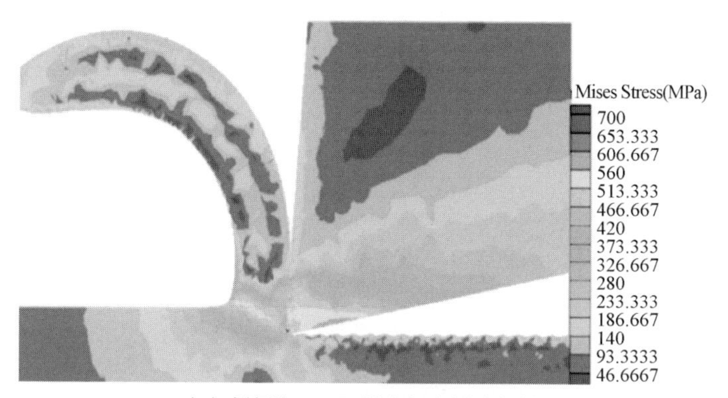

（d）振幅为 14 μm 轴向超声振动车削

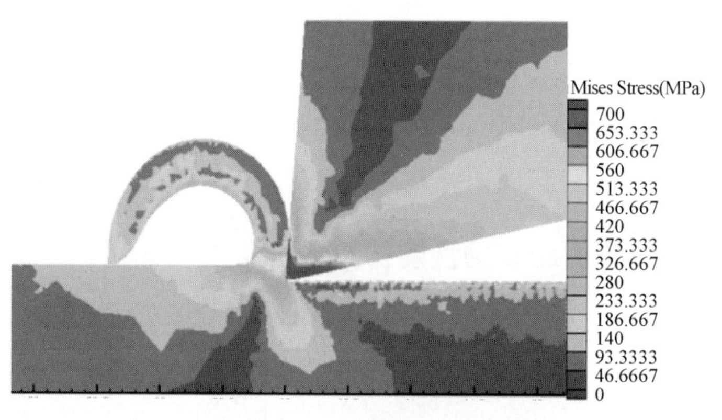

（e）振幅为 18 μm 轴向超声振动车削

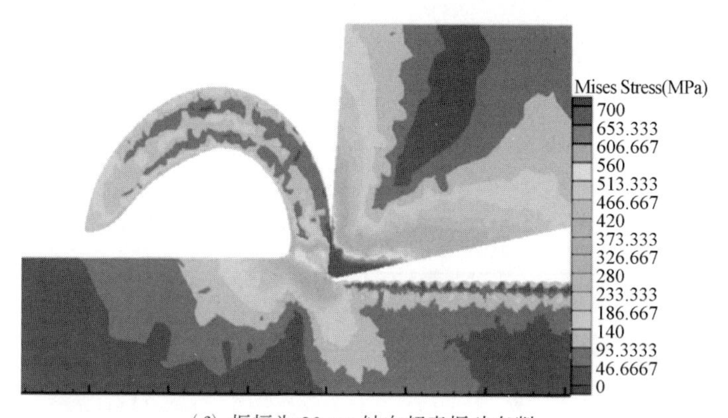

（f）振幅为 20 μm 轴向超声振动车削

图 5.20 常规车削与不分离型轴向超声振动车削应力分布云图

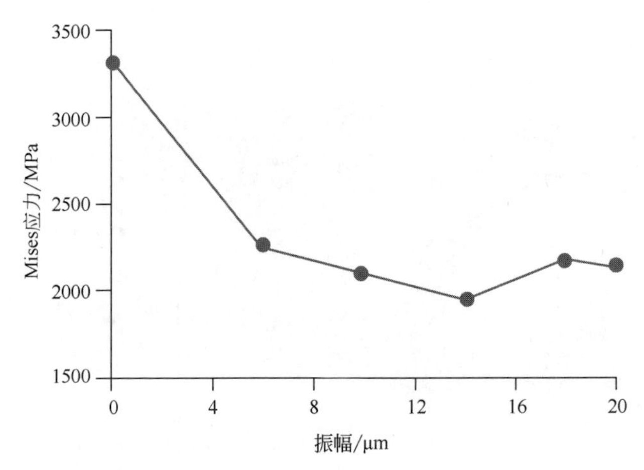

图 5.21　不同振幅下最大应力变化曲线（v=100 m/min，a_p=1 mm，f=0.1 mm/r）

综上可见，在振幅为 10 μm 时，6061 铝合金不分离型轴向超声振动车削性能最优，与常规车削相比，切削温度、平均主切削力与切削应力分别降低了 6%、20.1%和 36.5%，因此选取 10 μm 作为不分离型轴向超声振动车削 6061 铝合金的最佳振幅。

5.3.4　轴向超声振动车削性能仿真分析

本小节设计单因素试验进一步探究不分离型轴向超声振动车削的切削性能，分析切削速度、背吃刀量及进给量这几个因素对切削力、切削温度及切削应力的影响，并对分离型轴向超声振动车削在振幅 10 μm 时的切削性能进行仿真分析。

5.3.4.1　仿真试验参数设置

超声振动车削属于精密加工，切削参数不宜选择过高[203]。根据轴向超声振动不分离型车削条件 $f \geqslant 2A$，设置不分离型轴向超声振动车削仿真方案，如表 5.7 所示，其中超声振幅 $2A$ 为 10 μm，振频为 20 kHz，切削方式为干切削。

◆ 表 5.7　不分离型轴向超声振动单因素仿真试验方案

试验因素	水平				
切削速度/(m/min)	50	100	150	200	250
背吃刀量/mm	0.2	0.4	0.6	0.8	1
进给量/(mm/r)	0.05	0.07	0.1	0.15	0.2

设计分离型轴向超声振动进给量为 5 μm/r，切削速度为 150 m/min，背吃刀量为 0.2 mm，超声振幅 $2A$ 为 10 μm，振频为 20 kHz，切削方式为干切削。仿

真中材料尺寸为 ϕ_d15 mm×60 mm，根据主轴转速公式 $n=1000v/(\pi D)$，得到切削速度 150 m/min 时主轴转速为 3183.1 r/min，代入式（5.4），得到相位差 $\varphi=0.99\pi$ rad。根据式（5.7）得到 $\pi f/(2A)=0.5\pi<0.99\pi$，符合第 2 章轴向超声振动分离型车削条件 $f<2A$ 且 $\varphi\geqslant\pi f/(2A)$。

5.3.4.2 不分离型轴向超声振动切削参数对切削力的影响

本小节设计单因素试验探究切削速度、切削深度及进给量变化对切削力的影响。图 5.22 为在切削深度 1 mm、进给量 0.1 mm/r、超声振幅 10 μm 及振频 20 kHz 时，常规车削与不分离型轴向超声振动车削平均主切削力随切削速度变化的情况。由图可知，随着切削速度的增大，常规车削与不分离型轴向超声振动车削平均主切削力都随之增大，常规车削切削力变化较为平缓，不分离型轴向超声振动车削在速度较低时变化较为剧烈。在切削速度增大时，金属去除率增加，摩擦系数增大，使得切削塑性变形变大，最终导致主切削力升高。在切削速度 50～250 m/min 范围内，不分离型轴向超声振动车削平均主切削力均小于常规车削，切削速度为 50 m/min 时尤为明显，平均主切削力下降了 46.7%。不分离型轴向超声振动车削由于在进给方向施加了周期振动，刀尖在进给方向反复运动，当刀尖向进给负方向运动时，刀具前刀面与切屑接触时的摩擦力减小，甚至产生负摩擦，导致平均主切削力变小。

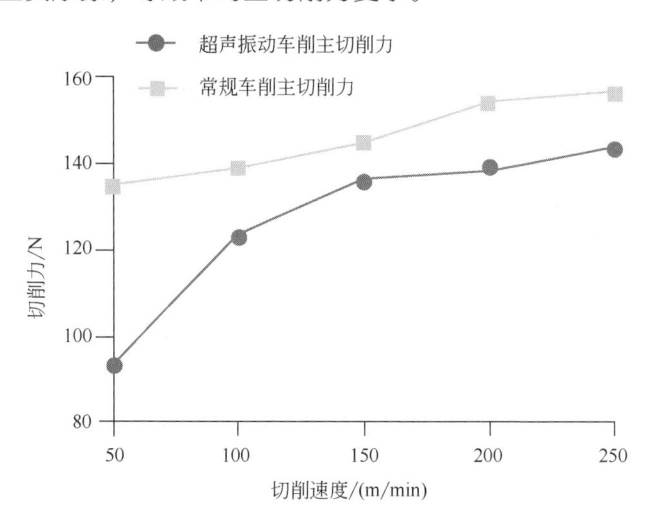

图 5.22 两种车削状态下平均主切削力随切削速度变化曲线（a_p=1 mm，f=0.1 mm/r）

图 5.23 为在切削速度 100 m/min、进给量 0.1 mm/r、超声振幅 10 μm 及振频 20 kHz 时，常规车削与不分离型轴向超声振动车削平均主切削力随背吃刀量变化的情况。由图可得，不分离型轴向超声振动车削与常规车削平均主切削力

均随背吃刀量增加而增加，两种方式下变化趋势一致。在背吃刀量增加时，切屑宽度增加，刀具与工件间的摩擦力增加，导致车削时发生的塑性变形增加，变形抗力也同比增加，最终引起平均主切削力增加。在背吃刀量为 0.2～1 mm 范围内，不分离型轴向超声振动车削相比于常规车削可减少平均主切削力，在背吃刀量较大时，效果最为明显。在背吃刀量较小时，平均主切削力相差不大。这是由于在背吃刀量较小时，刀具与材料抵抗塑性变形的抗力较小，而不分离型轴向超声振动车削单位振动周期内，刀具脉冲作用峰值较大，故平均切削力与常规车削相近。在背吃刀量为 0.8 mm 与 1 mm 时，相比于常规车削，不分离型轴向超声振动车削平均主切削力下降了 24.5%、25.2%，车削效果改善最为明显。

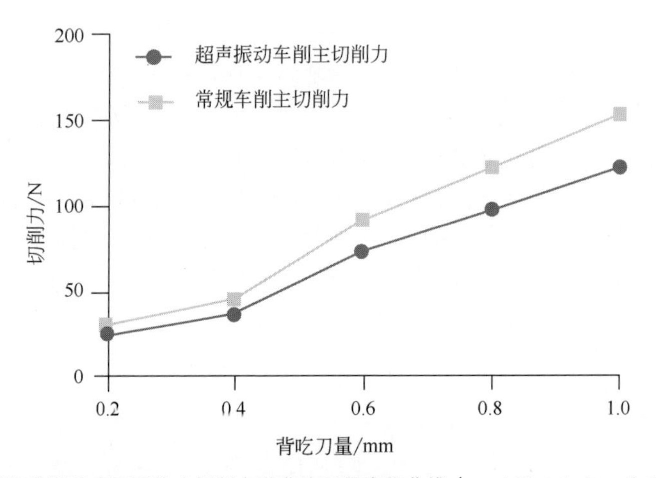

图 5.23 两种车削状态下平均主切削力随背吃刀量变化曲线（v=100 m/min，f=0.1 mm/r）

图 5.24 为在切削速度 100 m/min、切削深度 1 mm、超声振幅 10 μm 及振频 20 kHz 时，常规车削与不分离型轴向超声振动车削平均主切削力随进给量变化的情况。由图可得，在进给量 0.05～0.2 mm/r 范围内，当进给量增加时，不分离型轴向超声振动车削与常规车削平均主切削力也随之增加。进给量增加时，实际切削厚度增加，刀具与切屑之间的摩擦力增大，切削时工件材料塑性变形与弹性变形增大，作用在刀具前刀面上的车削抗力变强，最终导致平均主切削力增加。在进给量范围内，超声振动车削平均主切削力均小于常规车削。当进给量为 0.1 mm/r 时，相比于常规车削，超声振动车削的平均主切削力下降了 25%，对车削效果的改善最为明显。在进给量为 0.05 mm/r 时，超声振动车削对切削力的改善效果并不明显，平均主切削力仅下降 11.1%。这是由于在进给量较小时，常规车削平均主切削力较小，而轴向超声振动车削在进给方向脉冲作用的振动幅值较大，故对切削力的改善效果不明显。

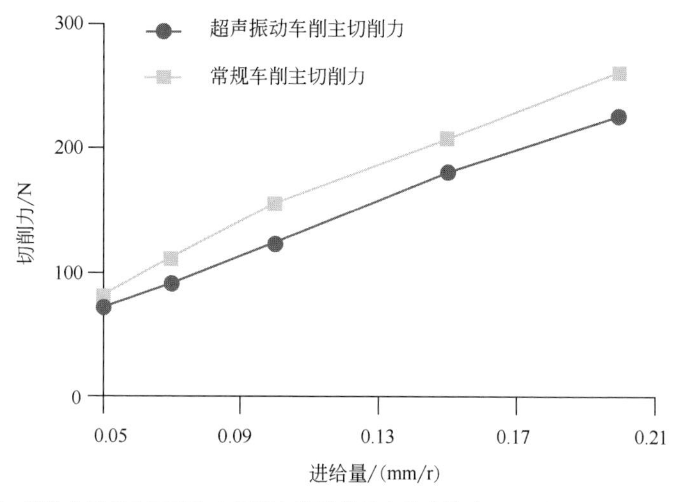

图 5.24 两种车削状态下平均主切削力随进给量变化曲线（v=100 m/min，a_p=1 mm）

5.3.4.3 不分离型轴向超声振动切削参数对切削温度的影响

本小节设计单因素仿真试验探究切削速度、进给量对不分离型轴向超声振动车削与常规车削切削温度的影响。由于背吃刀量增加时，产生的热量和散热面积同时增大，对切削温度的影响较小，故不探究背吃刀量对切削温度的影响。图 5.25 为在切削深度 1 mm、进给量 0.1 mm/r、超声振幅 10 μm 及振频 20 kHz 时，常规车削与超声振动车削的切削温度随切削速度变化的情况。由图可见，在两种车削方式下，切削温度均随切削速度的增大而升高。切削速度升高时，单位时间内参与变形的材料增加，切削力变大，刀具前刀面与切屑摩擦所做的功增大，使得切削温度升高。在切削速度 50～250 m/min 范围内，不分离型轴向超声振动车削的切削温度低于常规车削。在切削速度为 50 m/min 时，相比于常规车削，超声振动车削的切削温度下降了 12.5%，切削温度改善最为明显。在切削速度为 150～250 m/min 时，两种车削方式的切削温度相近，但超声振动车削温度仍低于常规车削。

图 5.26 为在切削速度 100 m/min、切削深度 1 mm、超声振幅 10 μm 及振频 20 kHz 时，常规车削与不分离型轴向超声振动车削的切削温度随进给量变化情况。由图可知，进给量从 0.05 mm/r 增加到 0.2 mm/r 时，常规车削的切削温度从 294.7℃增加到 419.9℃，不分离型轴向超声振动车削温度从 292.2℃增加到 401.8℃。这是由于随着进给量的增加，车削加工中切削厚度变厚，材料在刀具作用下产生的弹塑性变形增大，同时刀具前刀面与切屑的摩擦力变大，切削力增加，产生的切削热升高，导致切削温度上升。在进给量为 0.05 mm/r 时，两种车削方式下切削温度相近，其余范围内，不分离型轴向超声振动车削温度均

显著小于常规车削。这是由于在轴向施加了超声振动，使得刀尖沿着进给方向反复运动，在向进给反方向运动时，刀尖与切屑摩擦力减小，产生的切削热降低，改善了常规车削刀尖区域持续高温状态；同时，在刀尖远离切屑时，有利于切削热的散出。

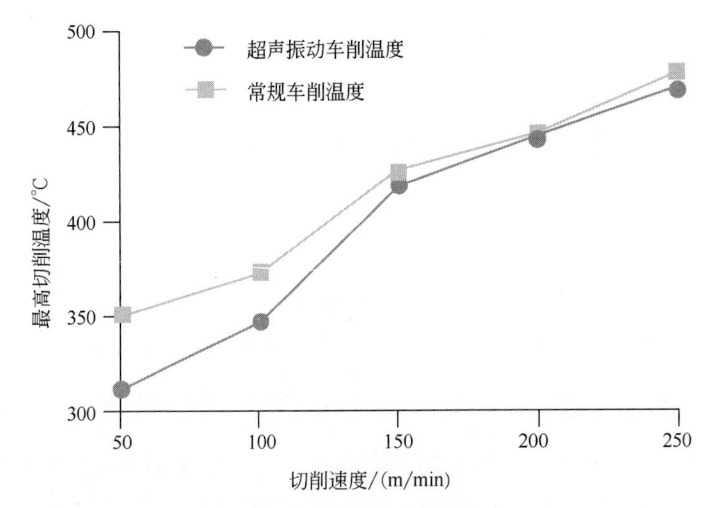

图 5.25　两种车削状态下切削温度随切削速度变化曲线（a_p=1 mm，f=0.1 mm/r）

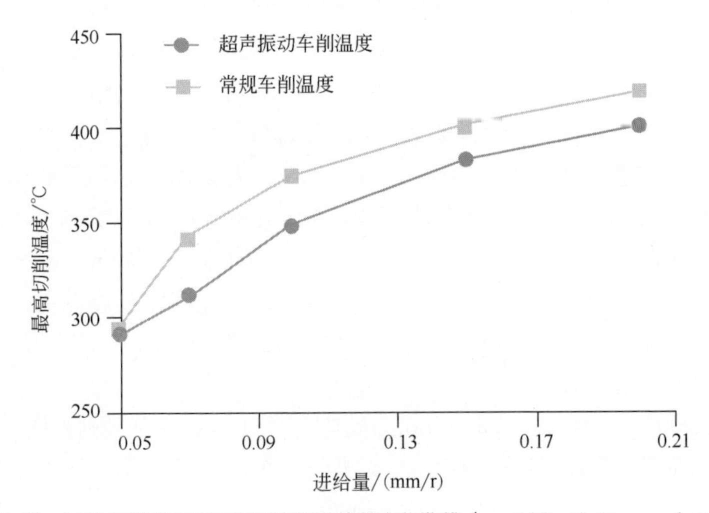

图 5.26　两种车削状态下切削温度随进给量变化曲线（v=100 m/min，a_p=1 mm）

5.3.4.4　不分离型轴向超声振动切削参数对 Mises 应力的影响

本小节设计单因素仿真试验探究切削速度、进给量对不分离型轴向超声振动车削与常规车削平均 Mises 应力的影响。图 5.27 为在切削深度 1 mm、进给量 0.1 mm/r、超声振幅 10 μm 及振频 20 kHz 时，常规车削与不分离型轴向超声振动车削 Mises 应力随切削速度变化情况。

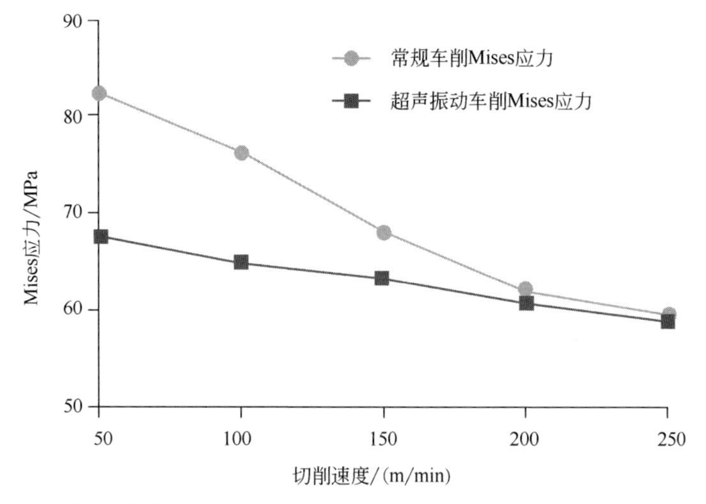

图 5.27 两种车削状态下 Mises 应力随切削速度变化曲线（a_p=1 mm，f=0.1 mm/r）

由图 5.27 可知，在切削速度 50～250 m/min 范围内，常规车削平均 Mises 应力从 67.6 MPa 下降到 58.9 MPa，不分离型轴向超声振动车削平均 Mises 应力从 82.3 MPa 下降到 59.5 MPa。随着切削速度的提高，两种车削方式下平均 Mises 应力都呈下降趋势，说明提高切削速度可以降低切削应力，得到更好的车削效果。相比于常规车削，不分离型轴向超声振动车削在切削速度较小时，平均 Mises 应力较小，对车削改善效果较为明显，在切削速度为 50 m/min 时，效果最为明显，平均 Mises 应力下降了 18.3%。随着切削速度升高，不分离型轴向超声振动车削平均 Mises 应力值与常规车削越来越接近，在 250 m/min 时甚至大于常规车削应力值。

图 5.28 为在切削速度 100 m/min、切削深度 1 mm、超声振幅 10 μm 及振频 20 kHz 时，常规车削与不分离型轴向超声振动车削平均 Mises 随进给量变化情况。由图可得，随着进给量的增加，常规车削平均 Mises 应力从 62.5 MPa 上升到 134.7 MPa，不分离型轴向超声振动车削平均 Mises 应力从 43.6 MPa 上升到 115.4 MPa。这是由于进给量增加时，切削加工中切削厚度变厚，导致切削区域弹塑性变形增加，刀具与工件材料之间的摩擦力升高，最终引起 Mises 应力提高。在进给量 0.05～0.2 mm/r 范围内，不分离型轴向超声振动车削平均 Mises 应力均小于常规车削，且在进给量为 0.05 mm/r 时，平均 Mises 应力下降了 30.2%，效果最为明显。仿真结果说明，不分离型轴向超声振动车削可有效减小车削应力，达到更好的车削效果。

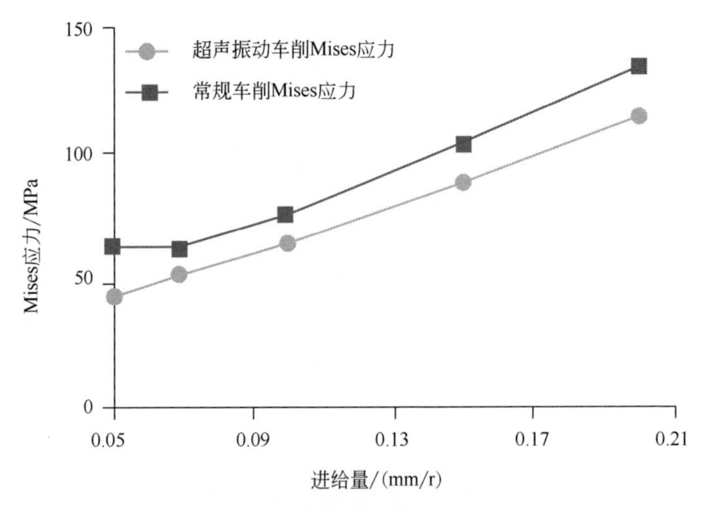

图 5.28 两种车削状态下 Mises 应力随进给量变化曲线（v=100 m/min，a_p=1 mm）

5.3.4.5 分离型轴向超声振动车削性能仿真

表 5.8 为常规车削与分离型轴向超声振动外圆车削的切削温度、平均主切削力与最大 Mises 应力仿真结果。由表可知，在振幅为 10 μm 时，分离型轴向超声振动车削的平均主切削力与最大 Mises 应力变化最为明显，相比于常规车削分别下降了15.52%、45.9%。切削温度与常规车削相差较小，但仍下降了 6.4%。因此，在振幅为 10 μm、超声振动频率为 20 kHz 的条件下，相比于常规车削，6061 铝合金分离型轴向超声振动车削也可得到更佳的切削效果。

◆ 表 5.8 常规车削与分离型轴向超声振动外圆车削仿真结果

车削方式	平均主切削力/N	切削温度/℃	最大 Mises 应力/MPa
常规车削	19.14	286.1	3036.82
分离型轴向超声振动车削	16.17	279.7	1642.78

5.4 铝合金轴向超声振动车削试验

表面粗糙度是衡量工件车削加工表面质量的重要指标，对加工零件的耐磨性、耐蚀性和抗疲劳破损能力有着较大影响。为全面分析轴向超声振动车削对 6061 铝合金加工表面质量的影响，本节搭建 6061 铝合金轴向超声振动试验平台，基于轴向超声振动断续车削与连续车削机理及轴向超声振动车削仿真结果，设置合理的切削参数，分别进行 6061 铝合金常规车削、轴向超声振动断续与连续车削试验，测量得到加工表面粗糙度的试验结果，系统分析切削用量对工件表面粗糙度的影响规律及轴向超声振动车削的优势。

5.4.1 试验平台的搭建

基于轴向超声振动车削 6061 铝合金仿真试验可知，相比于常规车削，轴向超声振动车削可有效降低 Mises 应力、平均切削力及切削温度，这与吴得宝[113]、郭东升[170]与栾晓明[204]所做的超声振动车削铝合金试验结果相似，故不再进行试验验证。同时，切削力、Mises 应力与切削温度的降低，均有利于降低表面粗糙度，提高表面质量。为进一步分析轴向超声振动车削对表面质量的影响，基于全因子试验设计，本节进行 6061 铝合金常规车削、轴向超声振动断续与连续车削试验。

5.4.1.1 试验车床

本次试验采用云南 CY 集团生产的 CY-K360n 数控车床，如图 5.29 所示。该车床的主轴功率为 7.5 kW，床身上最大工件回转直径为 400 mm，最大工件长度为 1000 mm，主轴最高转速为 5200 r/min，采用 FANUC 0i/0i Mate-TD 数控系统，车床各项参数均满足轴向超声振动车削试验要求。

图 5.29 CY-K360n 数控车床

5.4.1.2 试验材料及测量装置

工件材料选用 6061 铝合金棒料，棒料毛坯件尺寸为 ϕ_d 60 mm×400 mm，试验前去除毛刺及硬皮，将棒料的直径加工至 ϕ58 mm。

在车削加工过程中，根据被加工工件的材料合理地选择车刀刀片，可提高车削过程中的稳定性，获得较好的加工表面质量，确保生产出合格的零件。试验选用温岭市铧维数控刀具有限公司生产的数控车床铝用车刀片

CCGT09T308-AK，材质为硬质合金（材质 H01）。刀片表面具有断屑槽，可有效减少刀具的破损及加工面的损伤，提高加工工件的表面质量。车刀刀片主要几何参数为：前角 γ=5°，后角 α=7°，刀尖圆弧半径 r=0.8 mm，主偏角 K_r=75°。

使用北京吉泰科仪检测设备有限公司生产的 TR200 便携式表面粗糙度测量仪对加工后的工件表面粗糙度进行测量。该表面粗糙度测量仪是用于生产现场环境和移动测量需要的一种手持式仪器，操作简便、功能全面、精度稳定，符合试验需求。具体参数设定为：取样长度 0.8 mm，评定长度 4 mm，采用高斯滤波。为保证测量结果的准确性，每组试验对加工表面测量 3 次，取其平均值作为表面粗糙度测量结果。

5.4.1.3 轴向超声振动装置的安装

轴向超声振动辅助车削系统如图 5.30 所示。超声波发生器与换能器相连，通过超声波发生器与换能器将高频电振荡信号转换成机械信号，经变幅杆将微小的机械振幅放大后传递给轴向振动车刀，从而对 6061 铝合金进行车削加工。在变幅杆处设计有 L 形板，通过 L 形板将轴向超声振动装置与数控车床转塔刀架相固定。

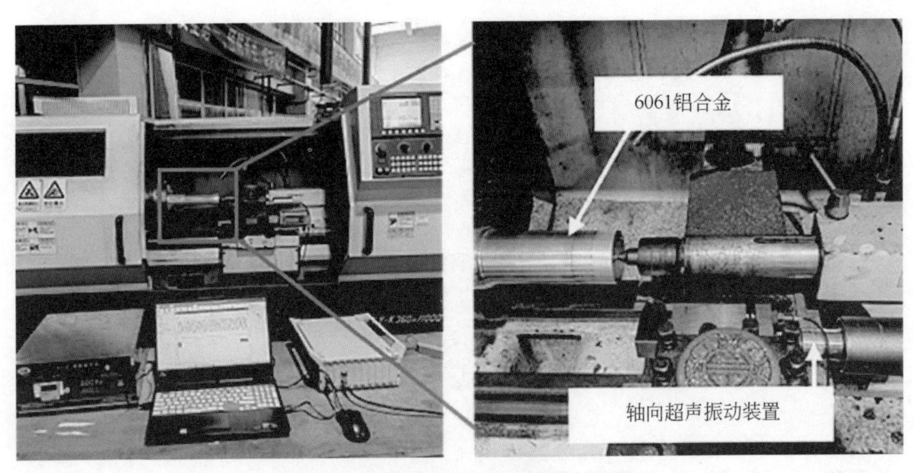

图 5.30 轴向超声振动辅助车削系统

采用 DHDAS 动态信号采集分析系统对振动信号进行采集并分析，如图 5.31 所示。图中，加速度传感器置于刀杆尾部，振动信号经加速度传感器、数据采集仪处理后传递到 DHDAS 分析系统进行最终处理，其中采样频率为采集信号的 10～20 倍，量程范围为采集信号的 1.5 倍。数据采集时，为避免车床振动对采样信号的影响，在切削较为平稳时再进行信号采集。

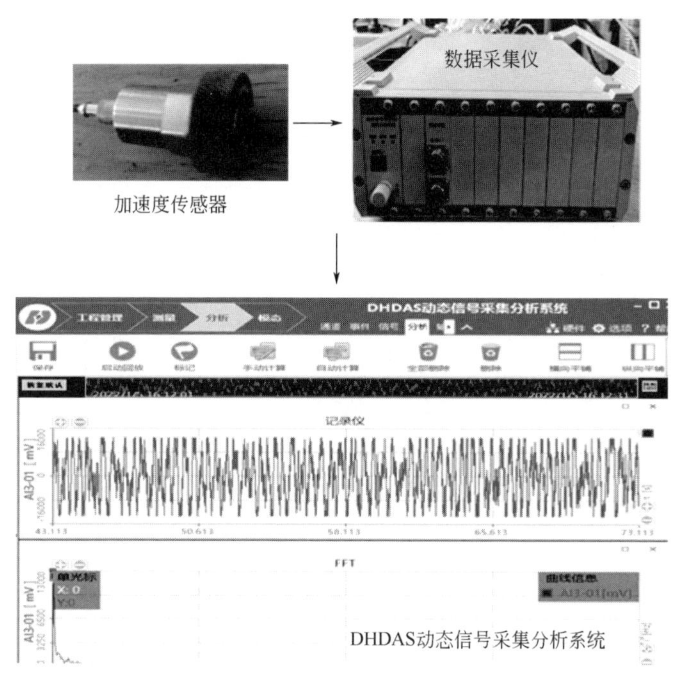

图 5.31　DHDAS 动态信号采集分析系统

5.4.2　试验方案

基于轴向超声振动车削仿真结果，6061 铝合金轴向超声振动车削试验的振幅选取 10 μm。后续章节中，表面粗糙度预测研究需大量的试验数据，因此采用全因子试验设计，切削方式均为干切削。根据轴向超声振动不分离型车削条件 $f \geqslant 2A$，参考不分离型轴向超声振动车削仿真参数，设计不分离型轴向超声振动车削三因素四水平的全因子试验方案，如表 5.9 所示。

◆ 表 5.9　不分离型轴向超声振动车削试验因素水平

因素	水平			
	1	2	3	4
切削速度/(m/min)	50	100	150	200
背吃刀量/mm	0.2	0.3	0.6	1
进给量/(mm/r)	0.07	0.1	0.15	0.2

其中，刀具刀尖圆弧半径为 0.8 mm，超声振动频率为 20 kHz。由于不分离型轴向超声振动车削进给量能够一定程度上大于 2 倍振幅，可用于半精加工。

由轴向超声振动断续车削条件：① $f < 2A$；② $\varphi \geqslant f\pi/2A$，可知分离型轴向超声振动进给量需小于 2 倍振幅，进给量较低，因此分离型轴向超声振动适用

于精加工，切削参数不宜选择过大[203]。分离型轴向超声振动车削三因素三水平的全因子试验方案如表 5.10 所示。其中，刀具刀尖圆弧半径为 0.8 mm，超声振动频率为 20 kHz。

◆ 表 5.10　分离型轴向超声振动车削试验因素水平

因素	水平		
	1	2	3
切削速度/(m/min)	120	150	180
背吃刀量/mm	0.1	0.2	0.3
进给量/(mm/r)	0.002	0.005	0.008

验证分离型轴向超声振动试验参数是否符合断续车削条件，由式（5.4）可知，相位差 φ 等于振动频率与工件转速比值的小数部分乘以 2π，即

$$\varphi=\left\{\frac{60f_{\mathrm{u}}}{n}-\left[\frac{60f_{\mathrm{u}}}{n}\right]\right\}\times 2\pi \geqslant \frac{f}{2A}\pi \tag{5.16}$$

对式（5.16）化简得

$$\left\{\frac{60f_{\mathrm{u}}}{n}-\left[\frac{60f_{\mathrm{u}}}{n}\right]\right\} \geqslant \frac{f}{4A} \tag{5.17}$$

本试验中 6061 铝合金直径 ϕ_{d} =58 mm，根据主轴转速 $n=v\times1000/(\pi D)$，得出试验方案中主轴转速分别为 658 r/min、823.22 r/min 及 987.86 r/min。

在 6061 铝合金分离型轴向超声振动车削试验中，振幅为 10 μm，进给量最大取值为 8 μm/r，故满足条件①。对于条件②相位差条件，根据式（5.17）中 $f/(4A)$ 最大为 0.4，将主轴转速代入式（5.17）可得振动频率与工件转速比值的小数部分分别为 0.71、0.69、0.74，故所选取的切削参数满足条件②。由于切削过程中工件直径不断减小，因此每次试验前需进行上述验证，确保满足断续切削条件。

为验证建立的理论表面粗糙度模型的正确性，基于不分离型轴向超声振动车削，设计单因素试验研究刀具刀尖圆弧半径及进给量对表面粗糙度的影响规律，如表 5.11 所示。试验中刀具均选用温岭市铧维数控刀具有限公司生产的数控车床铝用车刀刀片，前角 γ=5°，后角 α=7°。

◆ 表 5.11　单因素试验因素水平

因素	水平
进给量/(mm/r)	0.05，0.07，0.1，0.15，0.2
刀尖圆弧半径/mm	0.2，0.4，0.8
切削速度/(m/min)	50
背吃刀量/mm	0.2
超声振动频率/kHz	20
超声振幅/μm	10

5.4.3 试验结果分析

根据表面粗糙度试验结果分析分离型与不分离型轴向超声振动切削参数对表面粗糙度的影响，并与常规车削进行对比。为提高表面粗糙度的测量精度，每组试验对加工表面测量 3 次，取其平均值作为表面粗糙度测量结果。

5.4.3.1 分离型轴向超声振动车削试验结果分析

常规车削与分离型轴向超声振动车削表面粗糙度全因子试验结果汇总如表 5.12 所示。

◆ 表 5.12 常规车削与分离型轴向超声振动车削表面粗糙度全因子试验结果

试验号	切削速度/(m/min)	背吃刀量/mm	进给量/(mm/r)	振频/kHz	振幅/μm	振动车削/μm	常规车削/μm
1	120	0.1	0.002	20	10	0.245	0.255
2	120	0.2	0.002	20	10	0.287	0.297
3	120	0.3	0.002	20	10	0.351	0.361
4	120	0.1	0.005	20	10	0.327	0.331
5	120	0.2	0.005	20	10	0.413	0.578
6	120	0.3	0.005	20	10	0.499	0.564
7	120	0.1	0.008	20	10	0.412	0.535
8	120	0.2	0.008	20	10	0.468	0.485
9	120	0.3	0.008	20	10	0.562	0.545
10	150	0.1	0.002	20	10	0.234	0.334
11	150	0.2	0.002	20	10	0.261	0.341
12	150	0.3	0.002	20	10	0.295	0.351
13	150	0.1	0.005	20	10	0.271	0.281
14	150	0.2	0.005	20	10	0.294	0.298
15	150	0.3	0.005	20	10	0.307	0.306
16	150	0.1	0.008	20	10	0.385	0.394
17	150	0.2	0.008	20	10	0.448	0.466
18	150	0.3	0.008	20	10	0.454	0.479
19	180	0.1	0.002	20	10	0.127	0.248
20	180	0.2	0.002	20	10	0.237	0.294
21	180	0.3	0.002	20	10	0.238	0.307
22	180	0.1	0.005	20	10	0.256	0.367
23	180	0.2	0.005	20	10	0.283	0.376
24	180	0.3	0.005	20	10	0.305	0.388
25	180	0.1	0.008	20	10	0.282	0.292
26	180	0.2	0.008	20	10	0.319	0.328
27	180	0.3	0.008	20	10	0.406	0.413

为得到切削参数对分离型轴向超声振动车削表面粗糙度的影响程度，根据表 5.12 所得结果，对分离型轴向超声振动车削表面粗糙度进行极差分析。极差

分析可以衡量数据的离散度，并反映数据的范围变化，以 R 表示。表面粗糙度的极差分析如表 5.13 所示。

◆ 表 5.13　分离型轴向超声振动车削表面粗糙度极差分析结果

项目	切削速度/(m/min)	背吃刀量/mm	进给量/(mm/r)
$\overline{J_1}$	0.3960	0.2821	0.2275
$\overline{J_2}$	0.3277	0.3344	0.3283
$\overline{J_3}$	0.2726	0.3811	0.4151
极差 R	0.1234	0.099	0.1876
最优水平	180	0.1	0.002
影响因素排序	进给量 > 切削速度 > 背吃刀量		

表 5.13 中，$\overline{J_i}$ 为每个因素同一水平参数下表面粗糙度的均值，最优水平为 $\overline{J}_{i\min}$，各个因素的最优水平组合就是表面粗糙度的最优水平组合。极差值越大，说明该因素的取值变化对表面粗糙度影响越大[205]。极差结果表明，切削参数对分离型轴向超声振动车削表面粗糙度影响程度大小为：进给量 > 切削速度 > 背吃刀量。

根据表 5.12 中的分离型轴向超声振动车削表面粗糙度试验结果，分析切削用量之间的交互作用，分析结果如图 5.32 所示。图 5.32（a）、（b）中的三条线段分别代表进给量为 0.002 mm/r、0.005 mm/r 及 0.008 mm/r，图 5.32（c）中三条线段分别代表背吃刀量为 0.1 mm、0.2 mm 与 0.3 mm。图 5.32（a）、（b）、（c）中，不同进给量与背吃刀量的线段基本平行无交叉，且图 5.32（a）、（b）中显示三条线段之间距离较远，表面粗糙度值明显不同，而图 5.32（c）中三条线段较为接近。这表明分离型轴向超声振动切削用量间无明显交互作用，且进给量对表面粗糙度影响最大，这与极差分析结果相同。

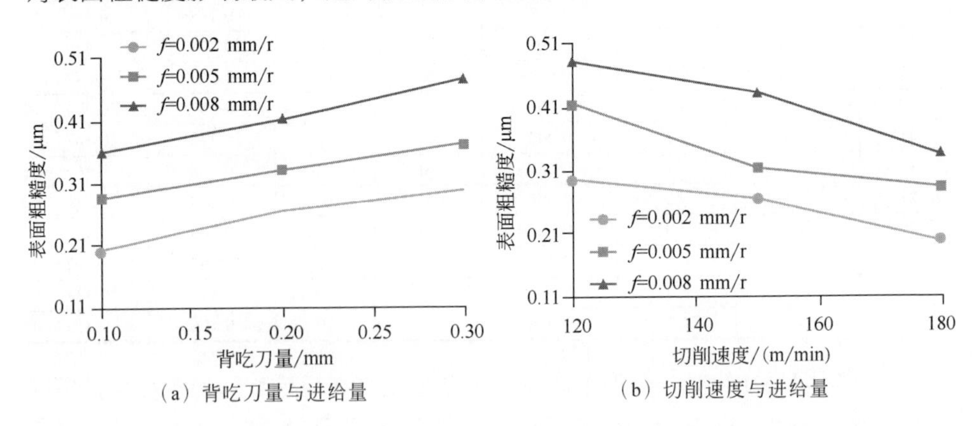

（a）背吃刀量与进给量　　（b）切削速度与进给量

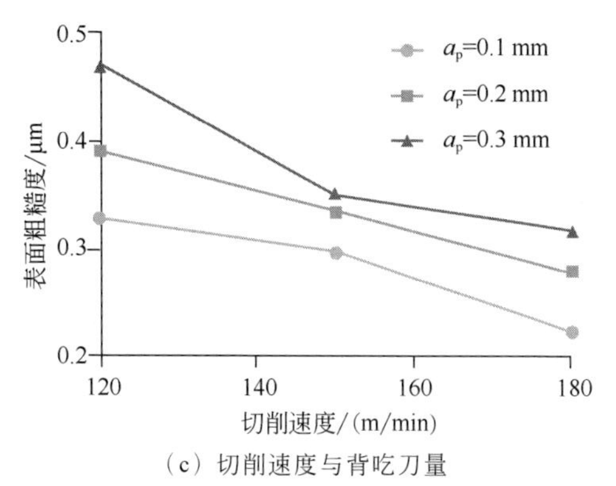

（c）切削速度与背吃刀量

图 5.32　分离型轴向超声振动切削用量交互作用

根据表 5.12 中的常规车削与分离型轴向超声振动车削表面粗糙度试验结果，探究两种车削状态下切削参数对表面粗糙度的影响规律，如图 5.33 所示。图中，因素 A 代表切削速度，可见，常规车削与分离型轴向超声振动车削表面粗糙度均随切削速度的增加呈现降低的趋势。切削速度增加时，加工表面的切削力与塑性变形减少，从而表面粗糙度降低。因素 B 代表进给量，进给量变大时切削变厚，刀具与工件间的摩擦加剧，引起表面粗糙度增加。因素 C 代表背吃刀量，当背吃刀量增大时，切削力及切削温度增大，刀具磨损加剧，同时材料塑性变形增加导致表面粗糙度变大。另外由图可知，相比于常规车削，分离型轴向超声振动车削表面粗糙度明显降低，且由表 5.12 可得，分离型轴向超声振动车削平均表面粗糙度降低了 12.7%。这是由于分离型轴向超声振动车削进给量 $f< 2A$ 实现了断续切削，降低了切削力与切削温度，使得刀具与工件间的摩擦减小，有效抑制了积屑瘤的产生；另外，超声振动由于脉冲切削作用，减少了切削过程中材料的塑性变形，从而降低了表面粗糙度，改善了工件加工表面质量。

使用 Winmax Industry Co. Ltd 生产的 MicroCapture Pro 手持式数码显微镜对加工后的工件表面进行测量。图 5.34 为主轴转速 n=626 r/min，背吃刀量 a_p=0.2 mm，进给量 f=0.005 mm/r 时，常规车削与分离型轴向超声振动车削放大 100 倍的加工表面。由图 5.34（a）可见，常规车削加工表面存在大小不一的凹坑，且加工形成的沟槽深浅不一。图 5.34（b）中分离型轴向超声振动车削加工表面较为细腻、平整，基本不存在凹坑，且通过实测得到，分离型轴向超声振动车削表面粗糙度低于常规车削。因此，使用分离型轴向超声振动车削方式，可明显改善工件的加工表面质量。

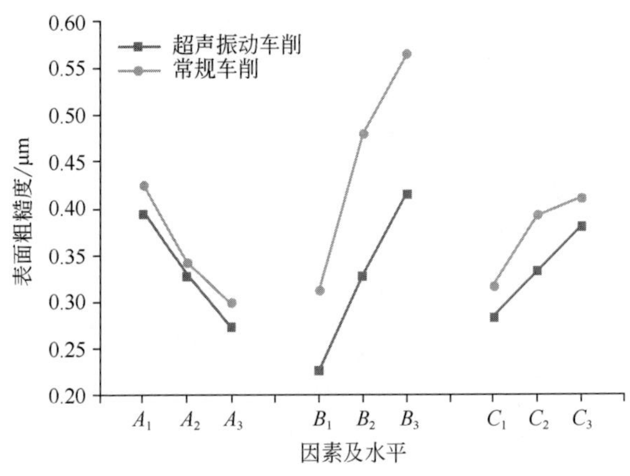

图 5.33 各切削参数对表面粗糙度的影响

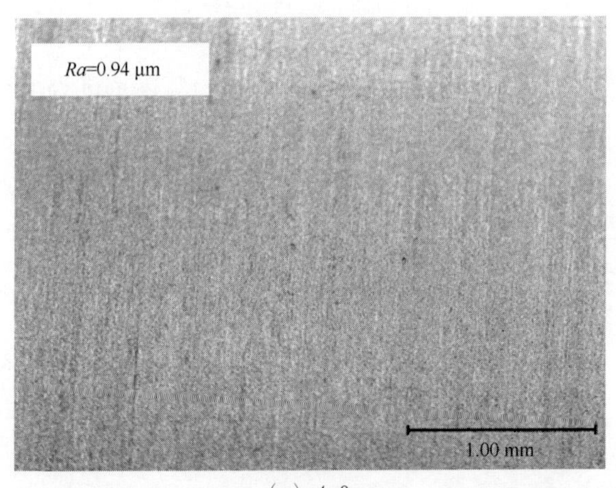

（a）A=0

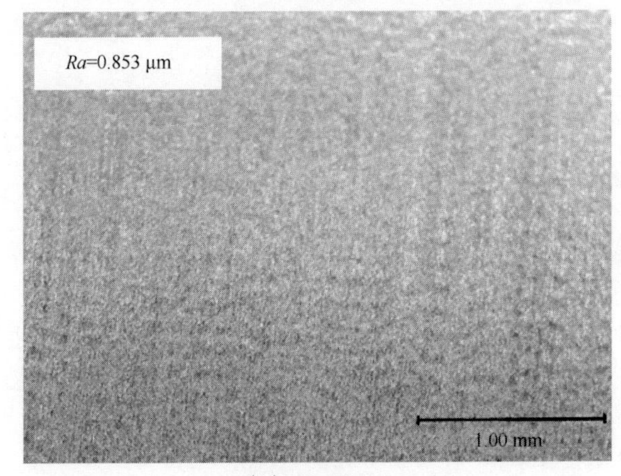

（b）$2A$=10 μm

图 5.34 常规车削与分离型轴向超声振动车削加工工件表面形貌（见书后彩插）

5.4.3.2 不分离型轴向超声振动车削试验结果分析

常规车削与不分离型轴向超声振动车削平均表面粗糙度试验结果汇总见本书附录的附表 1，根据此表绘制两种车削状态下表面粗糙度随切削速度变化曲线，如图 5.35 所示。由图可见，常规车削随着切削速度的升高，加工工件的表面粗糙度先增大后减小。在切削速度较低时，随着切削速度的增大，切削力变大，刀具前刀面与工件的摩擦增大，经过车削加工后，被加工工件的残余高度增加，导致表面粗糙度增大。当切削速度继续增大时，切削温度升高，减少了积屑瘤的产生，避免了在已加工表面形成硬点及毛刺，从而降低了表面粗糙度。与常规车削不同，不分离型轴向超声振动车削的表面粗糙度随着切削速度的增加而增加，且小于常规车削加工后的表面粗糙度。这是由于在进给方向施加了超声振动，刀具在工件表面反复振动会形成熨压作用，极大地降低了表面粗糙度。但随着切削速度的增加，减少了积屑瘤的产生，增加了切削的平稳性，且单个振动周期内，轴向超声振动平均切削力增加，因此不分离型轴向超声振动车削的优势逐渐减小。

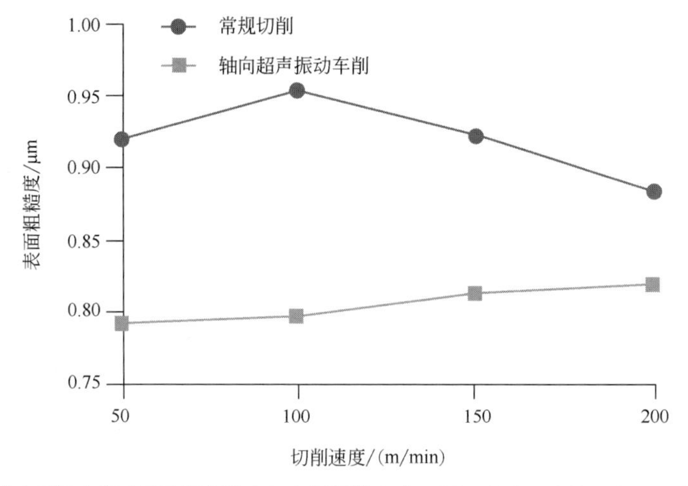

图 5.35 不分离型轴向超声振动切削速度与表面粗糙度（v=50 m/min、100 m/min、150 m/min 及 200 m/min）

根据附表 1 常规车削与不分离型轴向超声振动车削平均表面粗糙度试验结果绘制两种车削状态下表面粗糙度随背吃刀量变化曲线，如图 5.36 所示。由图可知，两种车削状态下表面粗糙度随背吃刀量的变化规律一致，总体上均随背吃刀量的增加而增加。由图 5.36 可知，背吃刀量增大时两种车削方式下平均主切削力均增大，使得刀具与工件间的摩擦力增加，工件材料的塑性变形变大，从而导致表面粗糙度增大。随着背吃刀量的增加，不分离型轴向超声振动车削的表面粗糙度始终低于常规车削。这是由于在轴向施加超声振动后，平均主切削力始终低于常规车削，减小了刀具与工件间的摩擦，同时超声振动车削较为平稳，减弱了随着背吃刀量的增加而产生的振动影响。

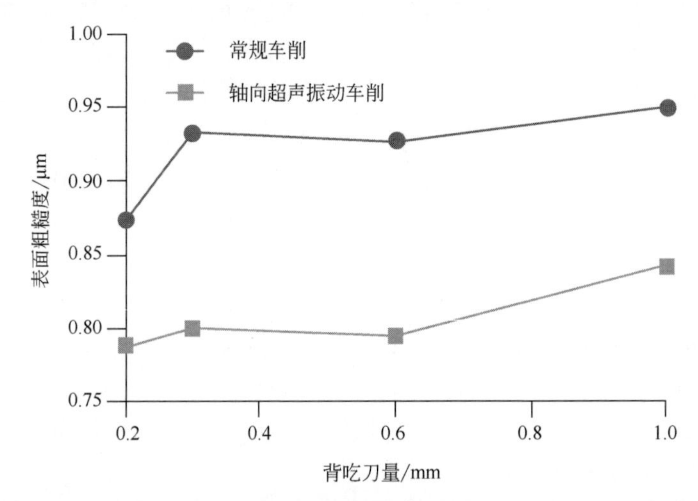

图 5.36　不分离型轴向超声振动背吃刀量与表面粗糙度（a_p=0.2 mm、0.3 mm、0.6 mm 及 1 mm）

根据附表 1 常规车削与不分离型轴向超声振动车削平均表面粗糙度试验结果绘制两种车削状态下表面粗糙度随进给量变化曲线，如图 5.37 所示。由图可见，两种车削状态下加工表面粗糙度均随进给量的增加而增大，这与式（5.9）理论表面粗糙度模型中增大进给量，残余高度随之增大理论一致。不分离型轴向超声振动车削表面粗糙度优于常规车削，这是由于在进给方向施加超声振动对加工表面起到了反复熨压的作用，同时当振动刀具向进给负方向运动时刀具与工件间的摩擦撕裂减弱，工件受到的弹塑性变形减小，切削更加稳定。随着进给量的增大，不分离型轴向超声振动车削的优势减弱，进给量为 0.2 mm/r 时表面粗糙度与常规车削仅相差 0.06 μm。这说明与分离型轴向超声振动车削相比，不分离型轴向超声振动车削进给量虽能一定程度上大于 2 倍振幅，但不宜选择过高。

比较图 5.35、图 5.36 和图 5.37 不分离型轴向超声振动车削表面粗糙度变化曲线可知，进给量对其表面粗糙度的影响最大，背吃刀量次之，切削速度对其表面粗糙度的影响最小。

图 5.38 为常规车削与不分离型轴向超声振动车削过程稳定时，采用 DHDAS 动态信号采集分析系统采集到的时域波形图，其中切削速度为 100 m/min，进给量为 0.1 mm/r，背吃刀量为 0.2 mm，轴向超声振动频率为 20 kHz，振幅 $2A$ 为 10 μm。由图 5.38（a）可知，常规车削时域波形变化较为剧烈，在车削时由于车床或工件本身的振动会产生较大的瞬时冲击力。而图 5.38（b）

轴向超声振动车削的时域波形变化较为平稳，有利于抑制车削颤振，提高加工工件的表面质量。

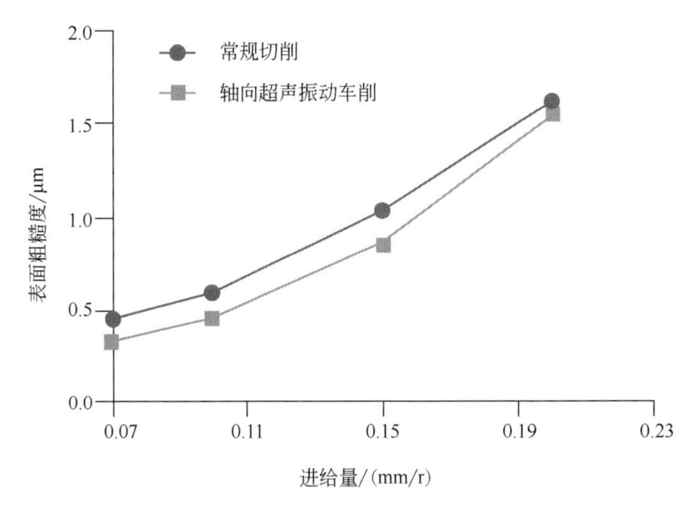

图 5.37　不分离型轴向超声振动进给量与表面粗糙度（f=0.07 mm/r、0.1 mm/r、0.15 mm/r 及 0.2 mm/r）

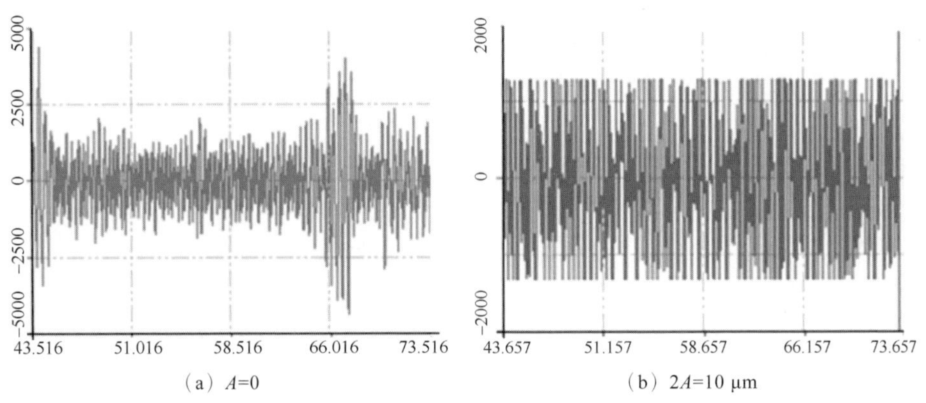

（a）A=0　（b）$2A$=10 μm

图 5.38　常规车削与不分离型轴向超声振动车削时域波形图

图 5.39 为主轴转速 n=463 r/min，背吃刀量 a_p=0.6 mm，进给量 f=0.2 mm/r 时，常规车削与不分离型轴向超声振动车削放大 100 倍的加工表面形貌。

由图 5.39（a）可知，常规车削加工表面存在大量的凹坑，刀痕之间沟槽的宽度大小不一，且加工条纹分布不均。图 5.39（b）中不分离型轴向超声振动车削加工表面条纹分布较为均匀，刀痕之间沟槽的宽度相差不大，加工表面质量较好，且通过实测得到，不分离型轴向超声振动车削表面粗糙度低于常规车削。综上所述，与常规车削相比，不分离型轴向超声振动车削过程较为平稳，可有效降低表面粗糙度，改善加工表面质量。由附表 1 可得，相比于常规车削，不分离型轴向超声振动车削平均表面粗糙度降低了 17.7%。

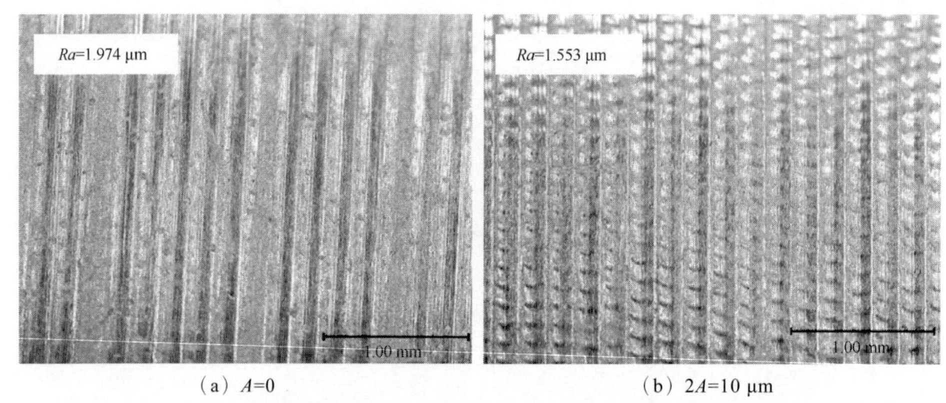

（a）A=0　　（b）$2A$=10 μm

图 5.39　常规车削与不分离型轴向超声振动车削加工工件表面形貌（见书后彩插）

为验证式（5.9）建立的理论表面粗糙度模型的正确性，基于不分离型轴向超声振动车削，设计单因素试验研究刀具刀尖圆弧半径及进给量对表面粗糙度的影响规律，如图 5.40 所示。试验中刀具前角 γ=5°，后角 α=7°，车削时均选择相同的切削参数。由图可知，在进给量一致时，车削加工表面粗糙度均随刀尖圆弧半径的增加而降低，且在进给量较大时，选用较大的刀尖圆弧半径工件表面粗糙度明显降低。在刀尖圆弧半径一致时，表面粗糙度均随进给量的增大而增大，刀尖圆弧半径越小时，表面粗糙度变化越明显。这与所建立的理论表面粗糙度模型结论一致。

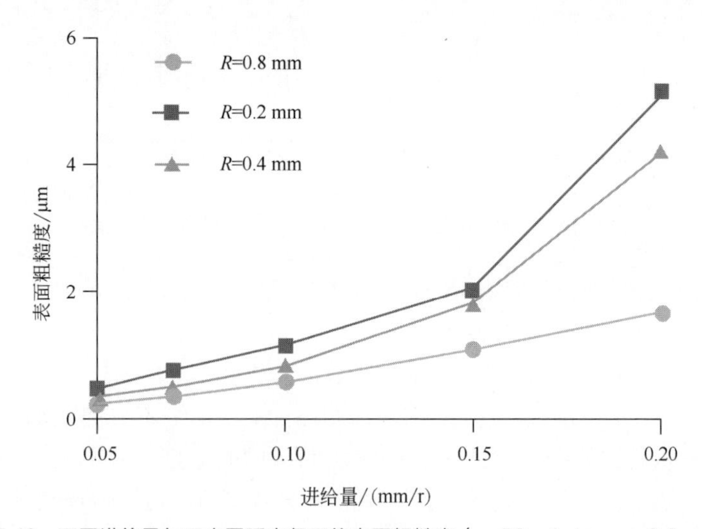

图 5.40　不同进给量与刀尖圆弧半径下的表面粗糙度（v=50 m/min，a_p=0.2 mm）

5.5 铝合金轴向超声振动车削表面粗糙度预测及切削参数优化

由试验可知，轴向超声振动车削能有效降低加工工件表面粗糙度，改善加工质量，实现常规车削难以达到的加工效果。但分离型轴向超声振动要满足断续切削条件，选取的进给量过小；不分离型轴向超声振动当进给量过大时，加工效果也明显降低，影响了车削加工效率。为提升加工表面质量的同时兼顾提高加工效率，本节基于指数函数法与多元回归法分别建立分离型轴向超声振动与不分离型轴向超声振动表面粗糙度预测模型，并优选出最佳的表面粗糙度预测模型。最后以提高加工效率与降低表面粗糙度为优化目标建立切削参数优化模型，并基于多目标遗传算法对切削参数进行优化。

5.5.1 表面粗糙度预测方法

表面粗糙度预测研究可在车削试验之前选取合理的切削参数，获得理想的加工表面质量，提高加工效率。根据前面轴向超声振动车削试验结果，建立基于切削参数的轴向超声振动车削表面粗糙度预测模型。本节采用的表面粗糙度预测模型为以下两种。

（1）多元回归法

从前面轴向超声振动车削试验结果可以看出，切削参数对不分离型轴向超声振动车削及分离型轴向超声振动车削的影响并非简单的线性关系，因此本书采用多元回归法中非线性的二阶公式。本节以切削速度、进给量与背吃刀量为变量，建立基于三元二阶非线性多元回归法的表面粗糙度与切削参数间的预测模型为[206-208]

$$Ra=b_0+b_1a_{\rm p}+b_2f+b_3v+b_4a_{\rm p}^2+b_5f^2+b_6v^2+b_7a_{\rm p}f+b_8a_{\rm p}v+b_9fv \tag{5.18}$$

（2）指数函数法

指数函数法是利用幂指数模型建立表面粗糙度与加工参数间的定量关系，本节以切削速度、进给量与背吃刀量为变量，建立基于指数函数法的表面粗糙度与切削参数间的预测模型为[209]

$$Ra=Ca_{\rm p}^{b}f^{d}v^{e} \tag{5.19}$$

式中，Ra 为表面粗糙度，μm；C 为常数；b、d、e 为对应系数；$a_{\rm p}$ 为背吃刀量，mm；f 为进给量，mm/r；v 为切削速度，m/min。

对式（5.19）两边取对数，得

$$\lg Ra=\lg C+b\lg a_{\rm p}+d\lg f+e\lg v \tag{5.20}$$

令 $y=\lg Ra$，$k=\lg C$，$x_1=\lg a_p$，$x_2=\lg f$，$x_3=\lg v$，则式（5.20）变为

$$y=k+bx_1+dx_2+ex_3 \tag{5.21}$$

为验证建立的表面粗糙度预测模型的准确性，得到最佳的预测模型，设计测试试验计算各个预测模型的预测精度。针对分离型轴向超声振动车削设置 5 组测试组，进行分离型轴向超声振动车削试验，测试组试验方案如表 5.14 所示。

◆ 表 5.14　分离型轴向超声振动车削测试组试验方案

测试组号	切削速度/(m/min)	背吃刀量/mm	进给量/(mm/r)
1	130	0.2	0.003
2	140	0.15	0.004
3	150	0.25	0.003
4	160	0.2	0.006
5	170	0.25	0.007

根据附表 1，不分离型轴向超声振动车削全因子试验得到 64 组试验样本，取其中 5 组作为不分离型轴向超声振动车削测试组，剩余 59 组作为表面粗糙度预测模型训练组。不分离型轴向超声振动车削测试组试验方案如表 5.15 所示。

◆ 表 5.15　不分离型轴向超声振动车削测试组试验方案

测试组号	切削速度/(m/min)	背吃刀量/mm	进给量/(mm/r)
1	50	0.2	0.1
2	100	0.3	0.15
3	100	0.6	0.2
4	150	0.2	0.07
5	200	1	0.1

5.5.2　基于多元回归法的表面粗糙度预测模型

基于多元回归法分别建立分离型与不分离型轴向超声振动车削表面粗糙度预测模型，并进行显著性检验，验证预测模型的拟合情况。

5.5.2.1　分离型轴向超声振动基于多元回归法的表面粗糙度预测模型

基于分离型轴向超声振动车削全因子试验结果，运用 MATLAB 软件中的 regress 函数对式（5.1）进行回归求解，并对预测模型进行显著性检验，求解结果及相关系数 r^2、F 值见表 5.16。

◆ 表 5.16　分离型轴向超声振动车削 *Ra* 预测模型多元回归分析结果

系数	b_0	b_1	b_2	b_3	b_4	b_5
值	0.3598	1.1397	38.5988	−0.0027	−0.356	623.4568
系数	b_6	b_7	b_8	b_9	F	r^2
值	0.000007	18.0556	−0.004	−0.1426	25.2497	0.9304

将表 5.16 中求解结果代入式（5.18），得到分离型轴向超声振动 Ra 预测模型为

$$Ra=0.3598+1.1397a_p+38.5988f-0.0027v-0.356a_p^2+623.4568f^2$$
$$+0.000007v^2+18.0556a_pf-0.004a_pv-0.1426fv \tag{5.22}$$

设 r^2 为相关系数，它的值越接近 1，表示预测模型对观测值的拟合程度越好；F 表示 F 检验的统计量，当它的值大于所需的显著性检验临界值时，表示残差小，模拟的精度高。由表 5.16 可知，$F=25.2497>F_{0.01}(3,23)=4.76$，且相关系数 r^2 为 0.9304，接近于 1，故模型拟合情况良好，能准确地预测表面粗糙度。

5.5.2.2 不分离型轴向超声振动基于多元回归法的表面粗糙度预测模型

基于不分离型轴向超声振动车削全因子试验结果，运用 MATLAB 软件中的 regress 函数对式（5.18）进行回归求解，并对预测模型进行显著性检验，求解结果及相关系数 r^2、F 值见表 5.17。

◆ 表 5.17 不分离型轴向超声振动车削 Ra 预测模型多元回归分析结果

系数	b_0	b_1	b_2	b_3	b_4	b_5
值	0.3985	−0.0021	−7.1161	0.0023	0.1562	60.6412
系数	b_6	b_7	b_8	b_9	F	r^2
值	-4.729×10^{-6}	0.589	−0.0017	−0.0016	200.195	0.9735

将表 5.17 中求解结果代入式（5.18），得到不分离型轴向超声振动车削 Ra 预测模型为

$$Ra=0.3985-0.0021a_p-7.1161f+0.0023v+0.1562a_p^2+60.641f^2$$
$$-4.729\times10^{-6}v^2+0.589a_pf-0.0017a_pv-0.0016fv \tag{5.23}$$

由表 5.17 可知，$F=200.195>F_{0.01}(3,55)=4.159$，$F$ 值达到显著性要求，且相关系数 r^2 为 0.9735，接近于 1，模型拟合程度较高，故该模型可较好地对表面粗糙度进行预测。

5.5.3 基于指数函数法的表面粗糙度预测模型

基于指数函数法分别建立分离型与不分离型轴向超声振动车削表面粗糙度预测模型，并进行显著性检验，验证预测模型的拟合情况。

5.5.3.1　分离型轴向超声振动基于指数函数法的表面粗糙度预测模型

基于分离型轴向超声振动车削全因子试验结果，运用 MATLAB 软件中的 regress 函数对式（5.21）进行回归求解，并对预测模型进行显著性检验，求解结果及 F 值、P 值见表 5.18。

◆ 表 5.18　分离型轴向超声振动车削 *Ra* 预测模型分析结果

参数	k	b	d	e	F	P
值	2.5906	0.2805	0.3571	−0.9382	63.033	0.0006

式（5.21）中，$k=\lg C$，则

$$C=10^{k} \tag{5.24}$$

将表 5.18 中结果代入式（5.19）与式（5.24），得到分离型轴向超声振动 *Ra* 预测模型：

$$Ra=389.583a_{\mathrm{p}}^{0.2805}f^{0.3571}v^{-0.9382} \tag{5.25}$$

由表 5.18 可知，$F=63.033>F_{0.01}(3，23)=4.76$，$F$ 检验值远大于 $F_{0.01}$ 标准值，且显著度 $P<0.005$，表明该预测模型具有较高的显著性，与实际情况拟合良好。由式（5.25）可知，背吃刀量、进给量的系数均大于 0，切削速度的系数小于 0，说明分离型轴向超声振动车削表面粗糙度随背吃刀量、进给量的增加而增加，随切削速度的增加而减小，这与前面分离型轴向超声振动车削试验结果相同。

5.5.3.2　不分离型轴向超声振动基于指数函数法的表面粗糙度预测模型

基于不分离型轴向超声振动车削全因子试验结果，运用 MATLAB 软件中的 regress 函数对式（5.21）进行回归求解，并对预测模型进行显著性检验，求解结果及 F 值、P 值和相关系数 r^2 见表 5.19。

◆ 表 5.19　不分离型轴向超声振动车削 *Ra* 预测模型分析结果

参数	k	b	d	e	F	P	r^2
值	1.147	0.0336	1.4418	0.0096	320.31	0.0006	0.9459

将表 5.19 中结果代入式（5.18）与式（5.24），得到不分离型轴向超声振动 *Ra* 预测模型：

$$Ra=14.028a_{\mathrm{p}}^{0.0336}f^{1.4418}v^{0.0096} \tag{5.26}$$

由表 5.19 可知，$F=320.31>F_{0.01}(3，55)=4.159$，$F$ 检验值远大于 $F_{0.01}$ 标准值；显著度 $P<0.005$，表明预测模型具有较高的显著性；相关系数 $r^2=0.9459$，接近 1，故该模型与实际情况拟合良好。由式（5.26）可知，背吃

刀量、进给量与切削速度的系数均大于 0，说明不分离型轴向超声振动车削表面粗糙度随背吃刀量、进给量及切削速度的增加而增加，且进给量的系数最大，背吃刀量的系数最小，表明进给量对不分离型轴向超声振动车削表面粗糙度的影响最大，背吃刀量的影响最小，与前面不分离型轴向超声振动车削试验结果相同。

5.5.4 轴向超声振动车削表面粗糙度预测模型验证

为验证建立的分离型轴向超声振动车削与不分离型轴向超声振动车削表面粗糙度预测模型的正确性并选择两种车削方式下最优的表面粗糙度预测模型，本节设置 5 组测试组，试验方案见表 5.14、表 5.15，对预测结果与试验结果的相对误差进行分析比较。相对误差计算如下：

$$\text{相对误差} = \frac{|\text{预测值} - \text{试验值}|}{\text{试验值}} \times 100\% \qquad (5.27)$$

5.5.4.1 分离型轴向超声振动车削表面粗糙度预测模型验证

根据表 5.14 试验方案设计，将试验参数代入式（5.22）、式（5.25），得到多元回归法与指数函数法表面粗糙度预测值，并进行分离型轴向超声振动车削试验，试验结果与预测结果见表 5.20。

◆ 表 5.20 分离型轴向超声振动车削表面粗糙度相对误差结果

测试组号	切削速度/(m/min)	背吃刀量/mm	进给量/(mm/r)	试验值/μm	多元回归模型		指数函数模型	
					预测值/μm	相对误差/%	预测值/μm	相对误差/%
1	130	0.20	0.003	0.3366	0.3134	6.89	0.3238	3.80
2	140	0.15	0.004	0.3210	0.2933	8.63	0.3088	3.80
3	150	0.25	0.003	0.3073	0.2958	3.74	0.3014	1.92
4	160	0.20	0.006	0.3710	0.3315	10.60	0.3414	7.98
5	170	0.25	0.007	0.3833	0.3584	6.50	0.3627	5.37

由表 5.20 可知，多元回归模型预测值相对误差在 3.74%～10.60%，指数函数模型预测值相对误差在 1.92%～7.98%，两种模型预测值的相对误差都较小，且均在第 4 组试验中误差最大，相对误差分别为 10.6%与 7.98%，满足误差允许范围。因此，两种模型均可对表面粗糙度进行准确的预测，这也证明了模型建立的可靠性。

为进一步验证模型建立的准确性，对分离型轴向超声振动车削多元回归与指数函数模型表面粗糙度拟合情况进行对比，如图 5.41 所示。由图可得，多元回归与指数函数模型表面粗糙度预测值与试验值总体上相差较小，且两种模型预测值变化趋势与试验值相同，拟合程度较高。与多元回归模型相比，指数函数模型预测值与试验值更为接近，模型拟合程度更高，可更加精准地预测表面粗糙度。

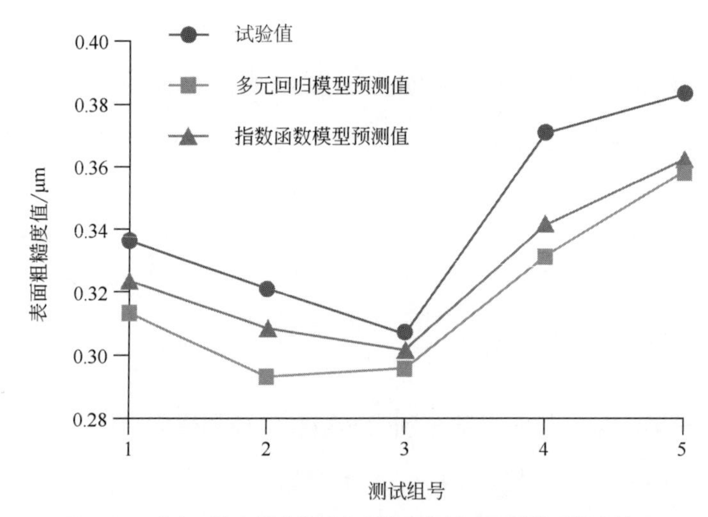

图 5.41 分离型轴向超声振动车削表面粗糙度预测模型拟合情况

对多元回归模型与指数函数模型预测结果进行平均相对误差及预测精度分析，结果见表 5.21。由表可知，多元回归模型平均相对误差为 7.27%，预测精度为 92.73%；指数函数模型平均相对误差较小，为 4.57%，预测精度达到 95.43%，相比于多元回归模型，预测精度提高了 2.91%。因此，对于分离型轴向超声振动车削，运用指数函数模型可以更好地预测表面粗糙度。

◆ 表 5.21 表面粗糙度预测模型平均相对误差与预测精度结果

多元回归模型		指数函数模型	
平均相对误差/%	预测精度/%	平均相对误差/%	预测精度/%
7.27	92.73	4.57	95.43

5.5.4.2 不分离型轴向超声振动车削表面粗糙度预测模型验证

根据表 5.15 试验方案设计，将试验参数代入式（5.23）、式（5.26），分别得到多元回归法与指数函数法表面粗糙度预测值，并与试验值对比得到相对误差，预测结果与相对误差结果见表 5.22。由表可得，多元回归模型预测值相对误差较大，在第 4、5 组试验中与试验值相差最大，相对误差达到了 34.17%与

17.83%，模型拟合程度较差；而指数函数模型预测值相对误差较小，在第 1 组试验中与试验值相差最大，相对误差为 9.47%，满足误差允许范围，模型拟合精度更高，可以对表面粗糙度进行准确的预测。

◆ 表 5.22　不分离型轴向超声振动车削表面粗糙度相对误差结果

测试组号	切削速度/(m/min)	背吃刀量/mm	进给量/(mm/r)	试验值/μm	多元回归模型		指数函数模型	
					预测值/μm	相对误差/%	预测值/μm	相对误差/%
1	50	0.2	0.10	0.4557	0.3891	14.61	0.4989	9.47
2	100	0.3	0.15	0.9353	0.8432	9.85	0.9135	2.33
3	100	0.6	0.20	1.4983	1.5753	5.14	1.4157	5.51
4	150	0.2	0.07	0.2850	0.3824	34.17	0.3015	5.79
5	200	1.0	0.10	0.4930	0.4051	17.83	0.5337	8.26

图 5.42 为不分离型轴向超声振动车削多元回归与指数函数模型表面粗糙度预测结果拟合情况。由图可知，不分离型轴向超声振动车削多元回归与指数函数模型表面粗糙度预测值与试验值较为接近，变化趋势基本吻合。相比于多元回归模型，指数函数模型与试验值曲线更为贴近，模型拟合精度更高。

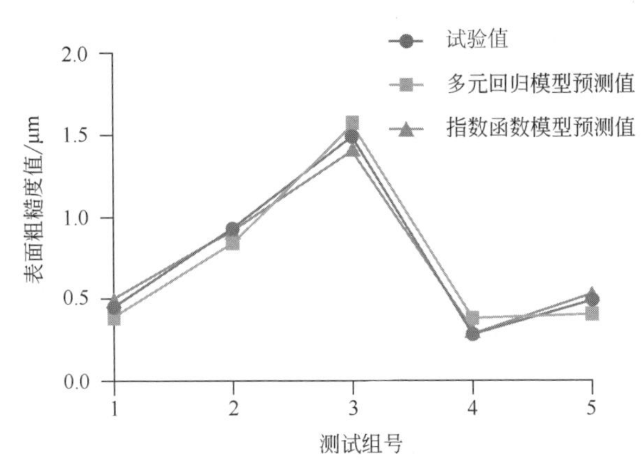

图 5.42　不分离型轴向超声振动车削表面粗糙度预测模型拟合情况

对不分离型轴向超声振动车削表面粗糙度多元回归模型与指数函数模型预测结果进行平均相对误差及预测精度分析，结果见表 5.23。由表可知，多元回归模型平均相对误差为 16.32%，预测精度为 83.68%；指数函数模型平均相对误差较小，为 6.27%，预测精度达到 93.73%。相比于多元回归模型，指数函数模型预测精度提高了 12.01%。因此，对于不分离型轴向超声振动车削，运用指数函数模型可以更好地预测表面粗糙度。

◆ 表 5.23 表面粗糙度预测模型平均相对误差与预测精度结果

多元回归模型		指数函数模型	
平均相对误差/%	预测精度/%	平均相对误差/%	预测精度/%
16.32	83.68	6.27	93.73

5.5.5 分离型与不分离型轴向超声振动切削参数优化

相比常规车削，分离型与不分离型轴向超声振动车削虽可提高表面质量，但由于切削参数选择的限制，大大降低了切削效率。本节基于多目标遗传算法对分离型与不分离型轴向超声振动车削进行切削参数优化，在提升加工表面质量的同时提高加工效率。

5.5.5.1 切削参数多目标优化模型的建立

基于多目标遗传算法对分离型与不分离型轴向超声振动车削进行切削参数优化的关键在于确定优化变量、目标函数与约束条件，从而建立多目标优化模型。

由于通过优化切削参数来提高不分离型与分离型轴向超声振动车削的加工效率、降低表面粗糙度，因此优化变量为切削速度 v、进给量 f 和背吃刀量 a_{p}，设三个变量为集合 X，目标函数为最小的表面粗糙度、最大的加工效率（最大材料去除率 Q）。

分离型与不分离型轴向超声振动车削最佳表面粗糙度预测模型均为指数函数法预测模型，见式（5.25）、式（5.26），则分离型轴向超声振动车削最小表面粗糙度预测模型可表示为

$$f_1=\min Ra_1=\min\left(389.583a_{\mathrm{p}}^{0.2805}f^{0.3571}v^{-0.9382}\right) \tag{5.28}$$

不分离型轴向超声振动车削最小表面粗糙度预测模型可表示为

$$f_2=\min Ra_2=\min\left(14.028a_{\mathrm{p}}^{0.0336}f^{1.4418}v^{0.0096}\right) \tag{5.29}$$

金属最大材料去除率为[210]

$$f_3=\max Q=\max\left(1000vfa_{\mathrm{p}}\right)=\min\left(-1000vfa_{\mathrm{p}}\right) \tag{5.30}$$

综上，6061 铝合金分离型轴向超声振动切削参数优化模型的目标函数为

$$\begin{cases}\min f_1\left(X\right)=389.583a_{\mathrm{p}}^{0.2805}f^{0.3571}v^{-0.9382}\\ \min f_3\left(X\right)=-1000vfa_{\mathrm{p}}\end{cases} \tag{5.31}$$

6061 铝合金不分离型轴向超声振动切削参数优化模型的目标函数为

$$\begin{cases}\min f_2\left(X\right)=14.028a_{\mathrm{p}}^{0.0336}f^{1.4418}v^{0.0096}\\ \min f_3\left(X\right)=-1000vfa_{\mathrm{p}}\end{cases} \tag{5.32}$$

由于分离型与不分离型轴向超声振动车削表面粗糙度预测模型均基于试验数据建立，因此，两种车削方式优化模型的约束条件也应与试验数据取值范围一致。两种车削方式切削参数约束条件如下：

① 切削速度应满足条件为

$$\begin{cases} k_1(X)=x_1-v_{\max}\leqslant 0 \\ k_2(X)=v_{\min}-x_1\leqslant 0 \end{cases} \tag{5.33}$$

② 进给量应满足条件为

$$\begin{cases} k_3(X)=x_2-f_{\max}\leqslant 0 \\ k_4(X)=f_{\min}-x_2\leqslant 0 \end{cases} \tag{5.34}$$

③ 背吃刀量应满足条件为

$$\begin{cases} k_5(X)=x_3-a_{\mathrm{pmax}}\leqslant 0 \\ k_6(X)=a_{\mathrm{pmin}}-x_3\leqslant 0 \end{cases} \tag{5.35}$$

综上，结合 4.2 节车削试验参数得到 6061 铝合金分离型轴向超声振动切削参数优化模型的约束条件为

$$\begin{cases} 120\ \mathrm{m/min}\leqslant v\leqslant 180\ \mathrm{m/min} \\ 0.002\ \mathrm{mm/r}\leqslant f\leqslant 0.008\ \mathrm{mm/r} \\ 0.1\ \mathrm{mm}\leqslant a_{\mathrm{pmin}}\leqslant 0.3\ \mathrm{mm} \end{cases} \tag{5.36}$$

6061 铝合金不分离型轴向超声振动切削参数优化模型的约束条件为

$$\begin{cases} 50\ \mathrm{m/min}\leqslant v\leqslant 200\ \mathrm{m/min} \\ 0.07\ \mathrm{mm/r}\leqslant f\leqslant 0.2\ \mathrm{mm/r} \\ 0.2\ \mathrm{mm}\leqslant a_{\mathrm{pmin}}\leqslant 1\ \mathrm{mm} \end{cases} \tag{5.37}$$

5.5.5.2 基于遗传算法的切削参数多目标优化

多目标遗传算法一般分为基于线性加权的多目标遗传算法及基于 Pareto 排序的多目标遗传算法[211]。基于线性加权的多目标遗传算法是将多个目标函数按照线性加权的方式转化为单目标，然后应用传统遗传算法求解，该方法很难设定一个权重向量去获得 Pareto 最优解，精度较低。通过 Pareto 排序的多目标遗传算法得到的 Pareto 最优解不是唯一的，而是多个解并构成 Parteo 最优解集，该方法可选择性较多，精度较高。

基于 Pareto 排序的多目标遗传算法，运用 MATLAB 软件中的 gamultiobj 函数对式（5.31）、式（5.32）进行多目标优化求解，主要参数设置如表 5.24 所

示。将多目标遗传算法主要参数及约束条件代入 MATLAB 程序中，分别得到分离型轴向超声振动车削与不分离型轴向超声振动车削 Pareto 解集及第一前端个体的分布情况，如图 5.43 和图 5.44 所示。

◆ 表 5.24 多目标遗传算法主要参数设置

参数	参数值
变量个数 nvars	3
最优前端个体系数 ParetoFraction	0.3
种群大小 PopulationSize	100
最大进化代数 Generations	200
停止代数 StallGenLimit	200
交叉概率 CrossoverFraction	0.8
变异概率 MigrationFraction	0.1
适应度函数值偏差 TolFun	1×10^{-100}

由图 5.43 与图 5.44 可知，分离型轴向超声振动车削与不分离型轴向超声振动车削优化模型求解得到的第一前端 Pareto 最优解分布都较为均匀，说明该图包含了大部分最优解情况，全局性优，适用性强，寻优情况良好。当金属最大材料去除率增加时，两种车削方式下的表面粗糙度也相应增大，说明在满足 Pareto 最优的条件下，没有办法在不让某一优化目标受损的情况下，令另一方目标获得更优。所以得到的解均为最优，各 Parteo 最优解之间也没有优劣之别，对最优解的具体选择可以根据实际情况而定。

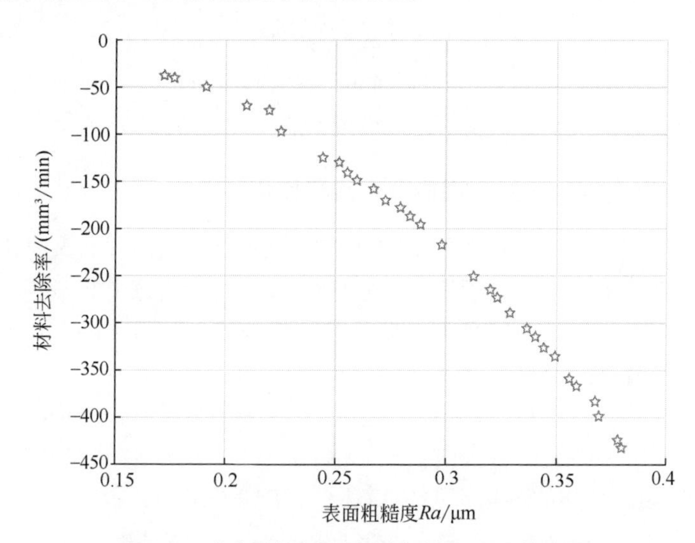

图 5.43 分离型轴向超声振动车削 Pareto 前沿图

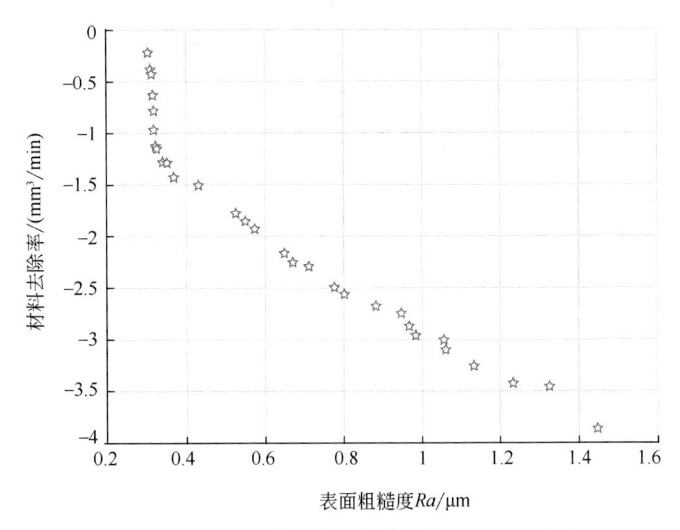

图 5.44　不分离型轴向超声振动车削 Pareto 前沿图

本书附表 2 和附表 3 分别为分离型与不分离型轴向超声振动车削 Pareto 解集，由于种群大小设置为 100，最优前端个体系数设置为 0.3，因此各得到 30 组 Pareto 最优解。该解集中得到的切削参数可实现车削试验所选切削参数范围内，在满足不同表面粗糙度的要求下达到最大的加工效率。解集中分离型与不分离型轴向超声振动车削表面粗糙度与材料去除率分别由式（5.31）与式（5.32）求得。

由附表 2 和附表 3 可得，分离型与不分离型轴向超声振动车削 Pareto 最优解中平均金属去除率分别为 224.562 mm^3/min、19952.2 mm^3/min，相比于实际车削试验分别提高了 10.89%、39.52%；平均表面粗糙度分别为 0.292 μm、0.678 μm，相比于实际车削试验分别降低了 12.12%、15.68%。背吃刀量与进给量取值较为平均，而切削速度取值较大，使得目标函数结果具有多样性。因此，两种车削方式下得到的 Pareto 解集可提供不同的加工参数，满足不同的加工要求。通过此方法使得分离型与不分离型轴向超声振动车削保证获得更佳表面质量的同时，一定程度上提高了加工效率，并为切削参数的选择提供了依据，对实际车削加工具有一定的指导作用。

本章分析轴向超声振动车削机理，对工件表面粗糙度进行准确的预测，改进了切削参数优化方法，对 6061 铝合金常规车削及轴向超声振动车削进行了对比试验，研究了切削参数对表面粗糙度的影响规律。后续，应在此基础上进一步探究切削参数对切削力的影响，并进行超声振幅及振频对切削力、表面粗糙度影响的试验研究，深入探讨加工参数对车削过程的影响；进一步采用神经网络法与支持向量机法构建预测模型；在进行切削参数优化研究时，完善表面粗糙度及加工效率与切削力、切削温度与刀具寿命等切削性能评价指标之间的关系。

基于时滞影响的再生型颤振监测及超声振动车削抑制

本章由时滞改变引发的颤振入手，以再生型颤振机理为基础进行动力学建模，运用 MATLAB 绘制出切削稳定性极限叶瓣图，并针对动力学模型中的时滞 T 进行深入研究，通过仿真及试验研究时滞 T 对颤振的影响，最后使用小波包变换-支持向量机对 TC 钛合金车削颤振进行监测。

6.1 基于时滞影响的稳定性预测研究

从能量的角度看，颤振的发生是一个能量储存的过程，当每个切削周期中来自主轴转动的能量和切削反馈的能量大于振动本身所消耗的能量，振动就会持续积蓄增长，发展成为颤振。能量的主要来源是机床主轴的转动，在再生型颤振模型中，切削反馈的能量与两个切削周期振动的相位差相关，每两转相差的时间为一个时滞。为了研究时滞对颤振的影响，使用 MATLAB 对刀尖位移进行仿真，并建立试验平台验证。

6.1.1 再生型切削颤振系统建模

再生型颤振机理认为，车削颤振主要由切削过程中的切削力波动引起，切削力的波动取决于切削厚度的变化。车削过程中，刀具在第一圈切削时由于外界干扰会在工件表面留下振纹，当第二圈切削时，会在第一圈留下的振纹上重复切削，并在表面留下新的振纹，由于两次切削过程中留下的振纹不同导致切削厚度改变，这个过程称为再生效应。设刀具的主要振动方向为 x 方向，h_0 为理论切削厚度，$h(t)$ 为动态切削厚度，c 为系统的等效阻尼，k 为系统的等效刚度，θ 为动态切削力与刀具振动方向 x 的夹角，n 为主轴转速，再生型切削颤振模型如图 6.1 所示[34]。

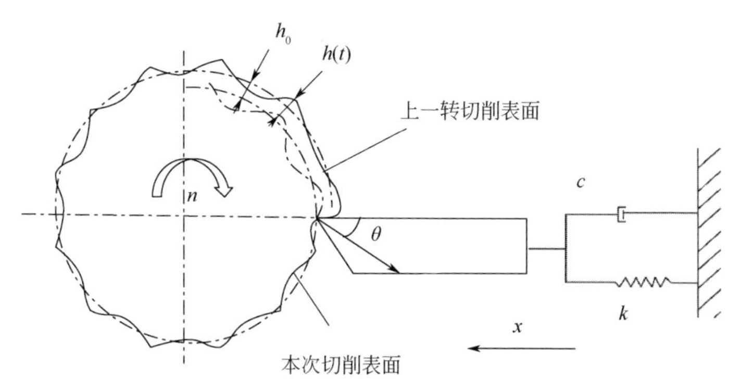

图 6.1　再生型车削颤振模型

依据图 6.1 建立系统切削颤振动力学方程为

$$m\ddot{x}(t)+c\dot{x}(t)+kx(t)=F(t)\cos\theta \tag{6.1}$$

式中，m 为等效质量，$\mathrm{N\cdot s^2/mm}$；c 为等效阻尼，$\mathrm{N\cdot s/mm}$；k 为等效刚度，N/mm；$x(t)$为刀具振动位移，mm；$F(t)$为动态切削力，N；θ 为动态切削力 $F(t)$与刀具振动方向 x 的夹角。动态切削力 $F(t)$可以表达为

$$F(t)=k_f bh(t) \tag{6.2}$$

式中，k_f为切削刚度系数，$\mathrm{N/mm^2}$；b 为切削深度，mm；$h(t)$为动态切削厚度，mm。切削厚度 $h(t)$发生实时动态变化，从而影响切削力 $F(t)$的动态变化，动态切削厚度 $h(t)$可表示为

$$h(t)=h_0-\left[x(t)-x(t-T)\right] \tag{6.3}$$

式中，h_0 为理论切削厚度，mm；T 为机床主轴旋转一圈所用的时间，s。联立式（6.1）～式（6.3），系统切削颤振方程可表示为

$$m\ddot{x}(t)+c\dot{x}(t)+kx(t)=k_f b\left[h_0-x(t)+x(t-T)\right]\cos\theta \tag{6.4}$$

将式（6.4）进行傅里叶变换，由奈奎斯特稳定判据可知，线性定常系统稳定的充要条件是其全部特征根均具有负实部，可得主轴转速与极限切削深度 $b_{\lim}$ 的表达式。

$$n=\frac{60\omega}{2j\pi+\arcsin\dfrac{2\xi\lambda}{\sqrt{(2\varepsilon\lambda)^2+(1-\lambda^2)^2}}-\arctan\dfrac{2\xi\lambda}{1-\lambda^2}} \tag{6.5}$$

$$b_{\lim}=\frac{-2\xi\lambda k}{k_f\cos\theta\sin\left[\arcsin\dfrac{2\varepsilon\lambda}{\sqrt{\left(2\xi\lambda\right)^2+\left(1-\lambda^2\right)^2}}-\arctan\dfrac{2\xi\lambda}{1-\lambda^2}\right]} \tag{6.6}$$

式中，j 为自然数，$j=0, 1, 2, \cdots, J$。

6.1.2 稳定性叶瓣图

由式（6.5）、式（6.6）可知，可以根据切削颤振系统的关系绘制出以转速 n 为横坐标、切削深度为纵坐标的稳定性极限图，只要求得切削系统中的参数静刚度系数 k、阻尼比 ξ、固有频率 ω_n、切削刚度系数 k_f、切削力与刀具振动方向 x 的夹角 θ，即可使用 MATLAB 绘制切削稳定性叶瓣图。

6.1.2.1 切削系统的固有频率识别

一个连续体系统有多个固有频率，切削系统发生颤振时，振动能量通常会集中在一阶在固有频率处，通过测量常规切削与颤振发生时切削的动态信号，对比动态信号频域部分获得切削系统的固有频率。试验平台采用云南 CY-K360n 数控机床，动态测试系统选用东华测试 DH5923N 动态信号测试分析系统，选用 DH187 加速度力传感器，钛合金棒料规格为 ϕ100 mm×400 mm，使用美国肯纳 DCMT11T304LF 涂层硬质合金刀片，刀具表面的涂层为 TiAlN。切削系统参数识别试验平台如图 6.2 所示。

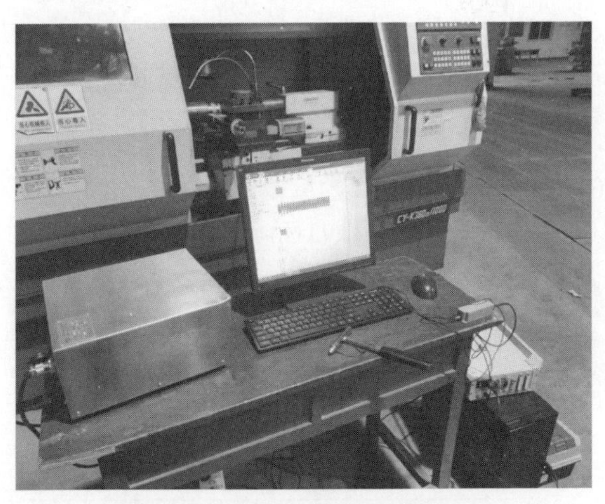

图 6.2　切削系统参数识别试验平台

采集常规切削和颤振爆发时切削过程中的振动信号，采样频率设置为 5 kHz，测量切削过程中 1 kHz 以内的振动信号，采样时间为 10 s，利用傅里叶变换可得常规切削与切削发生颤振时的频域信号如图 6.3 所示。

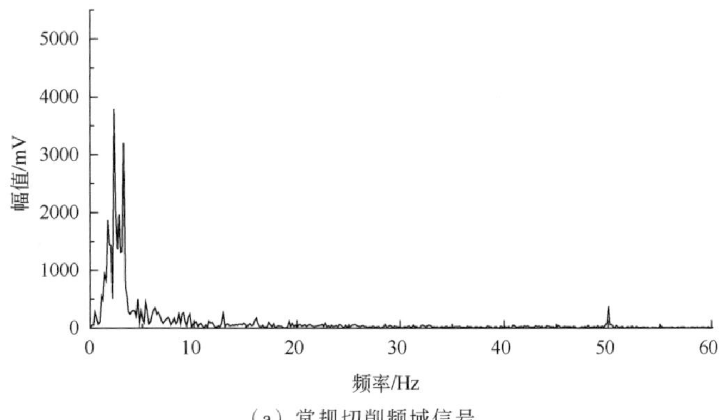

（a）常规切削频域信号

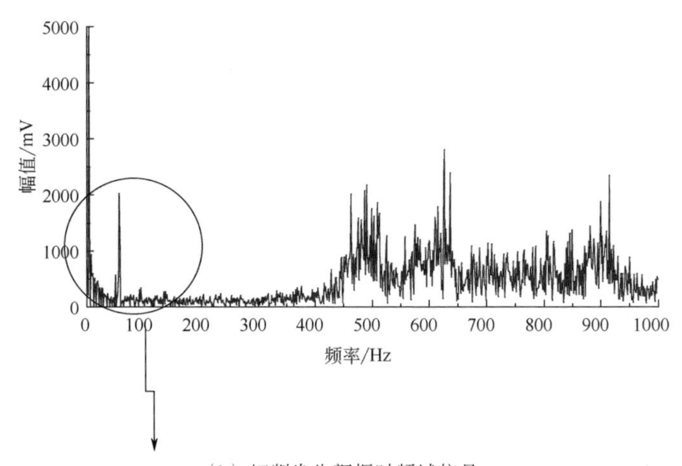

（b）切削发生颤振时频域信号

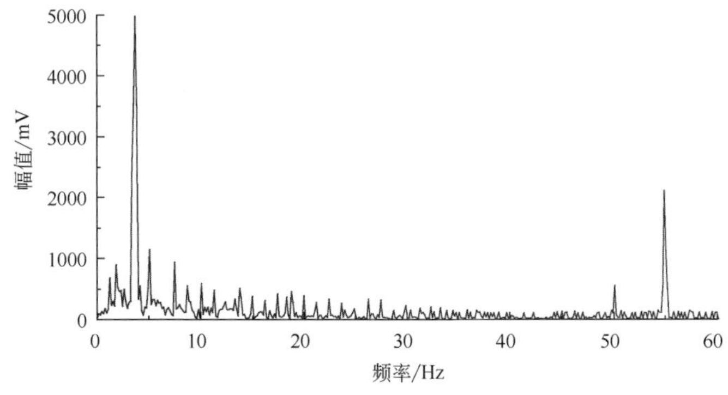

（c）切削发生颤振时频域信号局部放大图

图 6.3　频域信号对比图

由图 6.3（a）可知，在常规切削时，频率为 56 Hz，没有尖峰；由图 6.3（b）、（c）可知，当颤振发生时频率为 56 Hz 出现尖峰，峰值为 2115.76 mV。颤振发生时一般在切削系统的固有频率处会发生能量聚集，频域上出现一个尖峰，因此切削系统的固有频率约为 56 Hz。

6.1.2.2 切削系统的阻尼比

阻尼作用在机械结构中，使自由振荡衰减，阻尼比可以通过切削系统的振荡衰减曲线计算得出。采样频率为 5 kHz，采样时间为 10 s，使用力锤激励并用动态测试仪测得振荡曲线（取前 3s 振荡曲线），如图 6.4 所示。

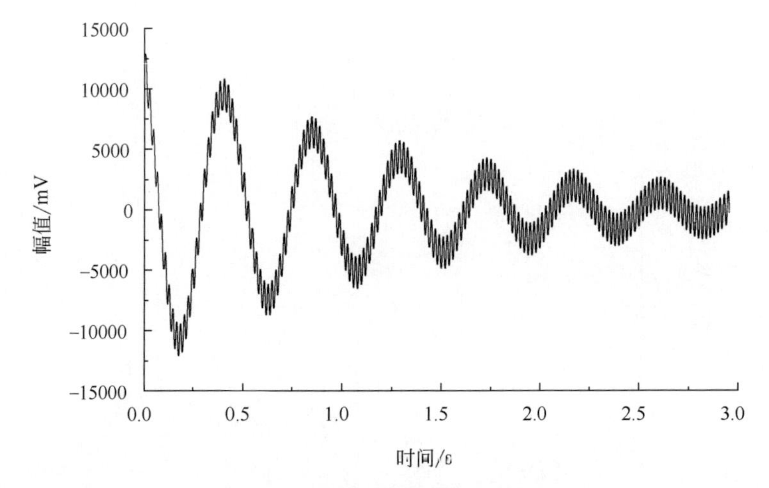

图 6.4 切削系统自由振荡衰减曲线

自由衰减曲线从左到右的峰值分别为 $A_1, A_2, A_3, \cdots, A_i$，设减幅系数为 η。

$$\eta = \frac{A_1}{A_2} = \frac{A_i}{A_{i+1}} = \mathrm{e}^{nT_1} \tag{6.7}$$

式中，T_1 为振动周期，则对数减幅系数为

$$\sigma = \frac{1}{i \ln \dfrac{A_1}{A_{i+1}}} = 2\pi\xi / \sqrt{1-\xi^2} \tag{6.8}$$

由式（6.8）可得

$$n = -\frac{\sigma}{T_1}；\quad \frac{\xi}{\sqrt{1-\xi^2}} = \frac{1}{2\pi i} \ln \frac{A_1}{A_{i+1}} \tag{6.9}$$

$$\xi = \frac{\ln \frac{A_1}{A_{i+1}}}{\sqrt{4\pi^2 i^2 + \left(\ln \frac{A_1}{A_{i+1}}\right)^2}} \tag{6.10}$$

运用式（6.10）计算出阻尼比，切削系统阻尼比识别试验数据如表 6.1 所示。

◆ 表 6.1 切削系统阻尼比识别试验数据

序号	1	2	3	4	5
A_1	10693.686	7661.977	11868.039	8641.621	9499.557
A_3	5492.721	4236.58	6437.547	4879.299	5277.047
ξ	0.053	0.047	0.049	0.046	0.047
$\xi_{平均}$			0.048		

取前 5 组振荡衰减曲线的 A_1、A_3 峰值，切削系统的阻尼比取 5 组的平均数。

6.1.2.3 绘制稳定性叶瓣图

由以上对切削系统动力学参数识别可知，切削系统的固有频率 ω_n、切削系统的阻尼比 ξ，因为固有频率 $\omega_n=(k/m)^{1/2}$，故等效刚度为 3106.6 N/mm。被切削材料为钛合金，查阅手册获得 TC4 单位切削力系数 K_f，相关的动力学参数如表 6.2 所示。

◆ 表 6.2 动力学参数

参数	ω_n	ξ	K/(N/mm)	K_f	θ/(°)
值	56	0.048	3106.6	1675	70

将表 6.2 中的固有频率、阻尼比、等效刚度和切削刚度系数代入式（6.5）、式（6.6），可以绘制出横坐标为转速、纵坐标为切削深度的稳定性叶瓣图，步骤如下。

① 在切削系统固有频率 ω_n 左右范围对 ω 进行赋值，根据式（6.6）计算出极限切削深度 $b_{\lim}$。

② 根据计算需要的范围对 j 复制 0，1，2，…，然后根据式（6.5）计算出主轴转速 n。

③ 重复上述步骤，即可获得稳定性叶瓣图上各个点的坐标。

稳定性叶瓣图如图 6.5 所示。图中，耳垂线上方为不稳定区域，当加工参数选在不稳定区域时，切削系统易发生颤振；耳垂线下方为稳定区域，加工参数选择在耳垂线下方时，切削系统稳定，切削状态正常。当切削深度选择在横线下方时，选择任意转速都能保证不发生颤振。切削的极限切削深度为0.487 mm。

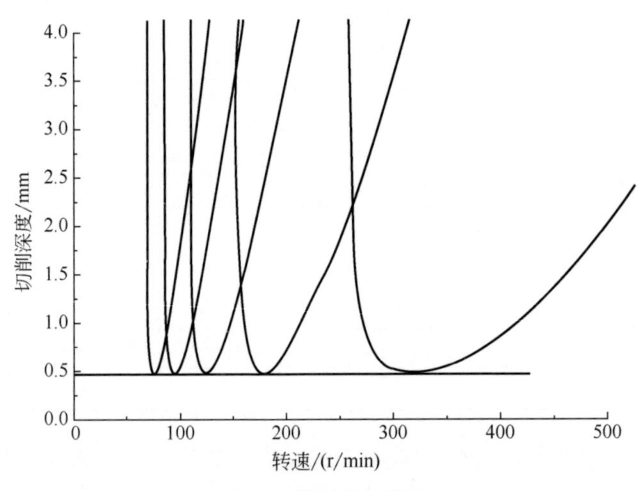

图 6.5　稳定性叶瓣图

6.1.2.4　时滞-切削深度稳定性叶瓣图

再生型颤振机理认为，刀具切削过程中，若受到一个偶然扰动力影响，刀具与工件便会产生相对振动，振动会在阻尼的作用下逐渐衰减，但振动会在已加工面留下振纹。当工件转过一转切削到留下振纹的表面时，切削深度变化，产生动态切削力。工件转过一转的时间称为一个时滞，时滞因素对原系统的响应特性有不可忽略的影响,这种影响将可能使机床的工作模态偏离其静态模态，引起机床动态特性发生改变[212]。稳定性极限叶瓣图横、纵坐标分别为转速与切削深度，将横坐标通过式（6.11）转化为 T。

$$T = \frac{1}{n/60} \tag{6.11}$$

式中，T 为时滞，s；n 为转速，r/min。由此绘制出时滞-切削深度稳定性极限叶瓣图，如图 6.6 所示，叶瓣图的横坐标为时滞，纵坐标为切削深度。在耳垂线上方为不稳定区域，当加工参数选在不稳定区域时，易发生颤振；耳垂线下方为稳定区域，加工参数选择在叶瓣图下方时，切削系统稳定，切削状态正常。

为了研究时滞对切削的影响，分别在稳定区域与非稳定区域各选 5 个点进行切削仿真与试验验证。

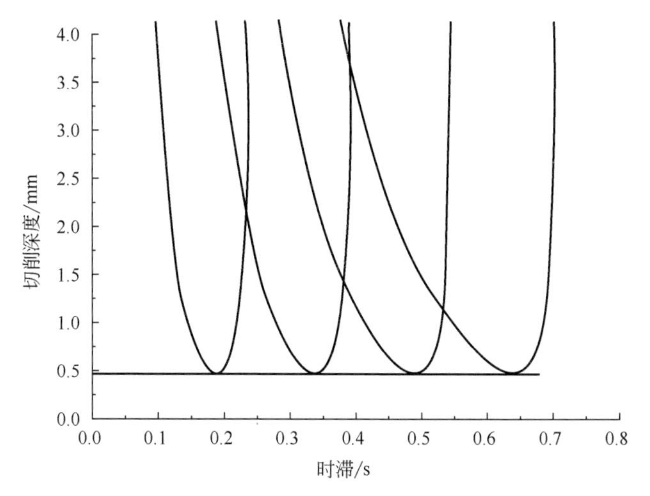

图 6.6　时滞-切削深度稳定性极限叶瓣图

6.1.3　再生型切削颤振系统时滞性微分方程

为了研究时滞对切削的影响，首先建立模型对再生型切削颤振刀尖位移进行仿真，根据单自由度再生型颤振模型，结合机床的弹性恢复力与刀具受热变形的影响，可以建立单自由度再生型颤振位移公式[213]

$$m\ddot{x}(t)+c\dot{x}(t)+kx(t)+\alpha x^2(t)+\beta x^3(t)=\Delta F_d(t)\cos\beta \tag{6.12}$$

式中，α、β 为机床结构弹性恢复力的非线性系数。

机床切削过程中的切削热大部分被切削带走，但仍有 3%～9%的切削热会留在刀具上，使刀具发生热变形，改变了切削过程中的刀尖位移，影响加工精度。刀具热变形公式为

$$\varepsilon_{jr}=\varepsilon_{\max}\left(1-\mathrm{e}^{-\frac{t}{t_\mathrm{c}}}\right) \tag{6.13}$$

式中，$\varepsilon_{\max}$ 为热平衡时刀具最大热变形量，mm；t_c 是与切削条件有关的时间常数。故在考虑车刀热变形产生热伸长量 ε_{jr} 的基础上，瞬时动态切削厚度 $h(t)$可表示为

$$h(t)=h_\mathrm{m}+x(t-T)-x(t)-\varepsilon_{\max}\left(1-\mathrm{e}^{-\frac{t}{t_\mathrm{c}}}\right) \tag{6.14}$$

系统动态切削力可表示为

$$\Delta F_\mathrm{d}(t)=K_\mathrm{f}bh(t)=K_\mathrm{f}\left(\frac{a_\mathrm{p}}{\sin K_\mathrm{r}}\right)\left[h_\mathrm{m}+x(t-T)-x(t)-\varepsilon_{\max}\left(1-\mathrm{e}^{-\frac{t}{t_\mathrm{c}}}\right)\right] \tag{6.15}$$

根据式（6.14）、式（6.15）可得单自由度再生型颤振时滞微分方程为

$$m\ddot{x}(t)+c\dot{x}(t)+kx(t)+\alpha x^2(t)+\beta x^3(t)$$
$$=K_{\mathrm{f}}\left(\frac{a_{\mathrm{p}}}{\sin K_{\mathrm{r}}}\right)\left[h_{\mathrm{m}}+x(t-T)-x(t)-\varepsilon_{\max}\left(1-\mathrm{e}^{-\frac{t}{t_{\mathrm{c}}}}\right)\right]\cos\beta \quad (6.16)$$

设刀具的振动位移为 y_1，刀具的振动速度为 v_1，利用单自由度再生型颤振时滞微分方程，可得单自由度再生型颤振时滞微分方程为

$$\begin{cases}\dot{y}_1(t)=v_1(t)\\ \dot{v}_1(t)=\dfrac{\omega_{\mathrm{n}}^2}{k}K_{\mathrm{f}}\cos\beta\left(\dfrac{a_{\mathrm{p}}}{\sin K_{\mathrm{r}}}\right)\left(h_{\mathrm{m}}+y(t-T)-y(t)-\varepsilon_{\max}\left(1-\mathrm{e}^{-\frac{t}{t_{\mathrm{c}}}}\right)\right)\\ \qquad -2\xi\omega_{\mathrm{n}}v_1(t)-\omega_{\mathrm{n}}^2y_1(t)-\dfrac{\omega_{\mathrm{n}}^2}{k}ay_1^2(t)-\dfrac{\omega_{\mathrm{n}}^2}{k}\beta y_1^3(t)\end{cases} \quad (6.17)$$

6.1.4 时滞对切削颤振的影响仿真及结果

单自由度再生型颤振时滞微分方程为时滞微分方程，将式（6.17）输入 MATLAB，利用 MATLAB 中时滞微分方程（DDE23）求解刀尖位移 y_1，其中切削数值为：ω_{n}=56 Hz，k=3106.6 N/mm，$\alpha=0.226\times10^6$ N/mm^2，$\beta=4.92\times10^6$ N/mm^3，$\xi=0.05$，$K_{\mathrm{f}}=1675$ N/mm^2，$\theta=70°$，$\varepsilon_{\max}=0.03$ mm，$t_{\mathrm{c}}=60$ s。本节研究颤振爆发时切削与常规切削的区别，试验点选择图 6.7 上 10 个点，在稳定区域与非稳定区域分别选取 5 个点进行仿真，其中点 a 与点 d 点分布在耳垂线下方，横线上方，点 b、c、e 点取在耳垂线上方，点 A、B、C、D、E 取横线下方的稳定区域，如图 6.7 所示。

根据式（6.17）选取非稳定区域的 5 个点进行切削仿真，对刀尖位移进行数值仿真，研究在非稳定区域时滞对刀尖位移的影响。非稳定区域时滞仿真试验参数如表 6.3 所示。

◆ 表 6.3 非稳定区域时滞仿真试验参数

参数	a	b	c	d	e
切削深度/mm	1	1	1	1	1
进给量/(mm/r)	0.2	0.2	0.2	0.2	0.2
时滞/s	0.13	0.17	0.2	0.24	0.3

将表 6.3 中试验参数输入建立的模型式（6.17）中，利用 MATLAB 进行仿真，时间设为 50 s，初值为（0，0），绘制刀尖位移随时间的位移曲线，非稳定

区域时滞仿真试验结果如图 6.8 所示。

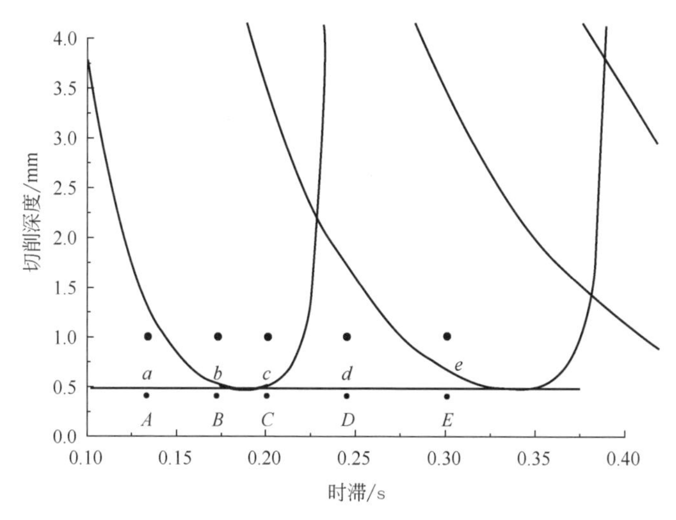

图 6.7 时滞仿真试验点选取

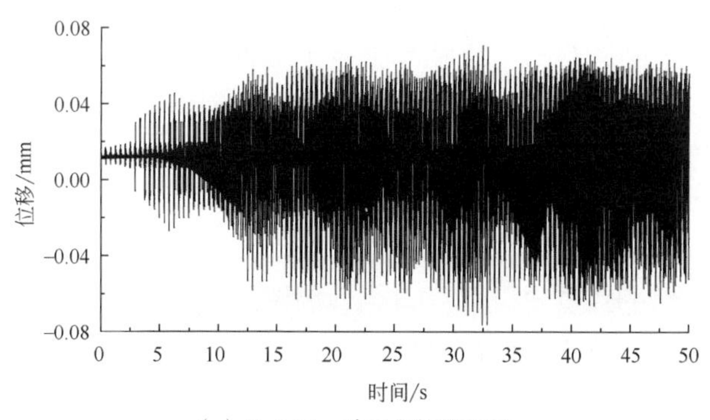

(a) T=0.30 s 时刀尖位移曲线

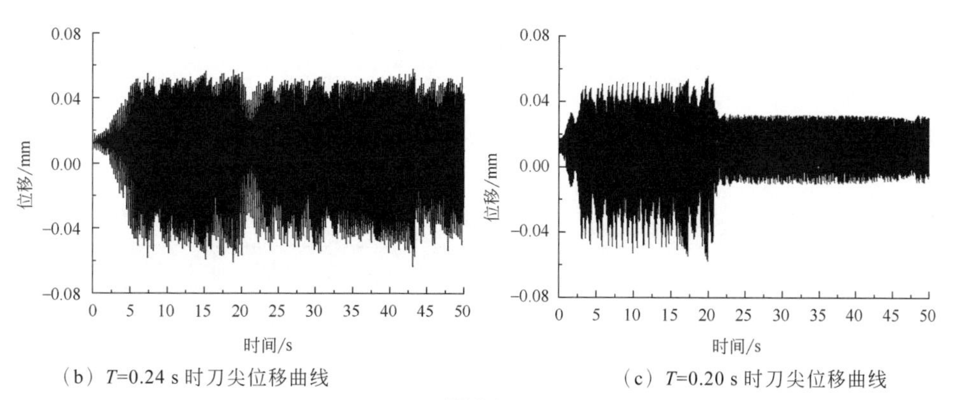

(b) T=0.24 s 时刀尖位移曲线

(c) T=0.20 s 时刀尖位移曲线

图 6.8

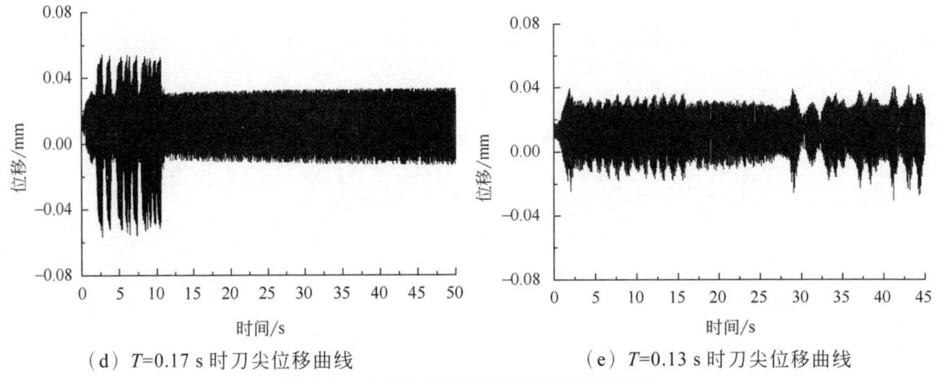

（d）T=0.17 s 时刀尖位移曲线　　（e）T=0.13 s 时刀尖位移曲线

图 6.8　非稳定区域不同时滞刀尖轨迹图

图 6.8 为不同时滞下刀尖轨迹图。图 6.8（a）中，T=0.30 s，刀尖位移的幅值缓慢增大，最大幅值达到（0.071，-0.076）；图 6.8（b）中，T=0.24 s，刀尖位移的幅值增大较快，最大幅值达到（0.058，-0.063）。对比图 6.8（a）与（b）刀尖位移图可知，当时滞降低时刀尖位移的极值会相对减小，且更快达到最大幅值。推断可知，时滞降低使再生型颤振迭代速度加快，但每转积攒的振动位移减小。图 6.8（c）中，当时滞继续减小至 T=0.20 s 时，随着迭代的加快，刀尖位移幅值迅速达到最大范围（0.056，-0.058），但随着仿真时间的进行刀尖位移值在 22 s 突然减小，切削趋于稳定。图 6.8（d）中，T=0.17 s，刀尖位移图与 T=0.20 s 时类似，但切削趋于稳定的时间由 22 s 提前到 12 s。图 6.8（e）中，T=0.13 s，刀尖位移的幅值范围为（0.04，-0.02）。由以上推断可知，在不稳定区域切削时，时滞的降低可以加快再生型颤振的迭代速度，使切削位移快速达到最大值，且时滞的降低可以减小切削位移的范围，使切削趋于稳定。根据再生型颤振理论推测，颤振的产生是工件每一转产生的振动积攒最终形成颤振，而时滞的降低使每一转时间减小，产生的振动也随之减少，积攒的振动不足以形成颤振，因此时滞降低可以有利于切削趋于平稳。

选取稳定区域的 5 个点进行仿真，研究在稳定区域切削时，时滞对刀尖位移的影响。其中的进给量、时滞与非稳定区域切削仿真时一致。稳定区域时滞仿真试验参数如表 6.4 所示。

◆ 表 6.4　稳定区域时滞仿真试验参数

参数	a	b	c	d	e
切削深度/mm	0.45	0.45	0.45	0.45	0.45
进给量/(mm/r)	0.2	0.2	0.2	0.2	0.2
时滞/s	0.13	0.17	0.2	0.24	0.3

将表 6.4 中时滞仿真试验参数输入模型式（6.17），利用 MATLAB 进行仿真，仿真时间设为 50 s，初值为（0，0），绘制刀尖位移 y_1 随时间的位移曲线，稳定区域时滞仿真试验结果如图 6.9 所示。

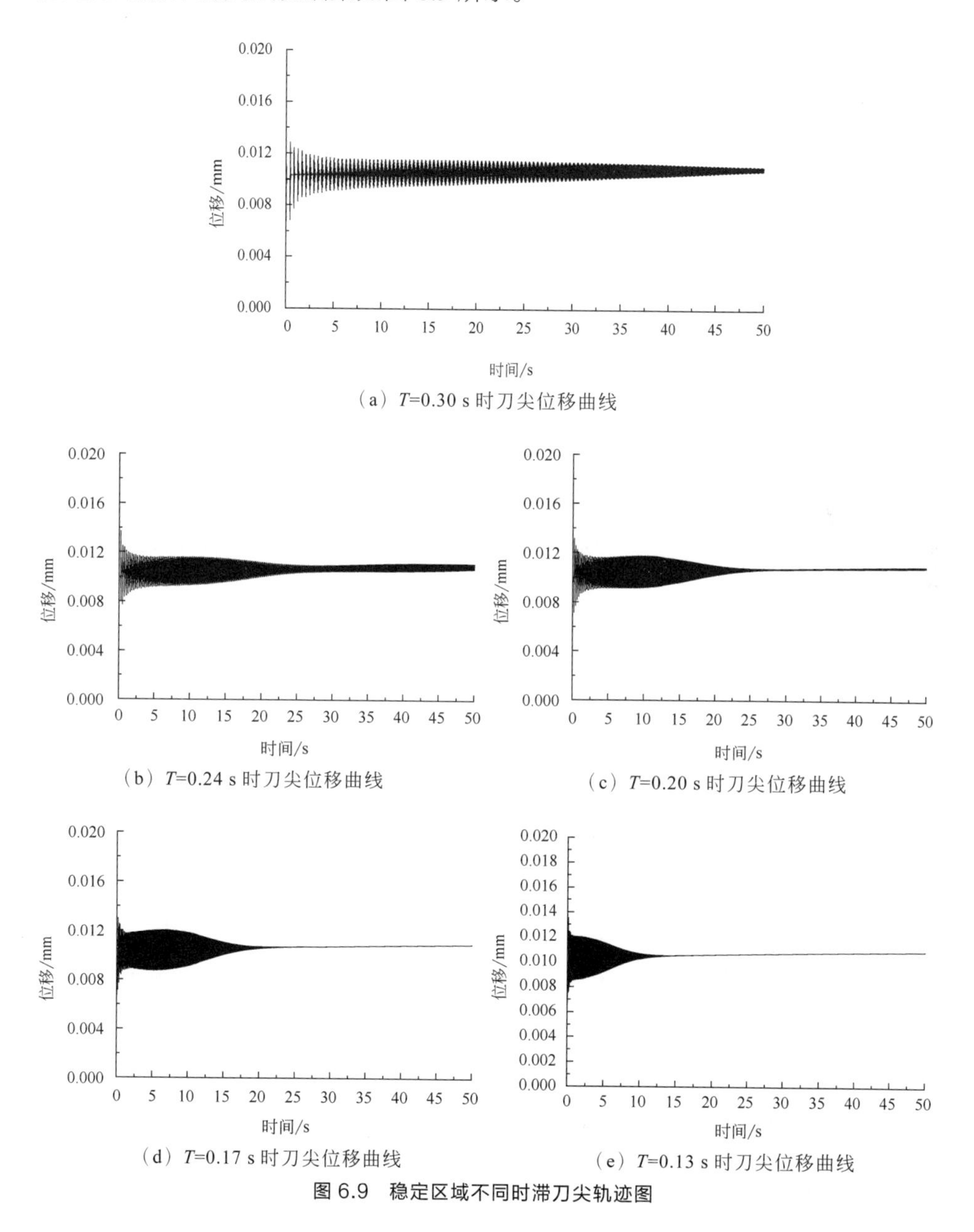

（a）T=0.30 s 时刀尖位移曲线

（b）T=0.24 s 时刀尖位移曲线

（c）T=0.20 s 时刀尖位移曲线

（d）T=0.17 s 时刀尖位移曲线

（e）T=0.13 s 时刀尖位移曲线

图 6.9　稳定区域不同时滞刀尖轨迹图

如图 6.9 所示，在稳定区域的刀尖位移范围会随着仿真时间逐渐降低，但刀具位移的中线不在 Y=0 处，而是在 Y=0.01 附近，原因可能是刀具受热变形使刀具向工件方向延长。对比时滞图 6.9（a）、图 6.9（b）和图 6.9（c）可得，时滞降低使再生型切削迭代的速度加快，位移范围降低，速度增快。图 6.9（d）中，时滞 T=0.17 s，25 s 左右时位移曲线彻底变成一条直线；图 6.9（e）中，T=0.13 s，13 s 左右时位移曲线彻底变成一条直线。说明在稳定区域切削时，时滞的降低可以使再生型切削迭代速度加快，系统更快达到平稳状态，相较于非稳定区域的仿真，时滞的降低可以减小切削位移的范围，稳定区域时滞降低不能缩小切削位移的范围。

6.1.5 时滞对切削颤振的影响试验设计及结果分析

6.1.5.1 切削试验方案设计

通过时滞刀尖位移仿真发现，在非稳定区域切削，时滞的降低可以加快再生型颤振的迭代速度，使切削位移快速达到最大值，且时滞的降低可以减小切削位移的范围，使切削趋于稳定。在稳定区域切削时，时滞的降低同样使再生型切削迭代速度加快，系统更快达到平稳状态。相较于非稳定区域的仿真，时滞的降低可以减小切削位移的范围，而稳定区域的时滞仿真并没有表现出这方面的特征。

试验可以直接通过切削系统参数识别试验平台进行。切削试验为干式切削，为了改变加工过程中的时滞，加工件选用不同直径的钛合金棒料，刀具使用 DCMT11T304LF 涂层硬质合金刀具，刀具表面的涂层为 TiAlN。

6.1.5.2 非稳定区域试验

为了研究在非稳定区域实际切削过程中时滞对切削的影响，在稳定性叶瓣图上的非稳定区域选取 5 个点进行试验验证，非稳定区域切削试验参数见表 6.5。

◆ 表 6.5 非稳定区域切削试验参数

参数	*a*	*b*	*c*	*d*	*e*
主轴转速/(r/min)	450	350	300	250	200
进给量/(mm/r)	0.2	0.2	0.2	0.2	0.2
切削深度/mm	1	1	1	1	1
线速度/(m/min)	60	60	60	60	60
工件直径/mm	42.44	54.56	63.66	76.39	95.5
时滞/s	0.13	0.17	0.20	0.24	0.3

将表 6.5 中不同切削试验条件下的切削参数代入试验平台，获得切削动态时序图并对不同时滞下时序图进行分析，采样频率设置为 5 kHz，采样时间为 10 s，非稳定区域试验切削动态时序图如图 6.10 所示。

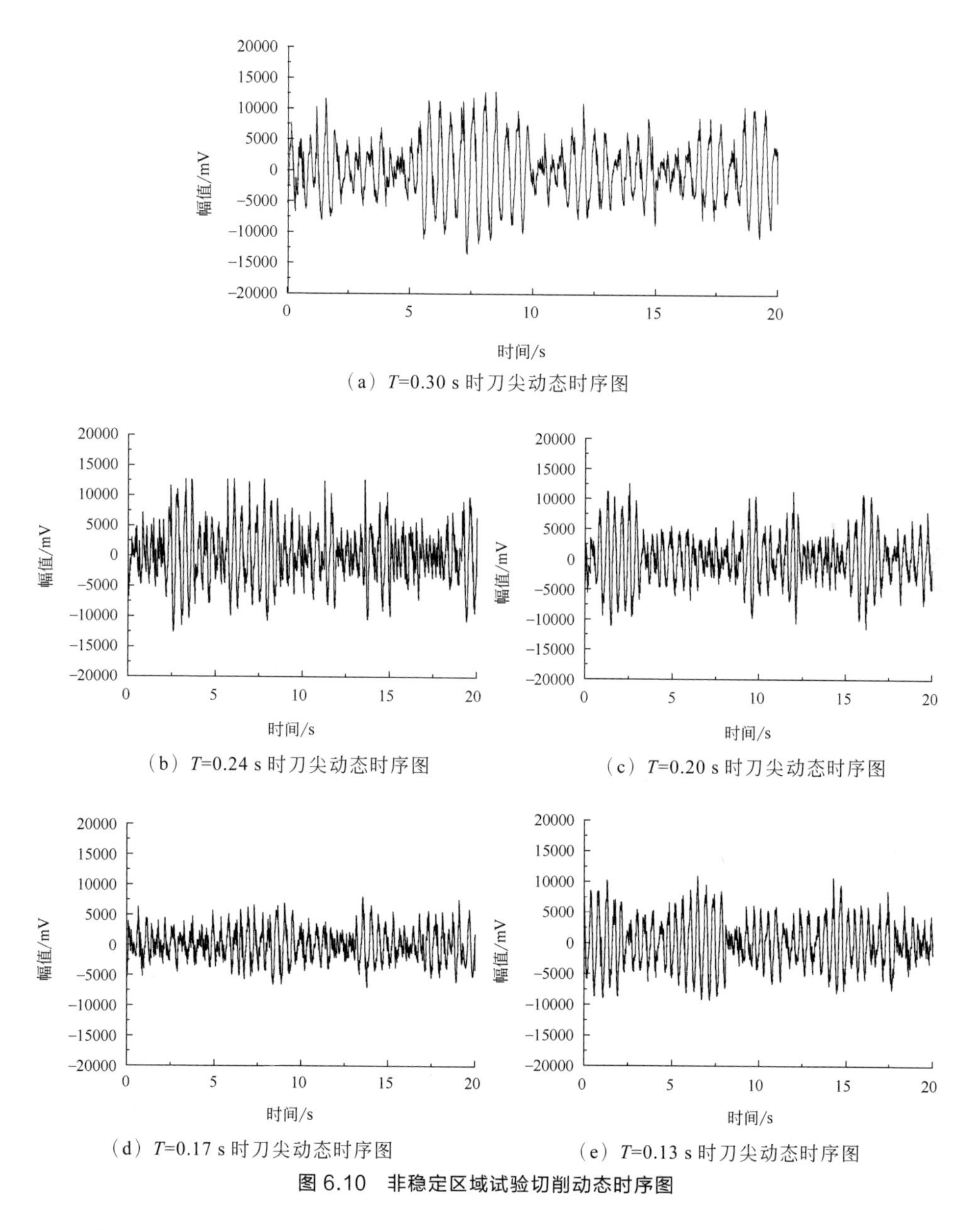

（a）T=0.30 s 时刀尖动态时序图

（b）T=0.24 s 时刀尖动态时序图

（c）T=0.20 s 时刀尖动态时序图

（d）T=0.17 s 时刀尖动态时序图

（e）T=0.13 s 时刀尖动态时序图

图 6.10 非稳定区域试验切削动态时序图

从图 6.10（a）～图 6.10（d）可看出，与仿真结果一致，时滞的降低可以缩小切削位移的范围，说明减小时滞有利于抑制再生型切削颤振。但从图 6.10（e）可看出，时滞进一步降低，切削位移范围反而增大，由于需通过增大主轴转速来减小时滞，推测切削位移范围增大，是因为主轴转动引起的振动。根据再生型切削颤振机理，随着时滞的减小，被切削件的直径减小，主轴转速加快，原本主要由切削厚度变化而产生的振动减小，主轴转动带来的振动变大。在图 6.10（d）中，T=0.17 s，再生效应原理产生的振动减小，主轴转动振动较小，刀尖动态时序图波动范围最小。可见，降低时滞可以减小再生效应产生的振动，但主轴转速增快，主轴转动产生的振动成为引发颤振的主要因素。

6.1.5.3 稳定区域试验

为了研究在稳定区域实际切削过程中时滞对切削的影响，在稳定性叶瓣图上的稳定区域选取 5 个点进行试验验证，稳定区域切削试验参数如表 6.6 所示。

◇ 表 6.6 稳定区域切削试验参数

参数	*a*	*b*	*c*	*d*	*e*
主轴转速/(r/min)	450	350	300	250	200
进给量/(mm/r)	0.2	0.2	0.2	0.2	0.2
切削深度/mm	0.45	0.45	0.45	0.45	0.45
线速度/(m/min)	60	60	60	60	60
工件直径/mm	42.44	54.56	63.66	76.39	95.5
时滞/s	0.13	0.17	0.20	0.24	0.3

将表 6.6 中不同切削试验条件下的切削参数代入试验平台，获得切削动态时序图并对不同时滞下时序图进行分析，采样频率设置为 5 kHz，采样时间为 10 s，稳定区域试验切削动态时序图如图 6.11 所示。

由于切削试验的环境因素影响，在稳定区域切削动态时序图不像仿真时收敛成一条直线。图 6.11（a）中，T=0.30 s，切削位移的时序图波动范围最小，切削最稳定。图 6.11（b）～（e）中，随着时滞降低，切削位移的时序图波动范围逐渐增大。由非稳定区域试验结果可知，降低时滞可以减小再生型切削中再生效应产生的振动，但主轴转速增快，主轴转动产生的振动成为引发颤振的主要因素。在稳定区域不发生颤振，再生效应产生的振动很小，振动的主要来源为机床自激振动。随着时滞降低，主轴转速增大，切削过程中的自激振动变大，切削时刀尖动态时序图波动范围增大。

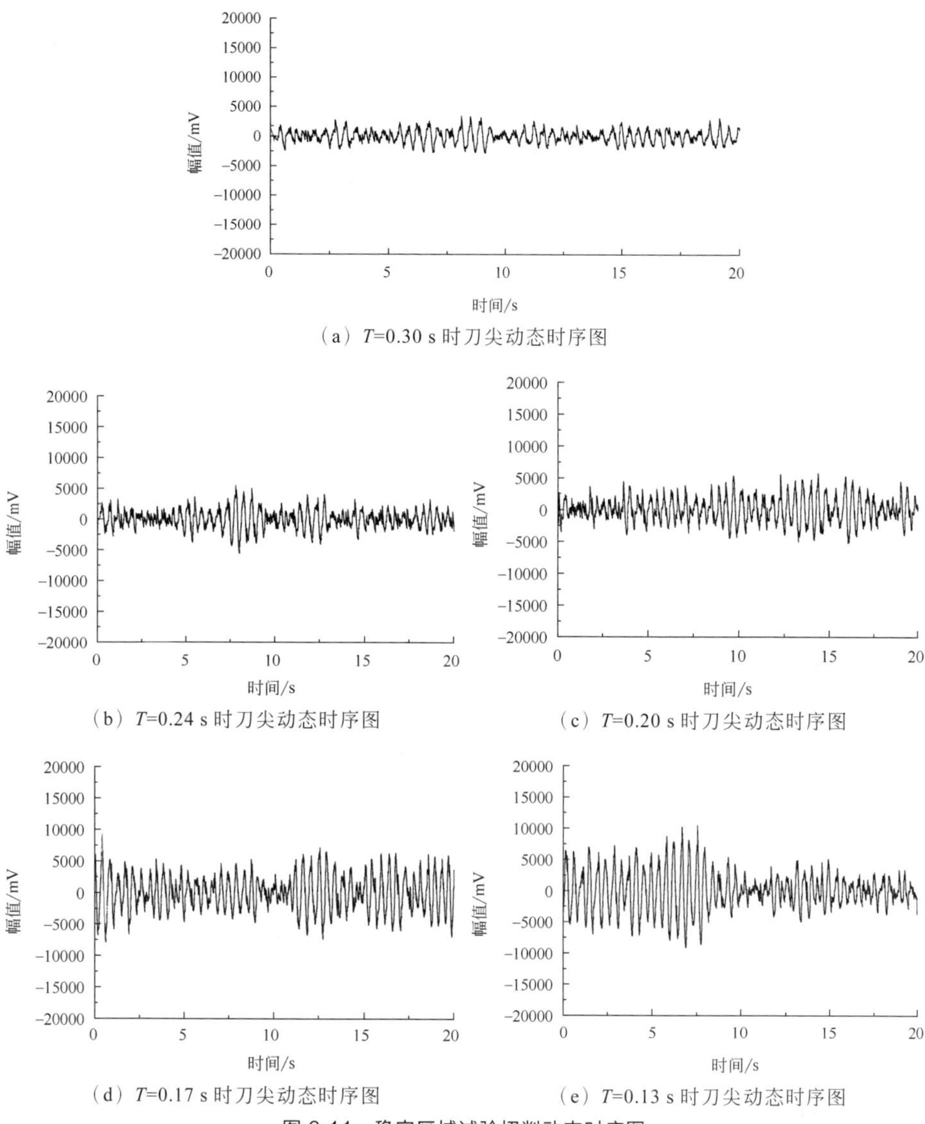

（a）T=0.30 s 时刀尖动态时序图

（b）T=0.24 s 时刀尖动态时序图

（c）T=0.20 s 时刀尖动态时序图

（d）T=0.17 s 时刀尖动态时序图

（e）T=0.13 s 时刀尖动态时序图

图 6.11　稳定区域试验切削动态时序图

6.2　TC4 钛合金车削颤振监测

为了保证加工表面质量，除利用稳定性叶瓣图预测颤振外，还可以在切削时对切削过程进行监测，及时发现颤振。支持向量机是非常优秀的颤振监测方法，已广泛应用于机械故障监测、异常状态监测及工业医疗监测等。可使用小波包变换进行数据处理，提取特征值与特征向量，基于二次支持向量机构建颤振智能监测分类器。

6.2.1 支持向量机最优分类超平面算法

当数据有两种或者两种以上分类时，可以使用支持向量机。支持向量机通过找到将一个种类数据点与另一个种类数据点分离的最大间隔平面，将数据点分离的最优超平面对数据进行分类。SVM 的最优超平面是指在两类之间具有最大裕度的超平面。裕度是指平行于没有内部数据点的最优分类超平面的最大宽度，离最优超平面最近数据点组成的边界为极限边界。支持向量机的最优超平面与极限边界如图 6.12 所示。

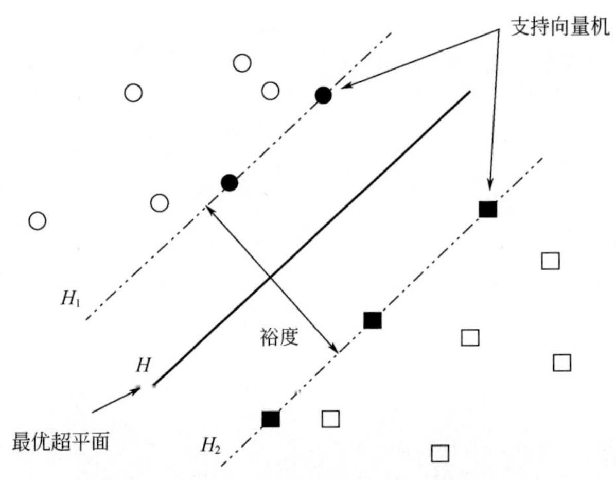

图 6.12 支持向量机的最优超平面与极限边界

图 6.12 中，H_1 和 H_2 上的数据点即为支持向量，设 $\tilde{\boldsymbol{\omega}}$ 是最优超平面 H 的法向量，则三个分类面的方程可表示为[214]

$$\begin{cases} H:(\tilde{\boldsymbol{\omega}}\cdot x)+\tilde{b}=0 \\ H_1:(\tilde{\boldsymbol{\omega}}\cdot x)+\tilde{b}=k \\ H_2:(\tilde{\boldsymbol{\omega}}\cdot x)+\tilde{b}=-k \end{cases} \tag{6.18}$$

式中，k 为一个标量，替换 $\omega=\dfrac{\tilde{\omega}}{k}$，$b=\dfrac{\tilde{b}}{k}$ 可以得到

$$\begin{cases} H:(\boldsymbol{\omega}\cdot x)+b=0 \\ H_1:(\boldsymbol{\omega}\cdot x)+b=1 \\ H_2:(\boldsymbol{\omega}\cdot x)+b=-1 \end{cases} \tag{6.19}$$

裕度可表示为 $\frac{2}{\|\boldsymbol{\omega}\|}$，同时，假设所有样本均在分类极限边界之上或者之下的约束条件，即有

$$\begin{cases}(\boldsymbol{\omega}\cdot x_k)+b\geqslant 1, & y_k-1, \quad x_k\in C_1\\(\boldsymbol{\omega}\cdot x_k)+b\geqslant -1, & y_k-1, \quad x_k\in C_2\end{cases} \tag{6.20}$$

则求解裕度即可转化为优化问题如下：

$$\begin{cases}\min\limits_{\boldsymbol{\omega},b}\frac{1}{2}\|\boldsymbol{\omega}\|^2\\ \text{s.t.}\, y_k(\boldsymbol{\omega}\cdot x_k+b)\geqslant 1, \quad k=1,2,\ldots,N\end{cases} \tag{6.21}$$

求解式（6.21）可到变量 $\boldsymbol{\omega}$ 和 b 的值，从而得到最优分类超平面的方程为

$$F(x)=(\boldsymbol{\omega}\cdot x)+b \tag{6.22}$$

6.2.2 特征向量提取方法——小波包变换

一般情况下，傅里叶变换是信号处理的基础，但傅里叶变换有一定局限性，不能分析非平稳信号，由于傅里叶变换是全局性的变换，因此傅里叶变换不具备局部分析的能力。为了解决傅里叶变换的不足，提出了小波包变换。与傅里叶变换相比，小波包变换是一种局部变换，能够对局部信号结构进行放大，同时克服了短时傅里叶变换窗口大小不能随频率变化的缺点，具有很强的自适应和多分辨能力，因此能有效地从信号中提取信息。三层小波包变换分解结构[215]如图 6.13 所示。

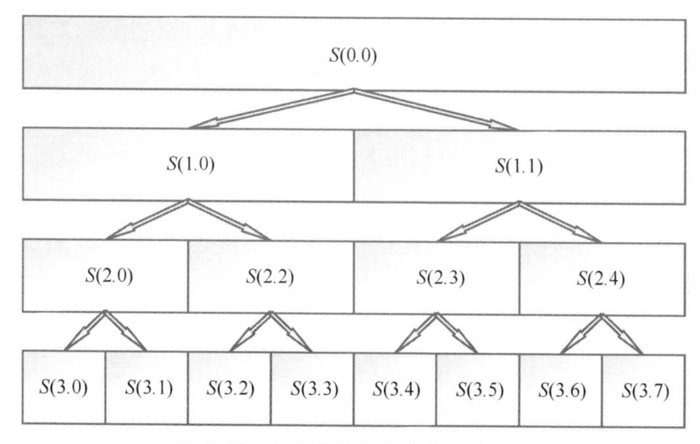

图 6.13　三层小波包变换分解树结构

图 6.13 中，第一层小波包变换信号 $S(0.0)$被分解成 $S(1.0)$和 $S(1.1)$，第二层

小波包变换 $S(1.0)$和 $S(1.1)$又被分解为更小的两部分：$S(1.0)$分解为 $S(2.0)$和 $S(2.2)$；$S(1.1)$分解为 $S(2.3)$和 $S(2.4)$两部分。如此经过三层小波包变换，原始信号被分解到对应的 2^3 个频带。图 6.13 中 $S(0.0)$为分解前的原始信号，下面的 $S(i.j)$ 表示第 i 层（即尺度数）第 j 个节点对应的分解信号：

$$
\begin{aligned}
S_{0.0} &= S_{1.0} + S_{1.1} = S_{2.0} + S_{2.2} + S_{2.3} + S_{2.4} \\
&= S_{3.0} + S_{3.1} + S_{3.2} + S_{3.3} + S_{3.4} + S_{3.5} + S_{3.6} + S_{3.7}
\end{aligned} \tag{6.23}
$$

式（6.23）中，节点数 j 为偶数时，则表示经过低通滤波系数 $g(k)$分解得到的低频成分信号；反之，j 为奇数时，表示经过高通滤波系数 $h(k)$分解得到的高频成分信号，高通和低通滤波系数需要满足正交关系。

$$
g(k) = (-1)^k h(1-k) \tag{6.24}
$$

在不同分解层计算得到的分解信号可按照式（6.24）经过逐层计算得到[216]。

$$
\begin{cases}
S_{i+1,2j}(n) = \sum\limits_{k} g(k-2n) S_{i,j}(k) \\
S_{i+1,2j+1}(n) = \sum\limits_{k} g(k-2n) S_{i,j}(k)
\end{cases} \tag{6.25}
$$

信号按照式（6.25）分解，信号在第 i 层小波包分解后，将得 2^i 个特征信号，每个特征信号与相应频率段相匹配。颤振与频域信号息息相关，故在提取特征向量时本位使用小波包变换。

6.2.3 训练颤振监测分类器

为了研究二次支持向量机对时滞引起的颤振的监测能力及实用性，搭建试验平台，选用云南 CY-K360n 数控机床，动态测试系统选用东华测试 DH5923N 动态信号测试分析系统，使用电桥放大电路处理信号，选用 DH157 加速度传感器，钛合金棒料，使用美国肯纳 DCMT11T304LF 涂层硬质合金刀片，刀具表面的涂层为 TiAlN。收集常规切削与颤振爆发时切削系统的动态信号，提取动态信号中有用的信息做成训练集，训练分类器，从而实现对切削颤振的预测。

改变主轴转速与被切削件的直径，可以改变切削系统的时滞。在非稳定区域切削，降低时滞可以减小再生效应产生的振动，但主轴转速增加，主轴转动产生的振动成为引发颤振的主要因素，在时滞 T=0.17 s 时，再生效应产生的振动减小，主轴转动振动较小，切削效果状态最稳定。在稳定区域，再生效应产生的振动较小，振动位移的主要来源为机床主轴转动产生的自激振动。随着时滞降低，主轴转速增加，切削过程中的自激振动变大，切削时刀尖动态时序图波动范围增大。因此，切削试验参数设置如表 6.7 所示。

◇ 表 6.7 切削试验参数设置表

参数	*a*	*b*	*c*	*d*	*e*
主轴转速/(r/min)	450	350	300	250	200
进给量/(mm/r)	0.2	0.2	0.2	0.2	0.2
切削深度/mm	0.45	1	1	1	1
线速度/(m/min)	60	60	60	60	60
工件直径/mm	42.44	54.56	63.66	76.39	95.5
时滞/s	0.13	0.17	0.20	0.24	0.3

表 6.7 中，试验 *a*、*b* 为常规切削，试验 *c*、*d*、*e* 为颤振爆发时切削，以上试验的动态信号在第 2 章已经测得，将测得的试验进行分析，提取特征向量，为训练分类器做准备。

6.2.3.1 提取时滞引发颤振的特征向量

取试验 *b* 与试验 *e* 动态信号，采样频率为 5 kHz。每组数据采集 20 s，如图 6.14、图 6.15 所示。使用小波包分解，提取信号中对颤振敏感的部分组成特征向量，分解如图 6.16、图 6.17 所示。

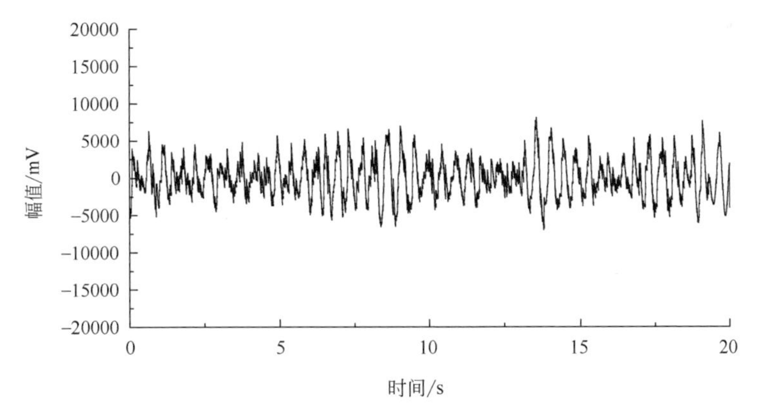

图 6.14 稳定区域切削动态信号

在常规切削过程中，第一频段能量占比 66.78%，第六频段能量占比 7.42%。第七频段能量占比 0.57%。而在非稳定区域切削过程中，第一频段能量占比为 13.15%，第六频段能量占比 28.00%，第七频段能量占比 43.17%。第一、第六和第七频段能量占比小波包分解结果差别最大，可以作为特征向量的特征值。观察不同状态下的切削动态信号可知，当颤振爆发时域信号波动较大，常规切削时时域信号波动小，因此可以取切削动态信号的极差和方差作为特征值。组合时域信号与频域信号的特征，使用小波包变换第一、第六、第七频段和时域信号极差和方差组成特征向量训练分类器。

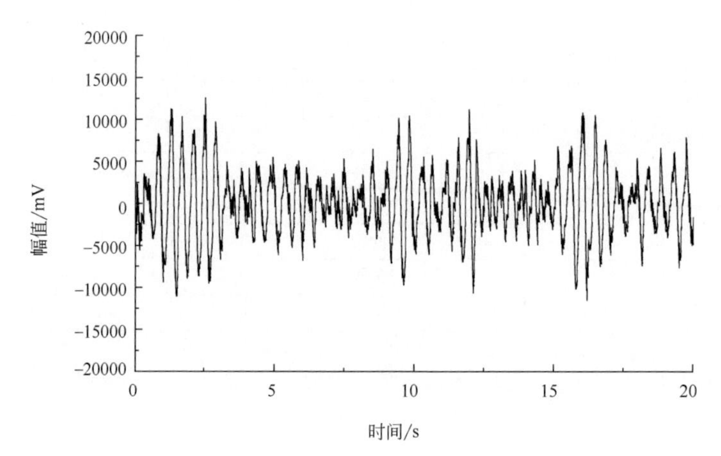

图 6.15　非稳定区域切削动态信号

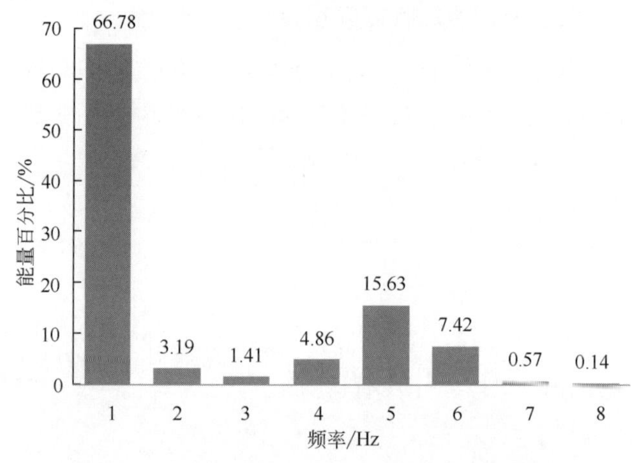

图 6.16　稳定区域三层小波包变换各频段能量占比

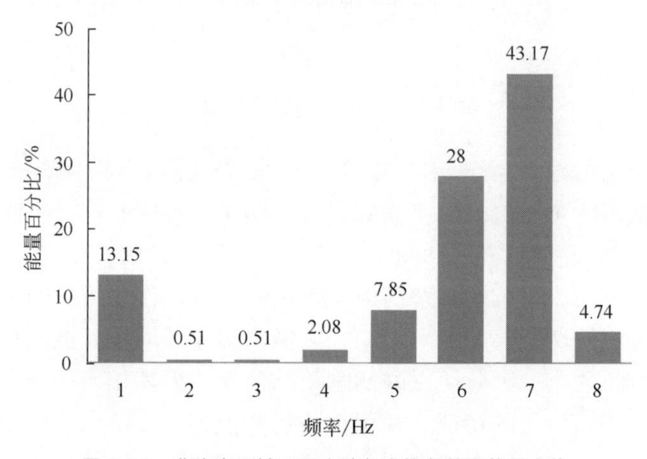

图 6.17　非稳定区域三层小波包变换各频段能量占比

6.2.3.2 切削颤振监测分类器

提取特征向量后，以特征向量为训练集可以训练颤振分类器，本章分类器使用支持向量机。现有 N 个训练样本 $X=\left\{x_i|i=1,\cdots, N, x_i \in R^n\right\}$，将输入空间数据 x_i 映射到特征空间，并使用核函数代替特征空间的内积，即 $k\left(x_i, x_j\right)=\left(\varnothing\left(x_i\right), \varnothing\left(x_j\right)\right)$。特征空间内的分类超平面 $\left(\boldsymbol{\omega}, \varphi\left(x_i\right)\right)-\rho=0$ 可通过求解式（6.25）优化问题得到[217]。

$$\begin{cases}\min \dfrac{1}{2}\|\boldsymbol{\omega}\|^2-\rho+C\sum\limits_{i=1}^{n}\xi_i \\ \text{s.t.}\left(\boldsymbol{\omega},\varphi\left(x_i\right)\right)\geqslant\rho-\xi_i \\ \xi_i\geqslant 0\end{cases} \tag{6.26}$$

式中，ξ_i 为松弛变量；C 为对松弛变量的惩罚系数。同样，通过引入拉格朗日乘子 a_i，式（6.26）的优化问题可转化为对偶问题，即

$$\begin{cases}\max\limits_{a} -\sum\limits_{i} a_i a_j k\left(x_i, x_j\right) \\ \text{s.t. } 0\leqslant a_j\leqslant C \\ \sum\limits_{j} a_j=1\end{cases} \tag{6.27}$$

求解式（6.27）的优化问题可得到分类决策函数

$$F(x)=\operatorname{sgn}\left(\sum_{i=1} a_i a_j k\left(x_i, x_j\right)-\rho\right) \tag{6.28}$$

如果 $F(x)=1$，表明输入数据 x 是异常点，否则 x 是正常数据。

6.2.3.3 切削颤振分类器训练结果

表 6.7 中，c、d、e 为颤振爆发时切削，动态信号的采样频率为 5 kHz，将 1s 内采集的信号分为 10 组，每组信号为 500 个点。对 500 个点进行数据分析提取特征向量，首先进行三层小波包变换，分别提取第三层第一、六、七频段能量百分比数据作为特征向量中的特征值，随后求出 500 个点的极差和方差作为特征向量中的特征值，第一、六、七频段和时域信号的极差、方差组成五维特征向量。将提取出的特征向量导入 MATLAB，利用 MATLAB 中的 SVM 工具训练分类器，其中 75%为训练集，25%为验证集，原始分类散点图如图 6.18 所示。

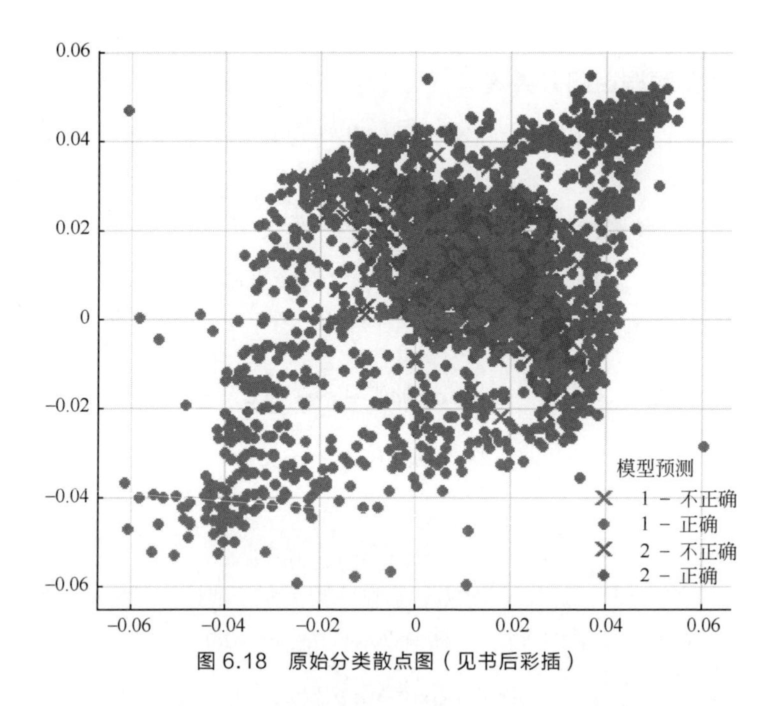

图 6.18　原始分类散点图（见书后彩插）

图 6.18 中，橘红色点表示常规切削，蓝色点表示颤振爆发时切削，点代表分类正确的点，叉号代表分类不正确的点。由分布散点图可知，常规切削代表的特征向量分布在散点图中间部分，常规切削时动态信号比较平稳，提取出来的特征向量比较统一，所以分布比较密集。颤振爆发时切削代表的特征向量呈菱形分布在散点图上，引发车床切削颤振的原因较多，提取出的特征向量情况比较复杂，所以点分布比较分散。识别错误的点主要分布在切削颤振代表的橘红色点周边。

训练样本一共有 2727 个，验证混淆矩阵结果如图 6.19 所示。

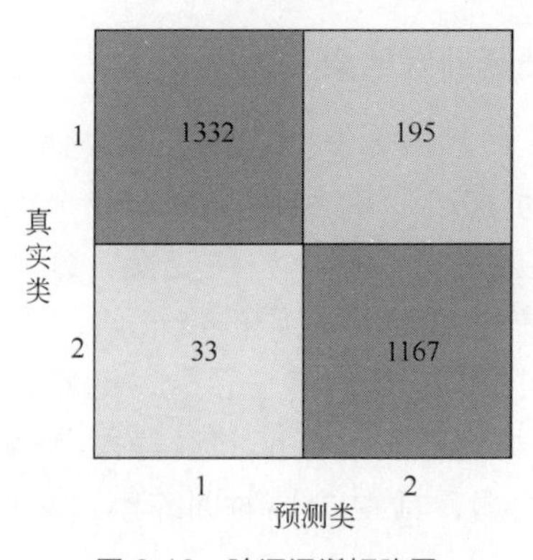

图 6.19　验证混淆矩阵图

验证混淆矩阵图每一行代表了预测类别，总数代表该类别的数目。本次分类有两个预测类别，分别是颤振爆发时切削样本 1527 个，常规切削样本 1200 个。每一列代表分类为该类别的真实数目，图 6.19 中，分类为颤振爆发时切削的数目为 1365 个样本，其中 1332 个为正确样本，33 个为错误样本；分类为常规切削的数目为 1362 个样本，其中 1167 个为正确样本，195 个为错误样本。综合颤振爆发时切削与常规切削的样本，分类正确的样本为 2499 个，分类错误的样本为 228 个，颤振识别的综合正确率为 91.6%。其中颤振爆发时切削错误识别为常规切削发生较多。平行坐标折线图可以将高维数据可视化，表达特征向量中每个特征值之间的关系，可视化特征值在分类中的作用。如图 6.20 中正确分类样本为实线，错误分类样本为虚线。常规切削代表的橘红色实线主要分布在平行坐标折线图中间部分，分类样本错误的橘红色虚线也分布在平行坐标折线图中间部分，颤振爆发时切削代表的蓝色实线分布在平行坐标折线图两边部分。分类样本错误的蓝色虚线分布在平行坐标折线图与橘红色线相邻的位置。可以明显看出，常规切削样本橘红色虚线较多，与在验证混淆矩阵图中显示的相同，常规切削错误识别为颤振爆发时切削发生较多。分类器的平行坐标折线如图 6.20 所示。

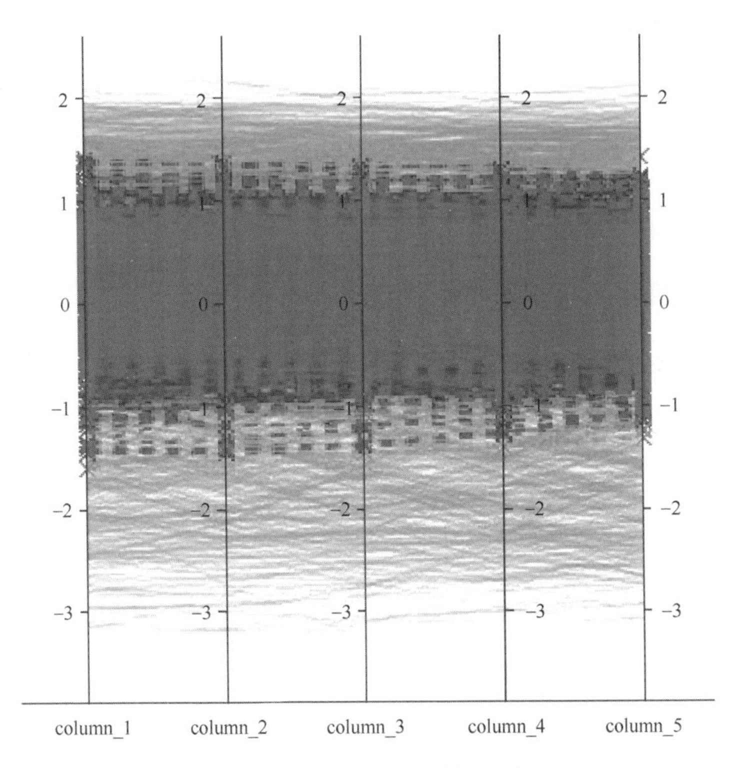

图 6.20　平行坐标折线图（见书后彩插）

训练出分类器的接受者操作特征（Receiver Operating Characteristic，ROC）曲线如图 6.21 所示。

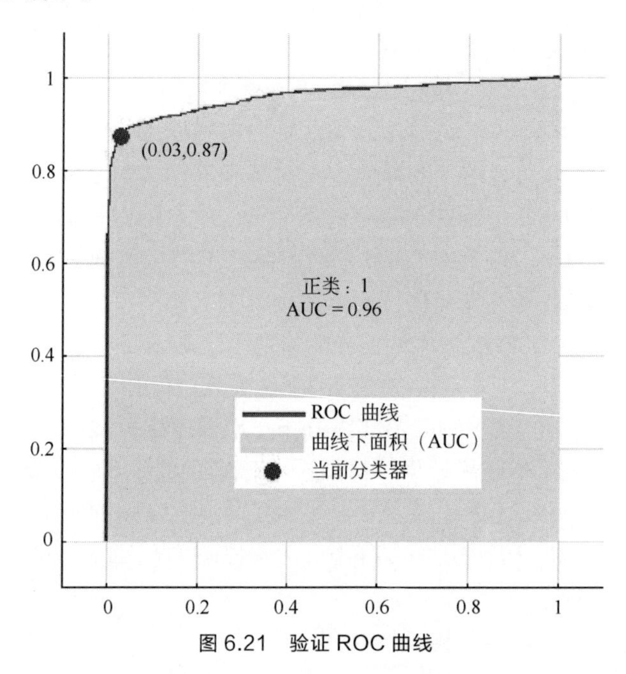

图 6.21　验证 ROC 曲线

图 6.21 中，曲线越靠近边界，分类器的分类有效性越高。其中，AUC 值是对接受者操作特征曲线的具体量化，其值越高，表明分类模型的有效性越高。颤振监测分类器的 AUC 值为 0.96，根据验证混淆矩阵图可知预测准确值为 91.6%。

6.2.4　颤振监测分类器试验验证

6.2.4.1　变时滞切削试验设计

为了验证训练出的分类器在实际生产中的颤振监测作用，设计一个切削试验，切削过程中改变切削深度和切削速度，将切削过程由常规切削慢慢达到颤振爆发切削。其中，主轴转速通过改变车床主轴转速倍率实现。具体试验参数如表 6.8 所示。

◆ 表 6.8　颤振监测试验参数

参数	值
切削长度/mm	120
切削深度/mm	0.45～1（渐变）
主轴转速/(r/min)	200～450（渐变）
进给量/(mm/r)	0.2

将表 6.8 中不同切削试验条件下的切削参数代入试验平台，获得切削动态信号时序图，为了避免刚开始切削时，切削系统未达到稳定状态对颤振监测结果产生影响，采集信号时要在切削开始一段时间后进行。采样频率设置为 5 kHz，采样时间为 50 s，可以得到切削过程中的动态信号，如图 6.22 所示。

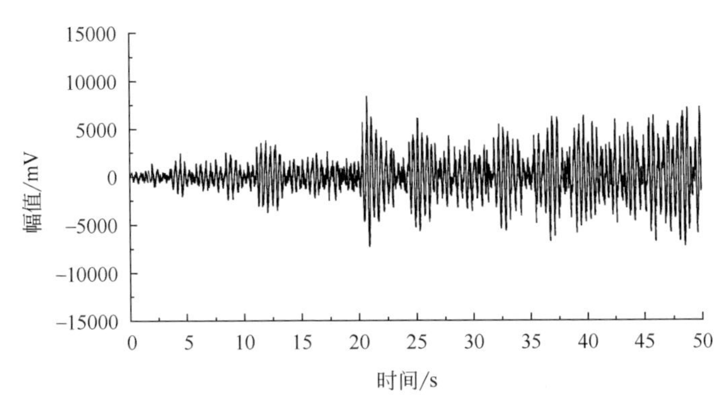

图 6.22　颤振监测试验切削过程动态信号

图 6.22 为颤振监测切削试验的切削过程动态信号，切削从常规切削开始，最终达到颤振爆发状态。从动态信号时序图中可以看出，在刚开始切削时动态信号幅值波动较小，此时切削系统的振动较小，切削状态属于常规切削状态；在切削时间进行到 20s 时，动态信号幅值波动突然变大，此时切削系统振动变大，切削从常规切削的规则振动变为颤振爆发时的不规则振动。从切削动态信号中分析得出，20s 前为常规切削，20s 后为颤振爆发的切削。切削表面形貌使用手持式数码显微镜进行局部放大，如图 6.23 所示。

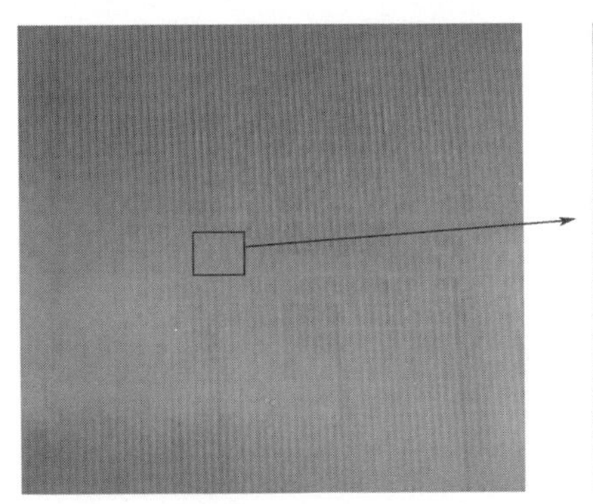

（a）常规切削已加工面表面形貌

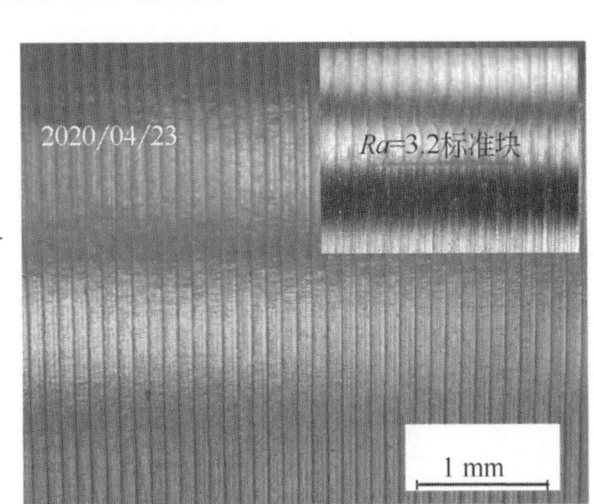

（b）常规切削局部放大表面形貌

图 6.23

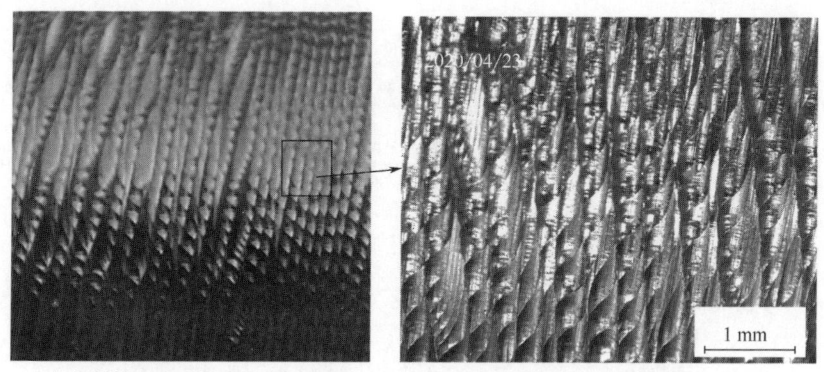

（c）颤振爆发时已加工面表面形貌　　（d）颤振爆发时切削局部放大表面形貌

图 6.23　颤振监测试验已加工面表面形貌

从颤振监测试验已加工面表面形貌图可以看出，在图 6.23（a）、（b）常规切削阶段，被切削面较为平稳，由车刀进给留下的纹路分布平均；图 6.23（c）、（d）在颤振爆发切削阶段，切削爆发不规则振动，对应的被切削面出现不规则振纹，根据第 5 章对切削颤振的研究，由再生型效应产生的振动和车床主轴转速产生的振动共同作用下发生颤振。

6.2.4.2　颤振监测结果及分析

将颤振监测试验切削过程动态信号的原始数据分析处理，原始数据 50 s，采样频率为 5000 Hz，共有 250000 个数据点，按每 500 个点分为一组，进行分析处理，提取特征向量，将提取出的特征向量按时间排列逐个输入分类器中进行分类，获得分类结果如图 6.24 所示。

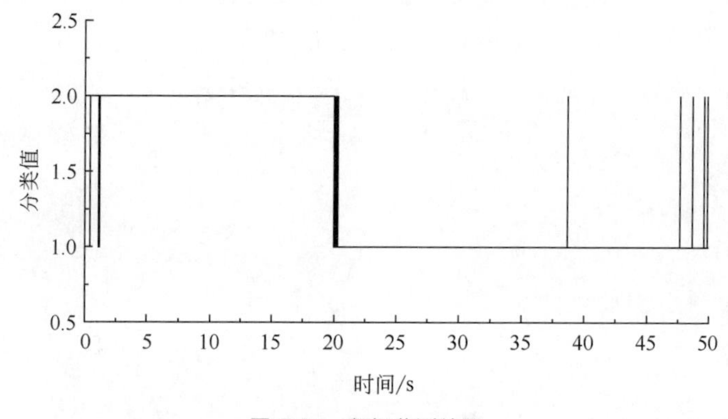

图 6.24　颤振监测结果

图 6.24 中，分类结果中数字 2 代表常规切削，1 代表颤振爆发时切削。由图 6.22 可知，切削过程前 20 s 为常规切削，20 s 之后为颤振爆发时切削，其中

在切削刚开始时出现了大量监测错误点，在切削初期颤振监测效果较差，在机床刚启动时，切削未达到最佳状态，导致出现了一些未知振动。在切削到 47 s 之后集中出现了一些监测错误点，推测是长时间切削刀具出现磨损之后切削深度减小，振动减小导致监测错误。在常规切削与颤振爆发时切削转换的节点，颤振监测结果出现了一些波动。

使用小波包变换-支持向量机分类模型，对切削颤振进行实时监测，采样频率为 5000 Hz，每次分析点数为 500 个点，使用 MATLAB 进行监测，监测速度为 3700 obs/s，实现了加工过程中颤振的智能监测，每 0.1 s 为一个监测周期，可以满足工厂加工的实时监测需要。

6.3 TC4 钛合金车削颤振抑制

利用支持向量机训练颤振监测分类器，识别正确率达 91.6%。当颤振监测分类器监测到颤振发生时为了不降低加工效率，就要从抑制颤振方面入手。

使用有限元软件 ABAQUS 建立车削模型，对切向超声振动车削和径向超声振动车削进行仿真试验，提取并分析了仿真结果中不同振幅下切削应力与切削力，得出超声振动车削的最优切削方案，并以此为基础搭建试验平台。

6.3.1 钛合金车削有限元建模

6.3.1.1 钛合金车削材料本构模型

材料本构是表征材料变形过程中动态响应的一种模型。在材料的微观结构组织在一定的情况下，材料的变形速度、材料的变形程度以及材料的变形温度等因素都会引起材料应力较大的变动。故材料的本构模型一般表示为材料的流动应力与应变、应变率、温度等参数之间的数学函数关系式。目前常用的塑性材料本构模型主要有 Bodner-Paton、Follansbee-Kocks、Johnson-Cook、Zerrilli-Armstrong 等。切削是一个复杂的过程，切削过程中工件会发生应力、应变、热软化等方面的变化，ABAQUS 中一般通过 Johnson-Cook（J-C）本构模型计算工件受力与变形之间的关系。本构模型可以直接影响仿真结果的准确性。切削热会使工件发生热软化，改变应力、应变过程，也是影响切削质量的重要参数。J-C 本构模型中需要考虑到温度变化对材料强度的影响，J-C 材料本构模型方程表示为[218]

$$\sigma=\left(A+B\varepsilon^{n}\right)\left[1+C\ln(\frac{\dot{\varepsilon}}{\dot{\varepsilon}_0})\right]\left[1-\left(\frac{T_c-T_{room}}{T_{melt}-T_{room}}\right)^{m}\right] \tag{6.29}$$

式中，A 为材料静态屈服应力，MPa；B 为材料强度系数；C 为应变率相关系数；n 为应变硬化指数；m 为温度软化指数；ε 为塑性应变；$\dot{\varepsilon}$ 为应变率；$\dot{\varepsilon}_0$ 参考应变率；T_c 为材料实时温度，℃；T_{melt} 为材料熔点，℃；T_{room} 为环境室温，℃。

TC4 钛合金材料本构参数如表 6.9 所示[219]。

◆ 表 6.9 TC4 钛合金材料本构参数

参数	A/MPa	B/MPa	n	T_{room}/℃	T_{melt}/℃	m	C	$\dot{\varepsilon}_0$
值	1089	1092	0.93	20.0	1687.0	1.1	0.014	1.0

6.3.1.2 钛合金材料分离失效准则

在切削过程中要定义一个分离失效准则，使单元在受刀具外力的情况下可以变形删除，并分离成切屑。J-C 剪切失效准则经常运用到切削仿真中，材料的失效过程经过弹性变形阶段和应变强化阶段。当应变强化达到顶点材料开始失效，表现在有限元仿真中即为单元删除。本模型中材料的失效过程基于网格的长度变化，当网格变量达到临界值时单元删除。方程表示为

$$\varepsilon=\left[d_1+d_2\exp\left(d_3\frac{p}{q}\right)\right]\left[1+d_4\ln\left(\frac{\dot{\varepsilon}}{\dot{\varepsilon}_0}\right)\right](1+d_5) \tag{6.30}$$

式中，p 为压应力，Pa；q 为 Mises 应力，Pa；d_1、d_2、d_3、d_4、d_5 为常数。TC4 钛合金材料分离参数如表 6.10 所示[219]。

◆ 表 6.10 TC4 钛合金材料分离参数

参数	d_1	d_2	d_3	d_4	d_5
值	−0.09	4	−0.5	0.002	4

6.3.1.3 钛合金切削有限元切削模型

在 ABAQUS 中建立二维切削模型，分为刀具和工件两部分。其中，刀具的前角为 5°、后角为 7°，刀尖圆弧半径为 0.2 mm。在实际切削过程中，刀具在短时间磨损量极小，因此刀具设为三角形网格。为了加快计算速度，将刀具设定为刚体。待加工件模型的尺寸为 5 mm×3 mm，应变厚度设为 0.5 mm。工件受切削力变形，采用四边形网格，分析类型选择温度-位移耦合、平面应变。切削部分设置小网格以提高计算精度，非切削区域设置大网格以减少计算时间。环境温度设置为 20℃，无冷却液的方式，二维正交模拟几何模型图如图 6.25 所示。

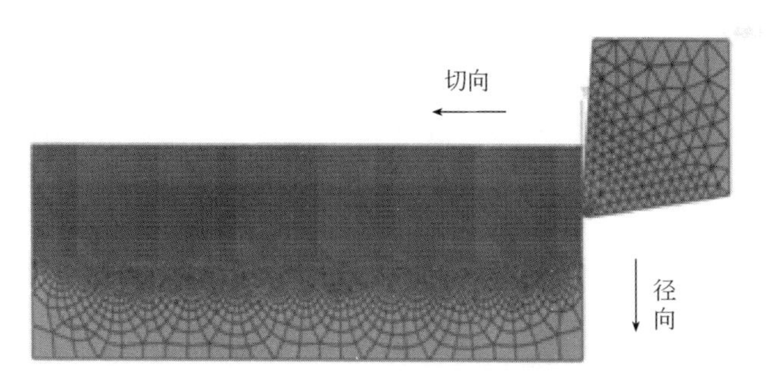

图 6.25　二维正交模拟几何模型图

刀具和工件的材料分别为 DCMT11T304LF 涂层硬质合金刀具的 TiAlN 涂层、钛合金，TiAIN 涂层刀具及钛合金材料参数见表 6.11。

◇ 表 6.11　TiAIN 涂层刀具及钛合金材料参数

参数	TiAIN 涂层	钛合金
热导率/[W/(m·℃)]	10	6.6
密度/(kg/m^3)	4345	4430
弹性模量/ GPa	510	110
泊松比	0.32	0.33
线胀系数/℃$^{-1}$	7.24×10^{-6}	9×10^{-6}
比热容/[J/(kg·℃)]	975	6.7

6.3.1.4　超声振动参数设置

超声振动切削利用断续切削提高加工质量，工件与刀具接触时间称为切削有效时间，改变超声振动切削的振幅可以明显改变切削有效时间，频率对切削有效时间影响较小，因此，在仿真中主要研究超声振动的振幅对工况的影响。因为刀具设置为刚体，参考点运动与刀具运动相同，刀具左上角设置参考点为 RP-1，在 RP-1 上设置超声振动位移，在设置超声振动时，选择位移边界条件，幅值选择以周期变化。在 ABAQUS 中设置周期变化时，其内置的周期变化表达式表示为

$$a=A_0+\sum_{n=1}^{N}\left\{A_n\cos\left[n\omega\left(t-t_0\right)\right]+B_n\sin\left[n\omega(t-t_0)\right]\right\} \tag{6.31}$$

式中，傅里叶级数中的常数项 A_0 为初始幅度，A_n 为余弦项系数，B_n 为正弦项系数，n=1,2,⋯,N，是用户定义常数；ω 为角频率，rad/s；t_0 为开始时间。超声振动的幅值曲线可以看作一条仅包含 sin 函数的简单正弦曲线，因此 ABAQUS 中的周期傅里叶函数可以简化表示为

$$a = B_1 \sin(n\omega t) \tag{6.32}$$

由于 $\omega = 2\pi f$ ，式（6.32）中 ω =125600 rad/s；B_1 为所需的超声振动振幅，分别为 0、5 μm、10 μm、15 μm、20 μm。将所需的参数输入 ABAQUS 幅值周期选项中可得到刀具在切削过程中频率为 20 kHz 的超声振动。超声振动曲线如图 6.26 所示。

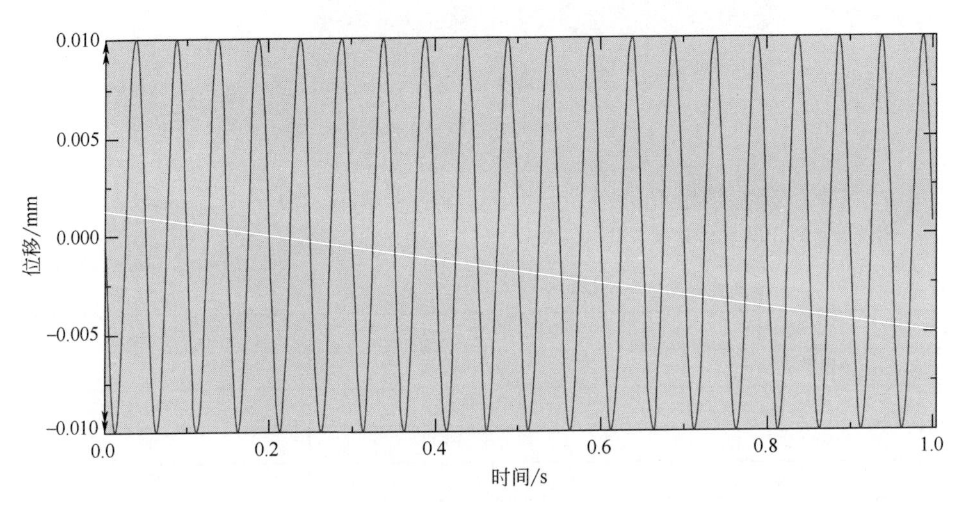

图 6.26　超声振动曲线

将上述工件和刀具的材料参数导入 ABAQUS 切削仿真模型中。设置仿真试验，切削速度为 60 m/min，超声振动方向选择径向和切向，振动频率为 20 kHz，考虑到超声振动切削是在刀尖添加一个微小位移，振幅过小对试验结果影响不明显，振幅过大会影响已加工表面结构，所以振幅选择为 0、5 μm、10 μm、15 μm、20 μm，工件的切削深度为 0.5 mm，应变厚度设置为 0.5 mm。仿真试验参数见表 6.12。

◆ 表 6.12　超声振动模拟试验参数表

序号	方向	切削速度/(m/min)	频率/kHz	幅值/μm
1	无	60	0	0
2	径向	60	20	5
3	径向	60	20	10
4	径向	60	20	15
5	径向	60	20	20
6	切向	60	20	5
7	切向	60	20	10
8	切向	60	20	15
9	切向	60	20	20

6.3.2 超声振动切削仿真结果及其分析

Mises 应力是基于剪切应变的一种等效应力，定义为当单元变形达到一定程度时材料开始屈服，一般用来衡量疲劳、破坏。最大 Mises 应力是切削仿真中的重要指标。将表 6.12 中 9 组试验参数导入 ABAQUS 中，切削速度与切削深度不变，只改变超声振动辅助切削的振幅与方向。最大 Mises 应力仿真结果如图 6.27 所示，不同切削条件最大 Mises 应力曲线如图 6.28 所示。

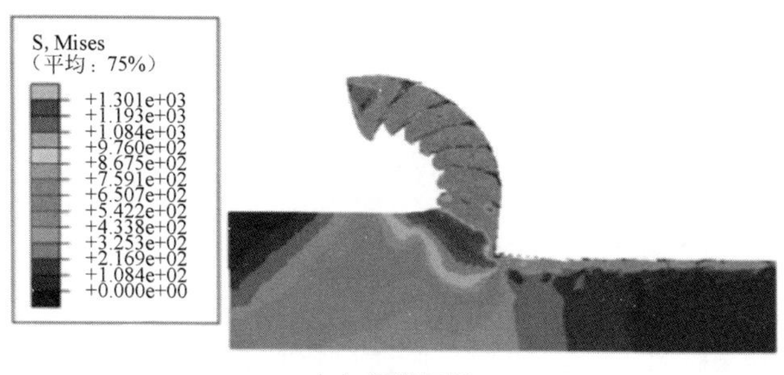

（a）常规切削

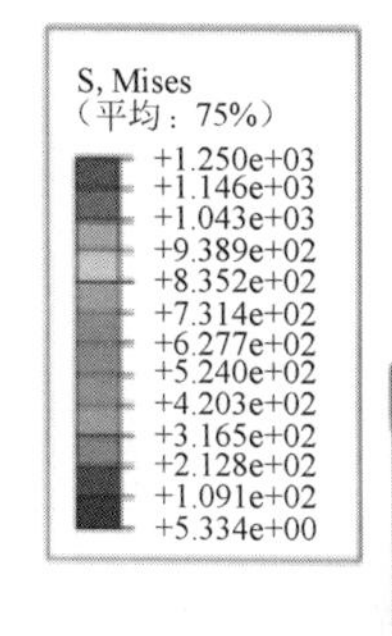

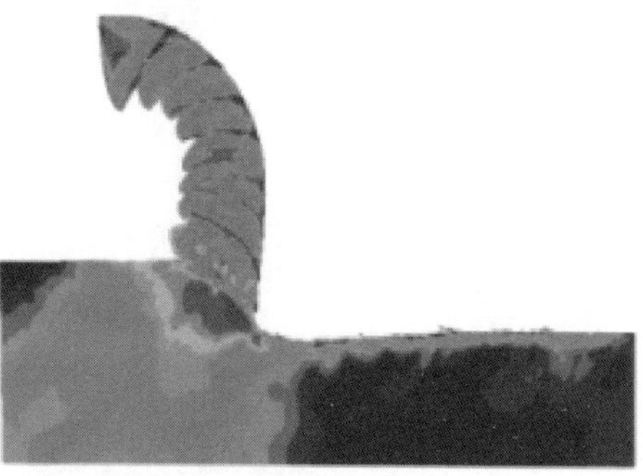

（b）径向超声振动 3 μm

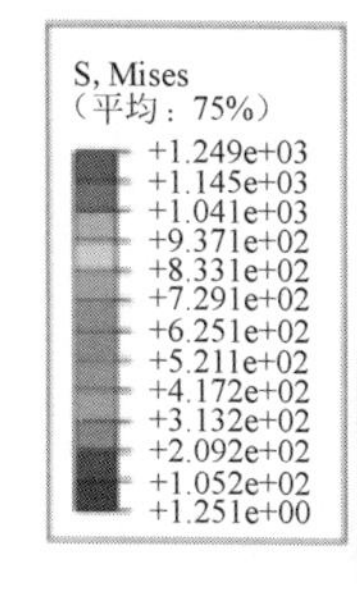

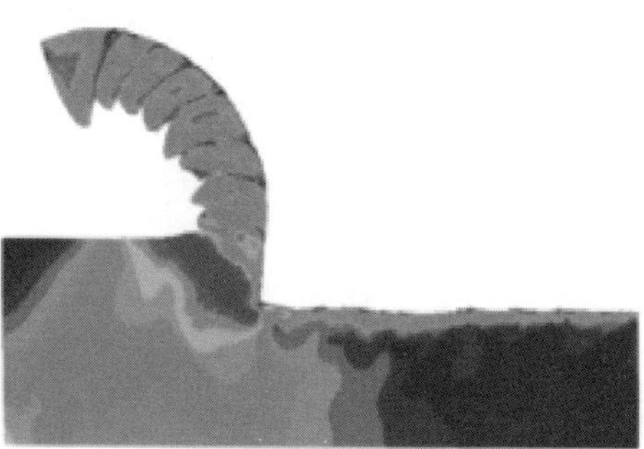

（c）切向超声振动 3 μm

图 6.27

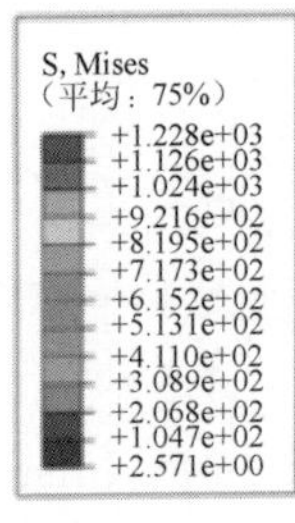

（d）径向超声振动 5 μm

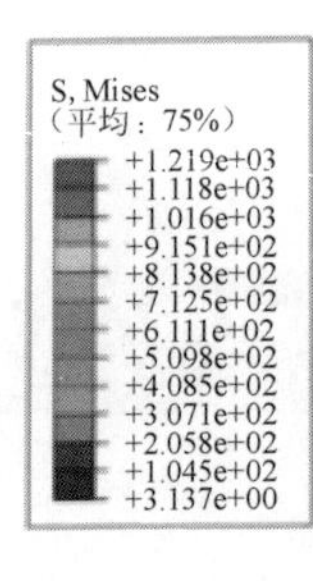

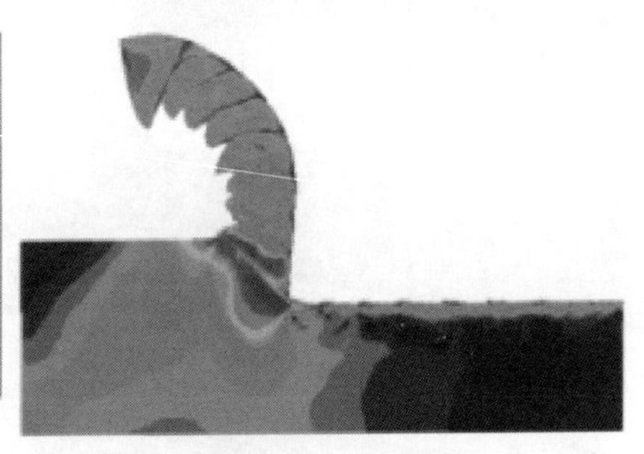

（e）切向超声振动 5 μm

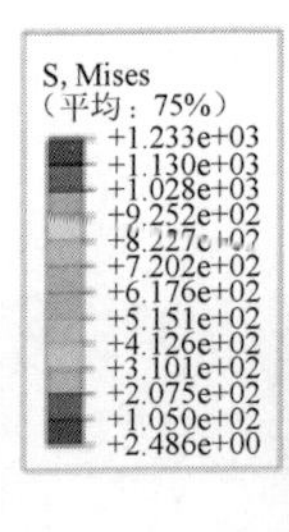

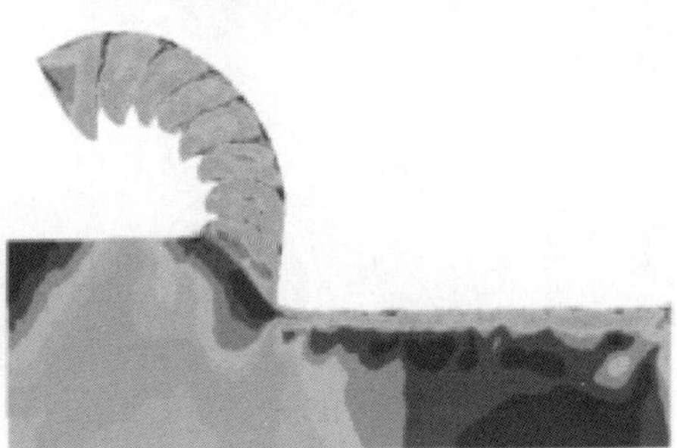

（f）径向超声振动 7 μm

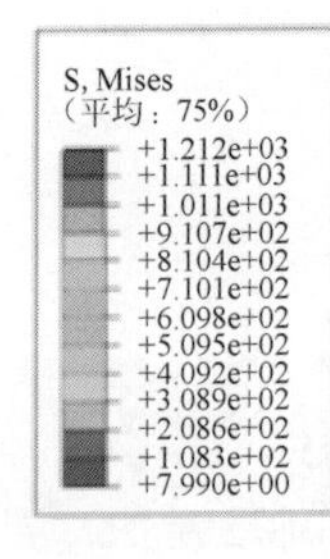

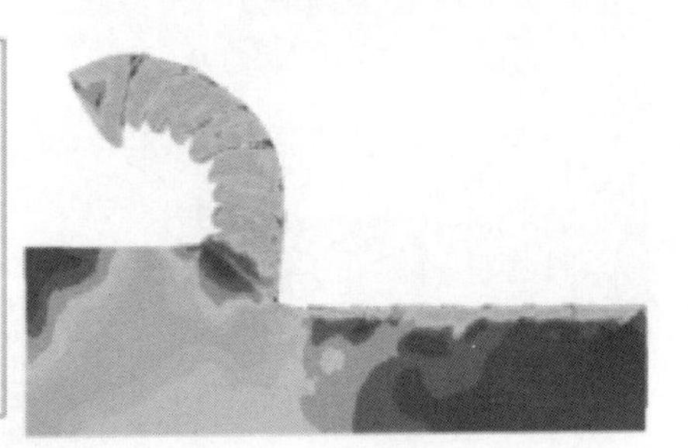

（g）切向超声振动 7 μm

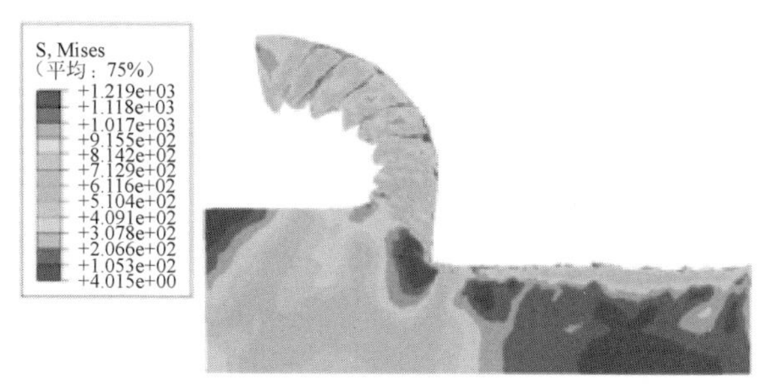

（h）径向超声振动 10 μm

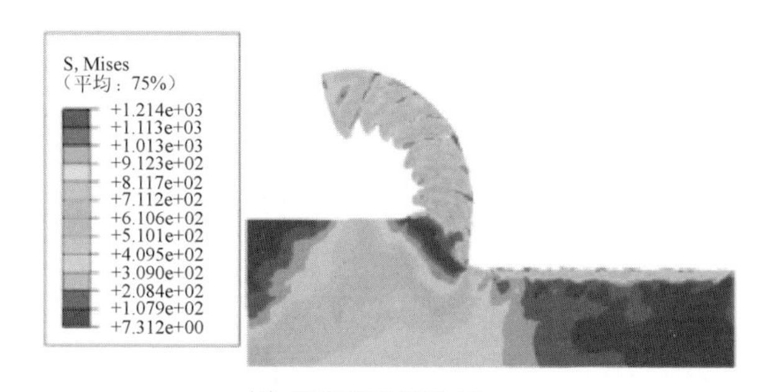

（i）切向超声振动 10 μm

图 6.27 常规切削与超声振动切削 Mises 应力云图

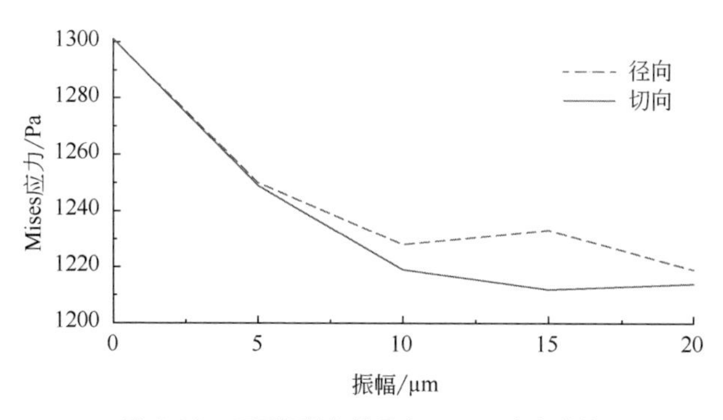

图 6.28 不同切削条件最大 Mises 应力曲线

超声振动切削因其断续切削的特性可以降低过程中的加工应力，提取图 6.27（a）～（i）中最大 Mises 应力绘制图 6.28，不施加任何方向的超声振动时最大 Mises 应力为 1301 N。由变化曲线可知，在 0～10 μm 范围内振幅对最大 Mises 应力影响最为明显，切削最大 Mises 应力减小，振幅为 10 μm 时径向超声振动的最大 Mises 应力为 1228 N，切向超声振动的最大 Mises 应力为 1219 N。在 10～20 μm 内应力趋于平稳并发生波动，说明在 0～10 μm 内振幅增大，最大加工 Mises 应力减小，并在 10 μm 时达到平稳，相比于常规切削约降低了 6%。

在 10～20 μm 内振幅继续增大，最大加工 Mises 应力不会持续大幅减小，说明在一定范围内 Mises 应力会随着超声振动切削振幅增大而减小，超过此范围，Mises 应力趋于平稳。由图 6.28 曲线可见，径向和切向超声振动对最大 Mises 应力的影响基本相同，其中切向效果略好于径向。

切削力的整体变化趋势与最大 Mises 应力减小应力的变化趋势相似，在超声振动振幅较小时切削力降低明显，随着超声振动振幅继续增大，切削力在测量范围内逐渐趋于平稳，其变化趋势如图 6.29 所示。

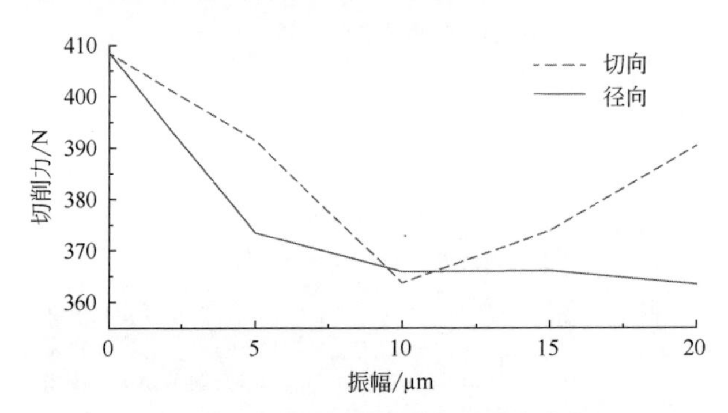

图 6.29　不同振幅的平均切削力变化曲线

由图 6.29 可知，常规切削时平均切削力最大为 408.45 N，切向超声振动切削在振幅为 0～10 μm 时，平均切削力不断减小并在振幅为 10 μm 时达到最小，随着振幅继续增大，平均切削力增大，在超声振动振幅较小时，断续切削的作用可以减小平均切削力，随着振幅继续变大，切向超声振动的方向与刀具的进给方向相同，随着振幅继续增大，材料容易在刀尖形成聚集，使平均切削力变大。径向超声振动在振幅为 0～10 μm 时平均切削力变化与切向超声振动相似，平均切削力在 10 μm 时为 365.86 N。随着振幅继续增大平均切削力继续减小，径向超声振动方向垂直于切削方向和进给方向，而随着断续切削的作用，超声振动的振幅增大，平均切削力减小。振幅在 10～20 μm 后平均切削力趋于平稳，但径向超声振动方向会改变切削的切削深度，超声振动的振幅过大会导致加工平面的精度降低，因此径向超声振动的振幅也不宜过大。根据径向、切向超声振动的变化可知，无论是切向还是径向，振幅为 10 μm 时超声振动在降低平均切削力方面都有明显的优势。

虽然继续增大振幅，切向的最大 Mises 应力与径向的平均切削力有继续降低的趋势，但继续增大振幅会对加工表面结构产生影响。

由切削应力分析可知，超声振动振幅在 0～10 μm 时，超声振动切削对最大 Mises 应力的影响最敏感，继续增大超声振动的振幅对最大应力并无明显影响，在分析平均切削力时振幅为 10 μm 时相较于其他振幅也有明显的优势。因此，选择 10 μm 作为超声振动的振幅，对切削过程中平均切削力进一步分析，切削力对比如图 6.30 所示。

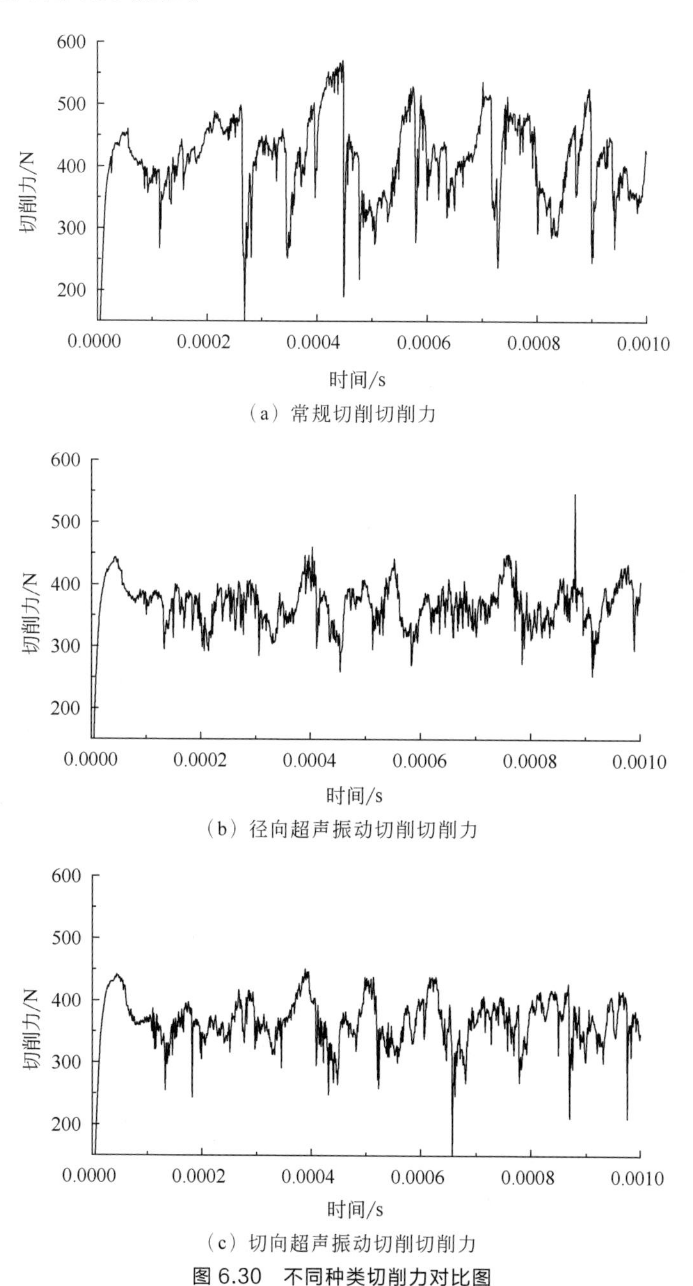

（a）常规切削切削力

（b）径向超声振动切削切削力

（c）切向超声振动切削切削力

图 6.30　不同种类切削力对比图

钛合金切削时会形成锯齿形切屑，因此切削波动较大。由图 6.30（a）可知，常规切削时平均切削力为 408.45 N，并且由于锯齿形切屑的原因切削力波动较为明显。图 6.30（b）径向超声振动车削的平均切削力为 363.70 N，虽然切屑仍为锯齿形切屑，但切削力的波动明显变小，相较于常规切削更加平稳。图 6.30（c）切向超声振动辅助车削的平均切削力为 365.86 N，与径向超声振动基本持平，振幅为 10 μm 超声振动切削可以有效降低切削过程中 11.0%的切削力。超声振动车削在切削过程中刀具与工件不断分离、接触，从而形成断续切削。断续过程中刀具与工件分开时切削力大幅降低，因此超声振动车削降低了平均切削力。由径向和切向切削力分析计算可以得出，径向超声振动切削的切削力标准差为 41.91，切向超声振动切削力标准差为 45.55，径向超声振动比切向更加平稳。切削力平稳有助于提高已加工表面的表面质量。

6.3.3 超声振动车削试验设计及结果分析

6.3.3.1 超声振动车削试验设计

通过前面章节的分析对比，选择最优的切削方案：振幅为 10μm 时的径向超声振动辅助切削，对比超声振动辅助切削在实际应用中与常规切削的效果。切削力和最大 Mises 应力主要受切削过程中的工件变形、切削热和加工过程中的振动耦合作用，其中最大 Mises 应力过大会导致切削过程不平稳，加剧加工过程中系统的振动，加工过程中系统的振动会直接影响切削力是否平稳，切削力的周期性变化会导致已加工表面的表面结构变差。通过电阻应变式传感器测量刀杆上的变形，通过电路转换、放大、标定之后推算出被测的切削力，动态测试仪测量的是由刀尖位移产生的振动，对切削振动信号的分析可以侧面反映出切削力的大小和变化[220]。

设计一个实现超声振动辅助车削的试验，试验切削方式采用振幅为 10 μm 时的径向超声振动切削与常规切削，并使用粗糙度测量仪，测量加工后的表面结构，观测超声振动辅助切削在实际工程应用中的表现，试验平台如图 6.31 所示。

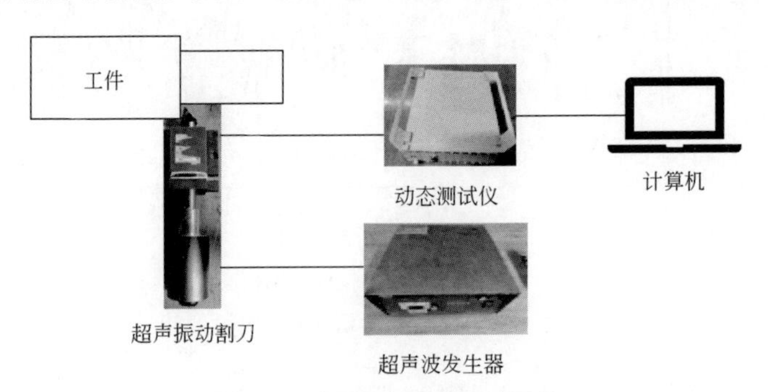

图 6.31　超声振动车削试验平台

试验平台主要由超声振动辅助加工系统、数控车床和动态测试系统三部分组成。超声振动辅助加工系统采用定制的 SCQ-1500F，数控车床型号为 CY-K360n，动态测试系统选用 DH5923N 动态信号测试分析系统，钛合金棒料规格为 ϕ100 mm×400 mm，切削试验参数见表 6.13。

◆ 表 6.13 切削试验参数表

序号	切削深度/mm	切削速度/(m/min)	进给量/(mm/r)	振动频率/kHz	振幅/μm
1	1	60	0.2	20	0
2	1	60	0.2	20	10

6.3.3.2 振动信号结果与分析

在刀具与工件接触面积不变的情况下，改变最大 Mises 应力会导致切削过程不平稳，加剧加工过程中系统的振动，因此，使用切削动态信号来验证仿真中的切削应力。使用东华测试 DH5923N 采集常规切削和超声振动辅助切削过程中的振动信号，利用系统中自带的算法对信号放大分析，采样频率设置为 5 kHz，测量切削过程中 1 kHz 以内的振动信号采样时间为 10 s，可得不同切削状态下的时域信号和频域信号，如图 6.32 所示。

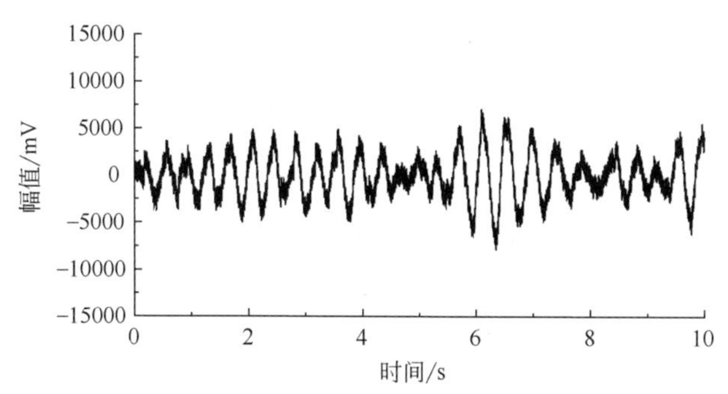

（a）径向超声振动切削时域信号曲线

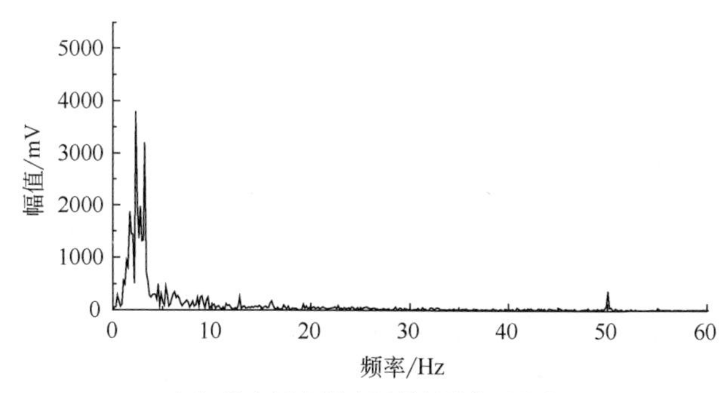

（b）径向超声振动切削频域信号曲线

图 6.32

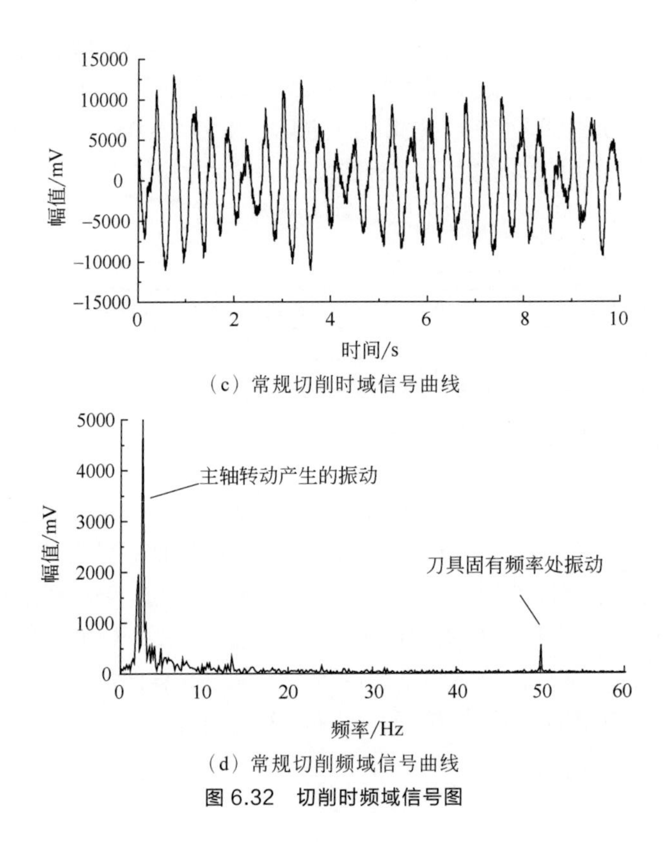

（c）常规切削时域信号曲线

（d）常规切削频域信号曲线

图 6.32　切削时频域信号图

由图 6.32（a）、（c）可见，相同切削条件下，常规切削时域信号波动的范围比较大，说明切削过程中有比较大的振动。采用径向超声振动辅助切削时，时域信号跳动的范围约减小了 28%，说明径向超声振动辅助切削可以降低切削过程中的振动。由 6.1 节可知，切削系统的固有频率在 55 Hz 左右，主轴转速为 192 r/min，由常规切削频域信号可以看出，信号的振动频率主要来源于主轴转动时产生的振动和切削系统固有频率处的振动。由图 6.32（b）、（d）峰值对比可得，超声振动切削可以有效降低切削过程中由主轴回转产生的振动约 24%，降低固有频率处的振动约 32%。因此，超声振动辅助切削可以抵消机床坐标系中 x 轴方向的振动，提高加工质量。

6.3.3.3　表面结构结果与分析

切削力的周期性变化会影响已加工表面的表面结构，表面结构在一定程度上体现了切削过程中切削力是否平稳，因此可使用表面结构验证超声振动切削对切削力的影响。根据表 6.13 的两组试验，分别测量常规切削与超声振动切削加工后的表面结构。为了保证测量准确无误，测量 3 组数据，得到表面轮廓曲线的测量曲线，如图 6.33 所示。

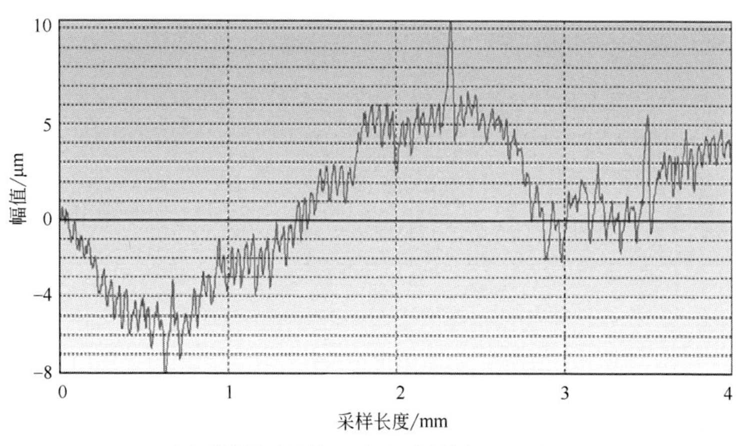

（a）常规切削已加工表面原始轮廓曲线（一）

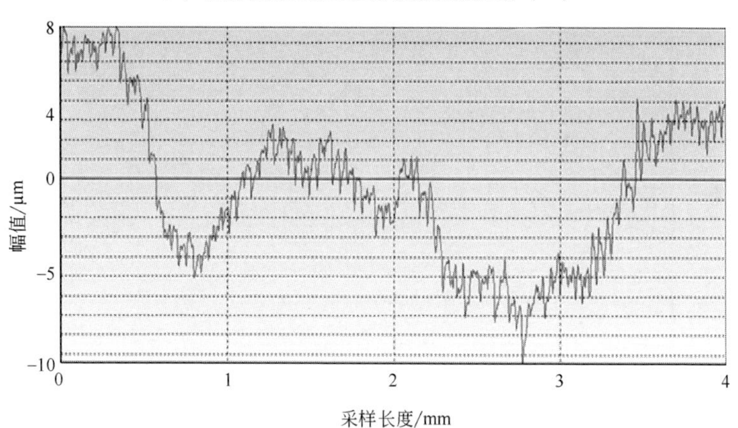

（b）常规切削已加工表面原始轮廓曲线（二）

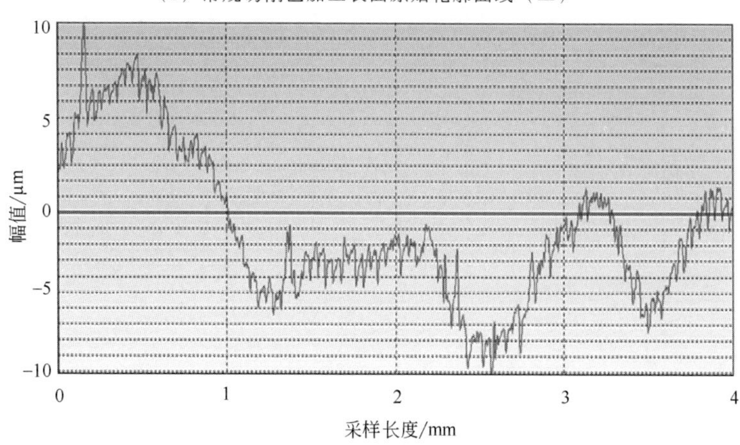

（c）常规切削已加工表面原始轮廓曲线（三）

图 6.33

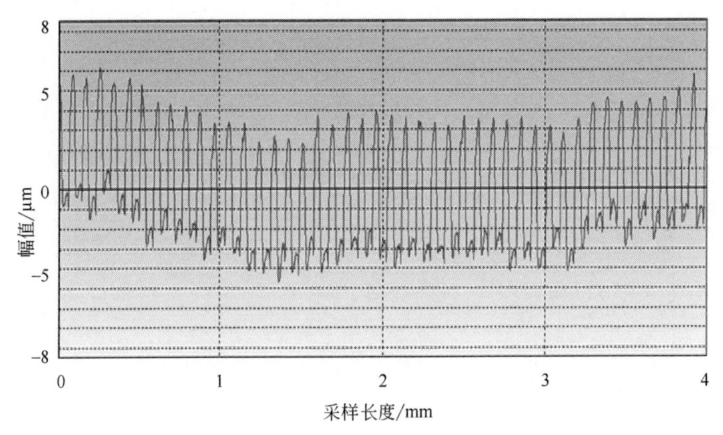

(d) 超声振动切削已加工表面原始轮廓曲线(一)

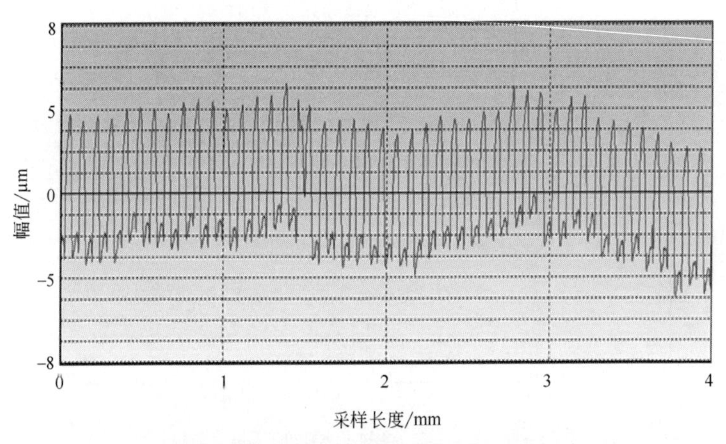

(e) 超声振动切削已加工表面原始轮廓曲线(二)

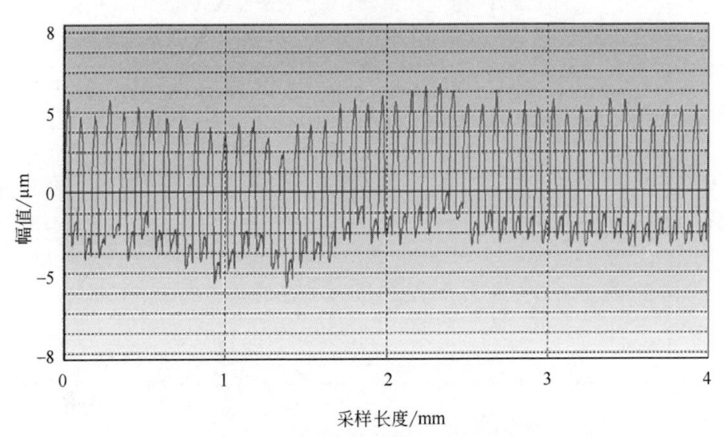

(f) 超声振动切削已加工表面原始轮廓曲线(三)

图 6.33 不同切削状态下原始轮廓曲线图

从加工表面原始轮廓曲线可以看出，图 6.33（a)、(b）和（c）常规切削状态下，加工表面的表面波纹度轮廓有较大的起伏，因此这里使用表面结构比表面粗糙度和表面质量表达更合适；图 6.33（d)、(e）和（f）超声振动切削状态下，加工表面的原始轮廓图的表面波纹度较小，表面粗糙度轮廓呈锯齿形曲线波动，推测这个波动是由于施加在刀具上的超声振动与机床在切削过程中产生的随机振动相耦合产生的，与超声振动的最大振幅相似，频率相差较大，综合可得已加工表面原始轮廓的极差降低约 23%。结合振动信号结果可知，刀具的超声振动抑制了主轴转动产生的振动和刀杆固有频率处产生的振动。但振幅过大时，超声振动会在加工表面上增大表面粗糙度轮廓，因此，当超声振动方向为径向时，超声振动的振幅不宜过大，振幅过大可能会使表面结构相较于常规切削变差。

6.4 TC4 钛合金车削颤振监测与抑制系统构建

由 6.1 节可知，在非稳定区域切削时，降低时滞可以减小再生效应产生的振动。但当主轴转速加快，主轴转动产生的振动会变成主要振动。在 T=0.17 s 时，再生型效应产生的振动减小，主轴转动振动较小，切削效果状态最稳定。改变时滞可能会引发颤振。由 6.2 节研究可知，使用动态测试仪提取车削过程中的动态信号，通过小波包变换和支持向量机算法可以对车削过程中发生颤振的节点进行监测。监测速度为 3700 obs/s，颤振分类识别时间为 0.1005 s，常规切削与颤振爆发切削的综合识别准确率达到 91.6%。识别错误的点主要出现在车削开始阶段和切削即将结束阶段。基于 6.3 节研究可知，径向超声振动辅助车削振幅在 10 μm 降低最大应力效果最明显，最大 Mises 应力相比于常规切削降低 6%。当振幅为 10μm 时，对比常规切削与径向和切向超声振动切削平均切削力，超声振动切削可以有效降低切削过程中 11%的主切削力，且径向切削的切削力方差小，切削过程更加平稳。超声振动辅助切削可以有效减小切削过程中振动信号的波动范围约 28%。对比频域信号可知，超声振动车削可以有效降低切削过程中由主轴回转产生的振动约 24%，降低固有频率处的振动约 32%。对已加工表面的表面结构测量结果分析可知，超声振动加工降低已加工表面原始轮廓的极差约 23%。

6.4.1 车削颤振监测及抑制试验设计

根据再生型车削颤振机理，研究时滞对切削的影响，建立车削模型，绘制稳定性叶瓣图。在稳定区域与非稳定区域各选 5 个点，针对不同时滞进行了车削仿真与试验。研究时滞对车削颤振的影响，颤振爆发时车削与常规车削过程中动态信号的异同。在此基础上研究小波包变换-支持向量机颤振监测系统。根据前面试验结果，采集常规车削与颤振爆发时车削的动态信号，依据小波包变换的原理提取出特征值，组成特征向量，使用支持向量机训练颤振监测分类器。设计一个从常规车削到颤振爆发时车削试验平台，验证颤振监测分类器的可行性。为了实现对车削颤振的抑制，搭建超声振动车削平台，提取常规切削和超声振动辅切削过程中的振动信号，进行时域及频域分析，并对已加工表面的原始轮廓进行分析。试验流程如图 6.34 所示。

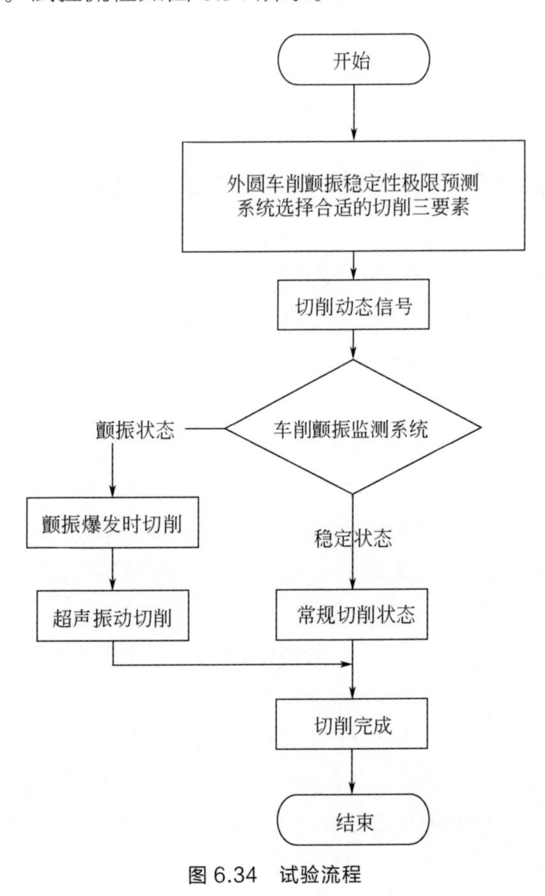

图 6.34　试验流程

在此基础上，建立一个外圆切削颤振稳定性极限预测系统，绘制时滞-切削深度稳定性极限叶瓣图，通过切削系统的固有频率、切削刚度系数、等效刚度、阻尼比和切削角度等参数，并通过建模、稳定性判断，直观展示时滞与切削深度在颤振中的影响。系统使用 Visual Studio+QT 建立平台，达到在切削工作开始前选择合适切削参数，实现图形用户界面（Graphical User Interface，GUI）操作。

6.4.2 外圆切削颤振稳定性极限预测系统

QT 是一个跨平台的 C++开发库，主要用来开发图形用户界面程序。VS+QT 开发平台主要是使用 VS 的开发环境，即编辑器、编译器、调试器都使用 VS，QT 方面主要是使用 QT 类库和 QT Designer 开发界面。

由再生型颤振机理建立动力学方程，将动力学方程进行拉普拉斯变换。由稳定判据可知，线性定常系统稳定的充要条件是其全部特征根均具有负实部。设特征方程的根为 $s=\sigma+\mathrm{j}\omega$，当 $\sigma=0$ 时系统处于临界状态，得到其切削深度就是所求的临界值，所以极限切削深度 b_{lim}、转速 n 和时滞 T 的关系如下：

$$\begin{cases} n=\dfrac{60\omega}{2\mathrm{j}\pi+\arcsin\dfrac{2\varepsilon\lambda}{\sqrt{\left(2\varepsilon\lambda\right)^2+\left(1-\lambda^2\right)^2}}-\arctan\dfrac{2\varepsilon\lambda}{1-\lambda^2}} \\ b_{\mathrm{lim}}=\dfrac{-2\varepsilon\lambda k}{k_f\cos\theta\sin\left(\arcsin\dfrac{2\varepsilon\lambda}{\sqrt{\left(2\varepsilon\lambda\right)^2+\left(1-\lambda^2\right)^2}}-\arctan\dfrac{2\varepsilon\lambda}{1-\lambda^2}\right)} \\ T=\dfrac{1}{n/60} \end{cases} \tag{6.33}$$

由式（6.33）可知，可以根据切削系统稳定性极限的关系绘制出以时滞 T 为横坐标，切削深度为纵坐标的稳定性极限叶瓣图，只要求得切削系统中的参数静刚度系数 k、阻尼比 ξ、固有频率 ω_{n}、切削刚度系数 k_f、切削力与刀具振动方向的夹角 θ，使用 MATLAB 绘制切削稳定性叶瓣图。

首先根据式（6.33）在 MATLAB 中编写叶瓣图计算程序，输入参数 k、ξ、ω_{n}、k_f、θ 即可绘制出时滞-切削深度稳定性极限叶瓣图，然后利用 MATLAB Coder 将 MATLAB 程序转化为 C++程序，在 VS 中建立 QT Designer Custom Widget 项目，编写主程序，调用 MATLAB 中转化的程序，利用 QT 创建图形用户界面，便于引导用户操作。以 VS 为主要程序、QT 为界面联合开发的外圆车削颤振稳定性极限预测系统，系统主页面如图 6.35 所示。

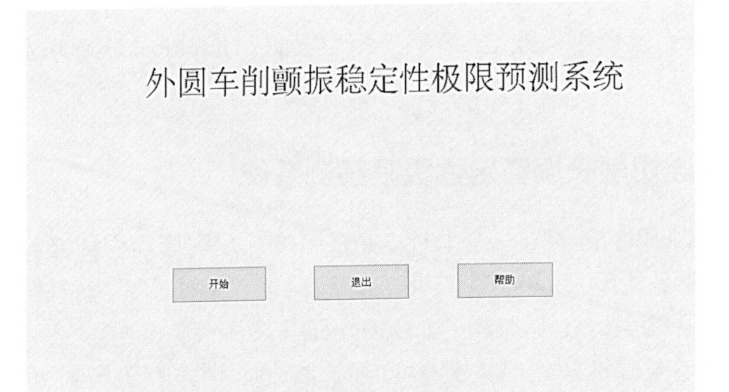

图 6.35 外圆切削颤振稳定性极限预测系统主页面

该系统分为 5 个步骤，分别输入切削系统固有频率、切削刚度系数、等效刚度、阻尼比和切削角度，单击界面上帮助按钮可以展示参数测量计算的过程。输入参数之后单击“下一步”即可得出时滞-切削深度稳定性极限叶瓣图，输出结果如图 6.36 所示。

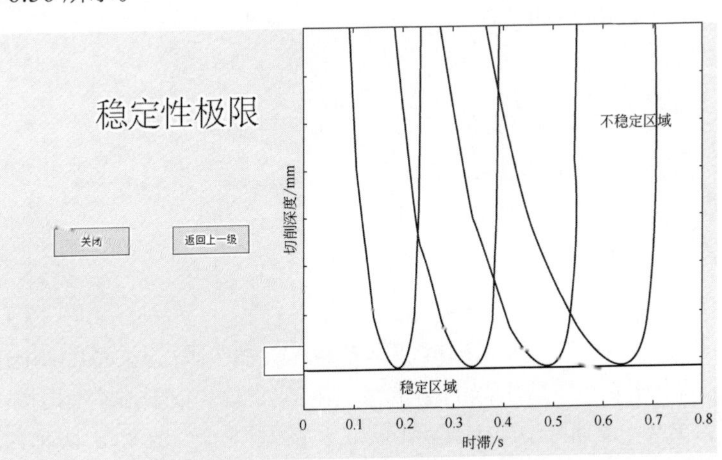

图 6.36 时滞-切削深度稳定性极限叶瓣图

图 6.36 中，横坐标为时滞 T，纵坐标为切削深度，输入的参数分别为：切削系统固有频率 56 Hz、切削刚度系数 1675、等效刚度 3106.6、阻尼比 0.05 和切削力与刀具振动方向的夹角 70°。时滞-切削深度稳定性极限叶瓣图中，在耳垂线上方为不稳定区域，当加工参数选在不稳定区域时，切削系统易发生颤振；耳垂线下方为稳定区域，加工参数选择在耳垂线下方时，切削系统稳定，切削状态正常。当切削深度选择在横线下方时，选择任意时滞都能保证不发生颤振。切削的极限切削深度为 0.418 mm。

6.4.3 切削颤振监测系统

在 6.2 节中使用 MATLAB 训练了判定切削状态的分类器，使用分类器可以识别出切削处于颤振爆发状态还是常规状态，分类识别时间为 0.1005 s，常规切削与颤振爆发时切削的综合识别准确率达到 91.5%，但训练出的分类器训练集中没有超声振动辅助车削作为训练集。为了保证施加超声振动后车削颤振监测系统正常识别，重新训练分类器，设计切削颤振监测系统。

为了保证加入超声振动切削后分类的准确性，将超声振动切削的动态信号添加到分类器的训练集中，超声振动切削的样本为 710 个，总样本数为 3437 个，添加了超声振动切削的分类器训练过程与 6.2.3 节相同，训练结果原始分类散点图（超声振动切削）如图 6.37 所示。

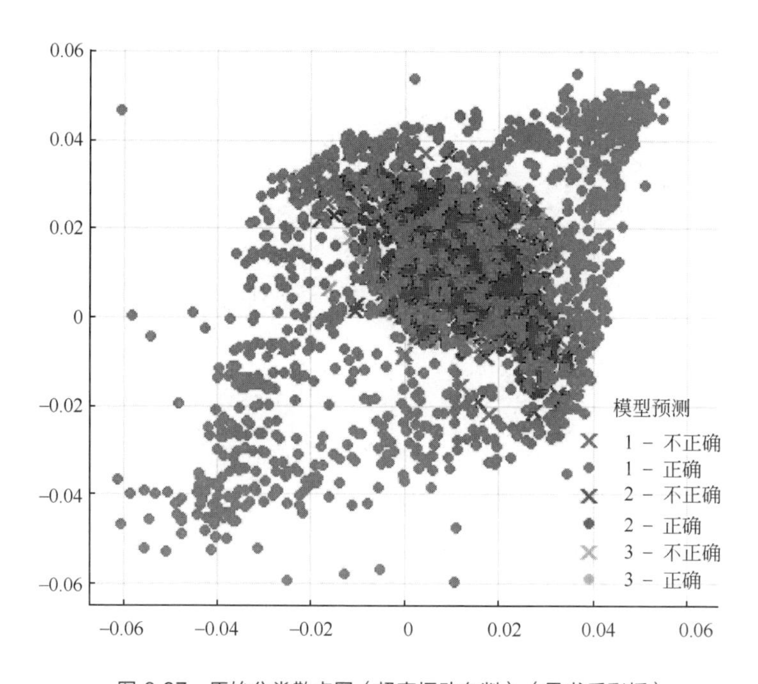

图 6.37 原始分类散点图（超声振动车削）（见书后彩插）

图 6.37 中，橘红色点表示的是常规切削，蓝色点表示的是颤振爆发时的切削，橘黄色点代表的是超声振动辅助切削，点代表分类正确的点，叉号代表分类不正确的点。由分布散点图可知，常规切削代表的特征向量分布在散点图中间部分，颤振爆发时切削代表的特征向量呈菱形分布在散点图上，超声振动切削代表的特征向量分布与常规切削相似，超声振动的特征向量与常规切削的特征向量分布区域相同，超声振动切削可以抑制颤振。分类器（超声振动切削）

分类的平行坐标图如图 6.38 所示。

图 6.38 中，超声振动车削代表的橘黄色线与常规车削代表的橘红色线基本重合，都分布在平行坐标图中间部分。分类器（超声振动车削）分类器的验证混淆矩阵如图 6.39 所示。

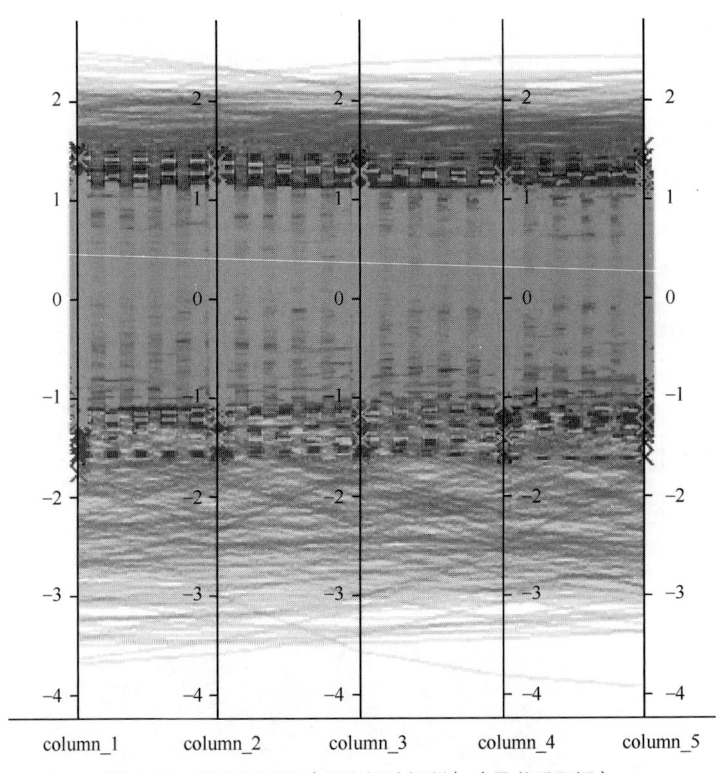

图 6.38　平行坐标图（超声振动切削）（见书后彩插）

图 6.39 中，验证混淆矩阵图每一行代表了预测类别，总数代表该类别的数目，本次分类有三个预测类别，分别是颤振爆发时切削样本 1527 个，常规切削样本 1200 个，超声振动切削样本 710 个。每一列代表分类为该类别的真实数目，如分类为颤振爆发时切削的数目为 1397 个样本，其中 1347 个为正确样本，50 个为错误样本；分类为常规切削的数目为 1316 个样本，其中 966 个为正确样本，350 个为错误样本；分类为超声振动切削的数目为 724 个，其中 525 个为正确样本，199 个为错误样本。综合颤振爆发时切削与常规切削的样本，分类正确的样本为 2838 个，分类错误的样本为 599 个，颤振识别的综合正确率为 83.6%。超声振动错误的样本都被分类到常规切削中，若将超声振动切削与常规切削看作一种分类，则分类正确的样本数为 3207 个，分类错误的样本为 230 个，颤振识别的综合正确率为 93.3%。

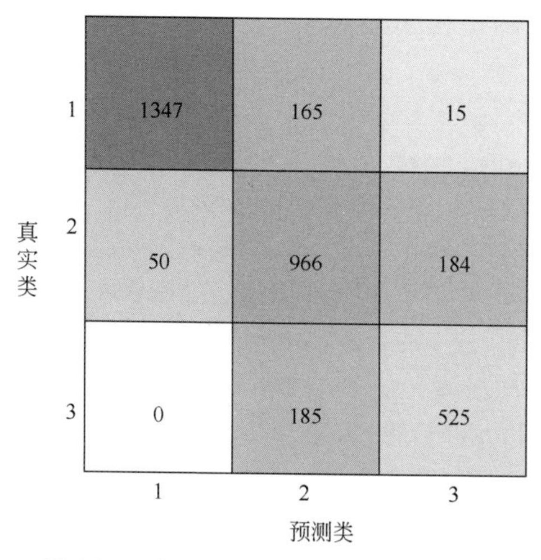

图 6.39　验证混淆矩阵图（超声振动车削）

切削颤振监测系统，使用 6.2 节中的方法，利用 MATLAB 训练分类器（超声振动车削），输入一段长度为 500 的切削动态信号即可判定切削状态。切削颤振监测系统工作流程如图 6.40 所示。

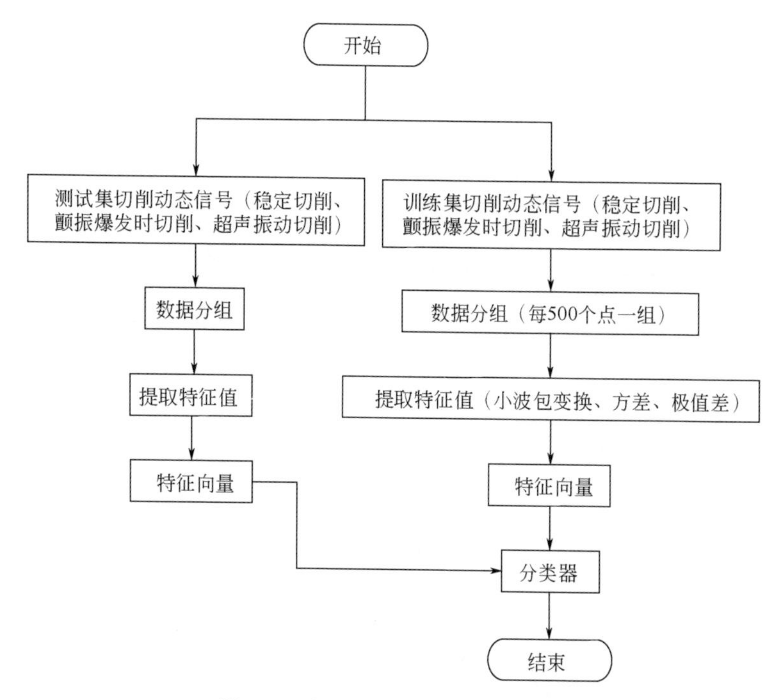

图 6.40　切削颤振监测系统工作流程

系统接收切削动态信号即可进行颤振识别，预测速度为 9100 obs/s，颤振识别的综合正确率为 93.3%。

6.4.4 变时滞切削试验设计

由 6.1 节试验结果可得，在非稳定区域切削时，降低时滞可以减小再生型切削中再生效应产生的振动，但主轴转速高，主轴转动产生的振动成为引发颤振的主要因素。在 T=0.17 s 时，再生效应产生的振动减小，主轴转动产生振动较小，刀尖动态时序图波动范围最小。在稳定区域，再生效应产生的振动很小，振动位移的主要来源为机床自激振动，随着时滞降低，主轴转速增大，切削过程中的自激振动变大，切削时刀尖动态时序图波动范围增大。根据 6.1 节试验结果选择切削三要素，通过改变时滞激发切削颤振，验证切削颤振监测系统对颤振的监测能力和超声振动切削抑制颤振的性能。

6.4.4.1 变时滞切削试验平台

车削颤振监测系统主要仪器为 DH5923N 动态信号测试分析系统，车削颤振抑制系统使用定制的 SCQ-1500F，机床使用 CY-K360n 数控车床，变时滞切削试验平台如图 6.41 所示。

图 6.41 变时滞切削试验平台

切削试验过程使用 DH5923N 动态信号测试仪记录，选择 TR200 粗糙度测试仪直观展示颤振爆发时切削与常规切削对被切削面的影响，为了保证测量准确无误，每个加工圆周面在不同地方测量 3 组数据取其中间数据。

TR200 粗糙度测试仪，通过驱动传感器的触针沿被测表面做匀速直线运动，通过触针感受被测面的粗糙度，被测面的表面轮廓起会引起触针产生位移，产生的位移会使传感器电感线圈的电感量发生变化，从而在相敏检波器的输出端产生与被测面轮廓成比例的模拟信号，该信号经过放大后进入采样系统转化为数字信号，数字信号经过滤波和参数计算后将测量结果显示在屏幕上。

6.4.4.2 变时滞切削参数设计

通过改变时滞激发颤振的试验，由 6.1 节试验结果可知，时滞 T=0.17 s 为试验结果的最优中间值，无论增大还是减小时滞都会引发颤振。变时滞切削颤振试验参数如表 6.14 所示。

◆ 表 6.14 变时滞切削颤振试验参数表

参数	数值
切削深度/mm	1
线速度/(m/min)	60
进给量/(mm/r)	0.2
时滞/s	0.17～0.30（渐变）
主轴转速/(r/min)	200～350（渐变）
工件直径/mm	55～95（渐变）

6.4.4.3 试验结果及分析

按照表 6.14 选择切削参数，使用 DH5923N 动态信号测试仪采集切削过程中的动态信号，采样频率为 5 kHz，采样时间为 50 s。在颤振监测时，切削刚开始时监测错误点较多，为了避免采集到开始时的干扰项，切削达到稳定状态后再进行信号采集。激发颤振的切削试验动态时序图如图 6.42 所示。

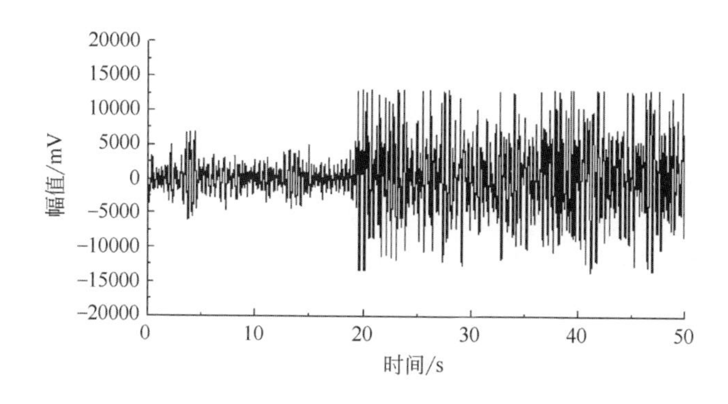

图 6.42 激发颤振的切削试验动态时序图

如图 6.42 所示，切削动态信号根据幅值波动大小分为两部分，时滞从 0.17 s 到 0.30 s 渐变，动态信号开始时波动幅度较小，为常规切削阶段。当切削进行到 19 s 左右时发生颤振，幅值波动突然变大，伴随着刺耳的噪声，切削从常规切削变为颤振爆发时切削。已加工面表面形貌如图 6.43 所示。

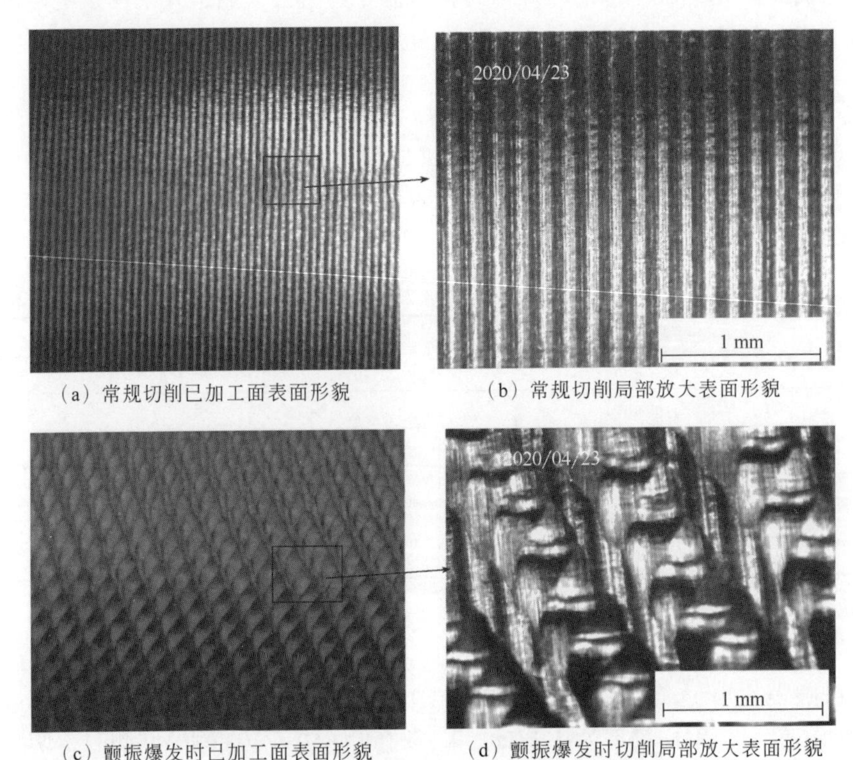

（a）常规切削已加工面表面形貌　（b）常规切削局部放大表面形貌

（c）颤振爆发时已加工面表面形貌　（d）颤振爆发时切削局部放大表面形貌

图 6.43　激发颤振的切削已加工面表面形貌图

图 6.43（a）、（c）为常规切削与颤振爆发时切削已加工面的表面形貌，图 6.43（b）、（d）为局部放大图。在常规切削阶段被切削面较为平稳，由车刀进给留下的纹路分布平均。对已加工面表面测量表面轮廓，为了避免误差，每个已加工面测量 3 次，常规切削的表面轮廓曲线如图 6.44 所示。

从图 6.44 可以看出，常规切削状态下加工表面的原始轮廓图的幅值较小，表面粗糙度轮廓呈锯齿形曲线波动，表面轮廓的变化与切削动态信号变化相吻合。在颤振爆发切削阶段，振动加大，对应的被切削面出现肉眼可见的鱼鳞状振纹，并伴随着刺耳的噪声，振纹的方向与进给方向夹角约为 45° 。由于粗糙度过大，超出仪器量程，颤振发生时已加工面表面轮廓不能使用粗糙度测试仪测量。

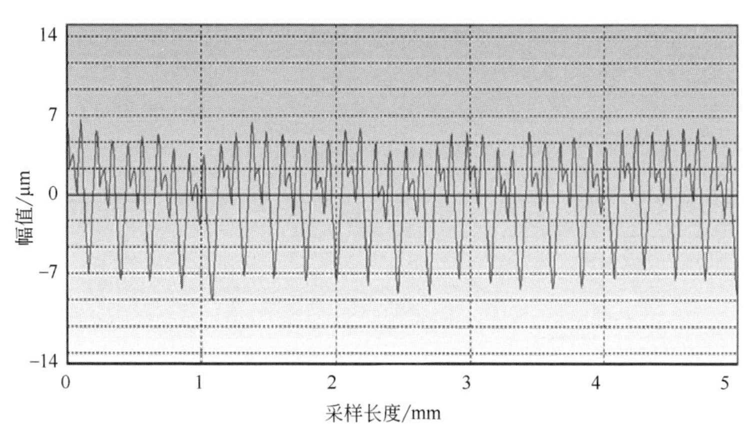

（a）常规切削已加工面表面轮廓曲线（一）

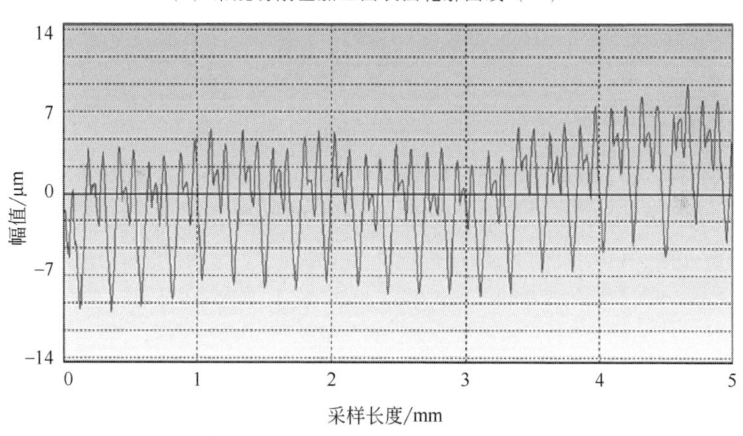

（b）常规切削已加工面表面轮廓曲线（二）

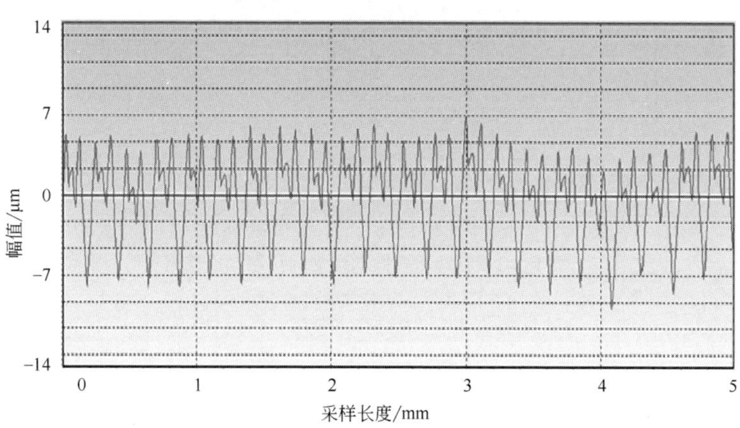

（c）常规切削已加工面表面轮廓曲线（三）

图 6.44　常规切削已加工面表面轮廓曲线

将时滞改变激发颤振的切削试验动态信号输入切削颤振监测系统中，系统对颤振的监测结果如图 6.45 所示。

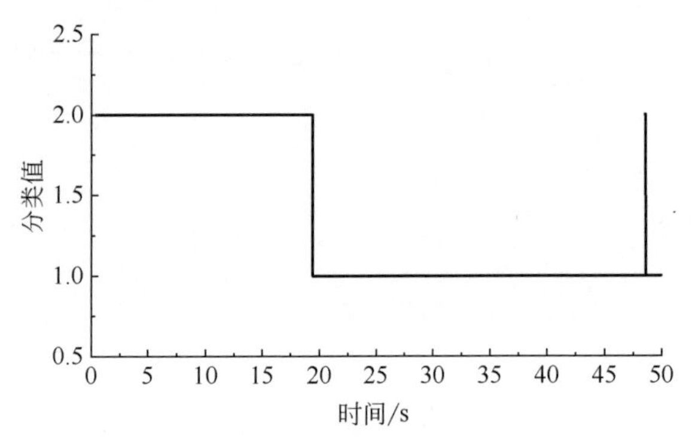

图 6.45 颤振监测结果

图 6.45 中，分类值 2 代表常规切削，1 代表颤振爆发时切削。由图颤振监测试验切削过程动态信号可知，切削过程中前 19.5 s 为常规切削，19.5 s 之后为颤振爆发时切削，发生颤振的特征明显，本次识别除了在 19.5 s 左右出现了几个错误点外，颤振识别基本正确。切削系统识别到颤振，启动超声振动切削的切削动态信号如图 6.46 所示。

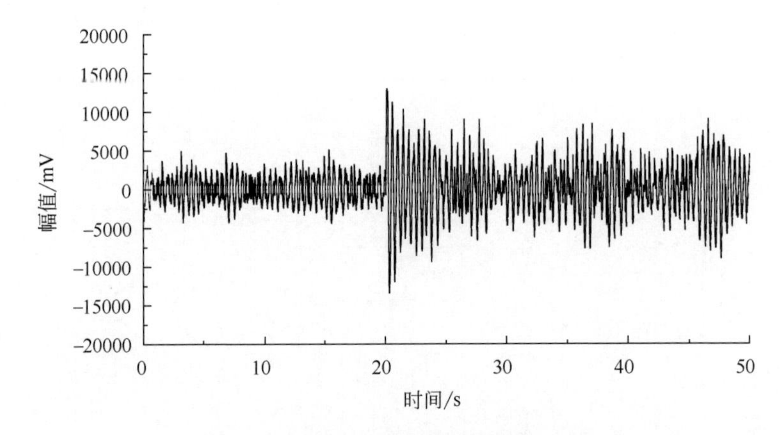

图 6.46 启动超声振动切削的切削动态信号

如图 6.46 所示，超声振动切削破坏了颤振形成的条件，阻止了颤振发生。但由于超声振动切削在刀尖施加一个微小的位移，也会引起切削动态信号幅值变大，在 19.5 s 颤振监测系统识别到颤振后开启超声振动装置，动态信号因为超声振动的干扰，信号幅值突然变大，随后慢慢降低，与颤振爆发时切削相比，动态信号幅值降低了约 21%。由于施加超声振动会使动态信号幅值增大，因此，超声振动切削实际的动态信号比测量信号小。超声振动抑制颤振后已加工面的表面形貌如图 6.47 所示。

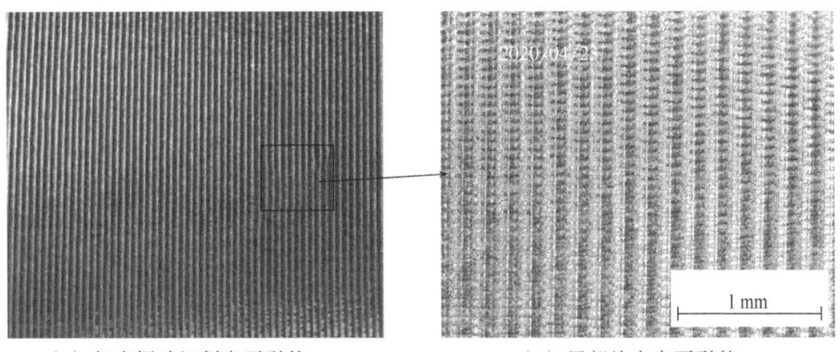

（a）超声振动切削表面形貌　　（b）局部放大表面形貌

图 6.47　超声振动抑制颤振后已加工面表面形貌图

如图 6.47 所示，超声振动抑制颤振后表面形貌与常规切削相似，被切削面较为平稳，由车刀进给留下的纹路分布平均。由局部放大表面形貌可知，超声振动切削施加在刀尖上的微小位移在已加工面上留下细小的阶梯状纹路。超声振动切削抑制颤振后已加工面表面轮廓曲线如图 6.48 所示。

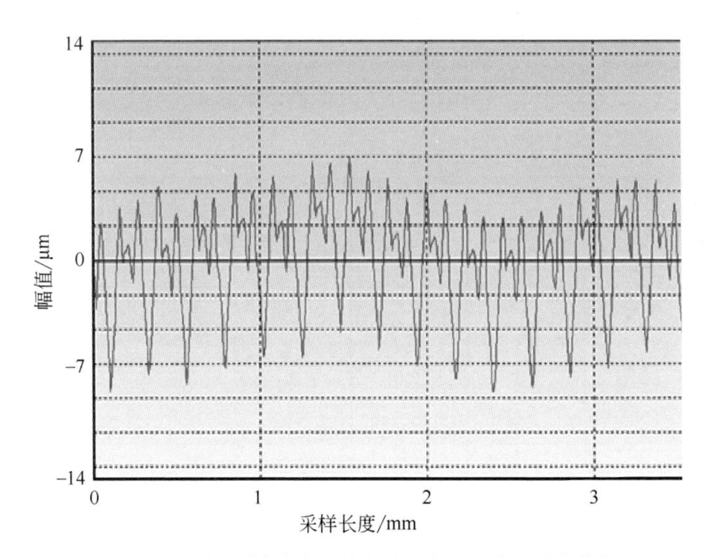

图 6.48　超声振动切削抑制颤振后已加工面表面轮廓曲线

如图 6.48 所示，使用超声振动切削后，表面轮廓与常规切削时类似。超声振动切削可有效抑制由改变时滞引发的颤振问题。

附录

◆ 附表1 常规车削与不分离型轴向超声振动车削平均表面粗糙度试验结果

试验号	切削速度/(m/min)	背吃刀量/mm	进给量/(mm/r)	振频/kHz	振幅/μm	振动车削/μm	常规车削/μm
1	50	0.2	0.07	20	10	0.309333	0.350667
2	50	0.2	0.1	20	10	0.455667	0.500667
3	50	0.2	0.15	20	10	0.740333	1.004667
4	50	0.2	0.2	20	10	1.377	1.516
5	100	0.2	0.07	20	10	0.342333	0.392667
6	100	0.2	0.1	20	10	0.449	0.486333
7	100	0.2	0.15	20	10	0.840333	0.914667
8	100	0.2	0.2	20	10	1.666333	1.707
9	150	0.2	0.07	20	10	0.285	0.367
10	150	0.2	0.1	20	10	0.454667	0.474333
11	150	0.2	0.15	20	10	0.821	0.907667
12	150	0.2	0.2	20	10	1.742667	1.719333
13	200	0.2	0.07	20	10	0.347667	0.423
14	200	0.2	0.1	20	10	0.453667	0.537667
15	200	0.2	0.15	20	10	0.87	1.004667
16	200	0.2	0.2	20	10	1.497667	1.656
17	50	0.3	0.07	20	10	0.319333	0.432333
18	50	0.3	0.1	20	10	0.440667	0.579
19	50	0.3	0.15	20	10	1.04	1.081667
20	50	0.3	0.2	20	10	1.344333	1.624667
21	100	0.3	0.07	20	10	0.361667	0.449667
22	100	0.3	0.1	20	10	0.420333	0.581667
23	100	0.3	0.15	20	10	0.935333	1.033667
24	100	0.3	0.2	20	10	1.291	1.542667
25	150	0.3	0.07	20	10	0.346	0.443667
26	150	0.3	0.1	20	10	0.481	0.597
27	150	0.3	0.15	20	10	0.827	1.093

续表

试验号	切削速度 /(m/min)	背吃刀量 /mm	进给量 /(mm/r)	振频 /kHz	振幅 /μm	振动车削 /μm	常规车削 /μm
28	150	0.3	0.2	20	10	1.619	1.761333
29	200	0.3	0.07	20	10	0.357	0.496667
30	200	0.3	0.1	20	10	0.457667	0.639333
31	200	0.3	0.15	20	10	0.889333	0.918667
32	200	0.3	0.2	20	10	1.636333	1.644667
33	50	0.6	0.07	20	10	0.324333	0.416333
34	50	0.6	0.1	20	10	0.37	0.472
35	50	0.6	0.15	20	10	0.801	0.905333
36	50	0.6	0.2	20	10	1.797333	1.458
37	100	0.6	0.07	20	10	0.326	0.456667
38	100	0.6	0.1	20	10	0.412	0.59
39	100	0.6	0.15	20	10	0.813667	0.959333
40	100	0.6	0.2	20	10	1.498267	1.32
41	150	0.6	0.07	20	10	0.312	0.424333
42	150	0.6	0.1	20	10	0.433667	0.498333
43	150	0.6	0.15	20	10	0.883667	1.128667
44	150	0.6	0.2	20	10	1.570667	1.851667
45	200	0.6	0.07	20	10	0.324	0.567333
46	200	0.6	0.1	20	10	0.438667	0.802667
47	200	0.6	0.15	20	10	0.834667	1.141
48	200	0.6	0.2	20	10	1.403	1.833333
49	50	1	0.07	20	10	0.424333	0.620667
50	50	1	0.1	20	10	0.482333	0.885
51	50	1	0.15	20	10	0.954	1.249667
52	50	1	0.2	20	10	1.604667	1.635
53	100	1	0.07	20	10	0.343	0.430667
54	100	1	0.1	20	10	0.484667	0.498
55	100	1	0.15	20	10	0.91	1.195333
56	100	1	0.2	20	10	1.772333	1.58
57	150	1	0.07	20	10	0.361333	0.446
58	150	1	0.1	20	10	0.532333	0.585667
59	150	1	0.15	20	10	0.799667	1.011667
60	150	1	0.2	20	10	1.639333	1.447667
61	200	1	0.07	20	10	0.383333	0.428333
62	200	1	0.1	20	10	0.493	0.592667
63	200	1	0.15	20	10	0.803667	0.944333
64	200	1	0.2	20	10	1.476	1.624667

◆ 附表 2　分离型轴向超声振动车削 Pareto 解集

编号	背吃刀量 /mm	进给量 /(mm/r)	切削速度 /(m/min)	表面粗糙度 /μm	材料去除率 /(mm^3/min)
1	0.100	0.002	179.979	0.172	-37.336
2	0.299	0.002	179.703	0.244	-124.489
3	0.297	0.007	179.967	0.356	-359.143
4	0.105	0.004	179.648	0.220	-74.059
5	0.104	0.003	179.626	0.191	-49.762
6	0.294	0.004	179.784	0.298	-217.709
7	0.273	0.004	179.651	0.279	-178.108
8	0.285	0.004	179.681	0.288	-196.153
9	0.292	0.005	179.851	0.323	-273.066
10	0.298	0.003	179.746	0.260	-148.176
11	0.281	0.003	179.819	0.255	-140.017
12	0.287	0.006	179.796	0.340	-313.918
13	0.295	0.006	179.703	0.337	-305.530
14	0.299	0.006	179.699	0.344	-325.952
15	0.297	0.005	179.989	0.329	-288.636
16	0.277	0.008	179.454	0.367	-383.494
17	0.288	0.005	179.774	0.320	-264.483
18	0.272	0.003	179.818	0.267	-157.522
19	0.299	0.007	179.977	0.369	-399.261
20	0.282	0.007	179.655	0.349	-336.059
21	0.142	0.003	179.633	0.209	-68.966
22	0.298	0.008	179.805	0.378	-423.793
23	0.294	0.007	179.725	0.359	-365.732
24	0.242	0.003	179.970	0.251	-130.141
25	0.107	0.002	179.872	0.176	-40.316
26	0.293	0.003	179.935	0.272	-169.793
27	0.257	0.002	179.718	0.225	-96.195
28	0.300	0.008	179.988	0.380	-431.931
29	0.278	0.004	179.764	0.283	-186.846
30	0.299	0.005	179.867	0.313	-250.280

◆ 附表 3　不分离型轴向超声振动车削 Pareto 解集

编号	背吃刀量 /mm	进给量 /(mm/r)	切削速度 /(m/min)	表面粗糙度 /μm	材料去除率 /(mm^3/min)
1	0.222	0.070	139.109	0.304	-2164.648204
2	0.545	0.070	164.448	0.314	-6300.601863
3	0.975	0.077	188.639	0.368	-14224.59774
4	0.939	0.071	170.999	0.326	-11433.3063
5	0.997	0.161	192.623	1.062	-30962.45516
6	0.968	0.105	189.184	0.574	-19284.48397
7	0.999	0.133	192.791	0.802	-25556.8445
8	1.000	0.200	193.331	1.449	-38663.19186
9	0.809	0.070	169.676	0.318	-9655.660902
10	0.974	0.161	191.904	1.057	-30032.73565
11	0.909	0.071	175.148	0.322	-11255.21354
12	0.997	0.130	192.623	0.778	-24960.54819
13	1.000	0.169	193.331	1.134	-32621.72433
14	0.993	0.073	175.357	0.341	-12761.92558
15	0.371	0.070	146.839	0.310	-3835.310835
16	0.993	0.115	190.370	0.649	-21668.97791
17	0.957	0.149	192.506	0.948	-27462.59055
18	0.997	0.179	192.321	1.234	-34297.39547
19	0.972	0.122	193.095	0.712	-22950.97876
20	0.966	0.099	184.695	0.528	-17730.75018
21	0.993	0.142	189.881	0.884	-26755.34061
22	0.997	0.151	190.555	0.968	-28716.95538
23	0.946	0.086	184.374	0.430	-15049.02804
24	0.986	0.188	186.644	1.326	-34624.72352
25	0.977	0.075	175.372	0.352	-12855.00585
26	0.661	0.071	167.052	0.318	-7789.909585
27	1.000	0.153	193.339	0.986	-29602.2615
28	0.999	0.117	192.791	0.670	-22548.21886
29	0.943	0.102	192.203	0.551	-18560.44261
30	0.365	0.071	164.572	0.312	-4241.086199

参考文献

[1] Ertürk A, Özgüven H N, Budak E. Analytical modeling of spindle–tool dynamics on machine tools using Timoshenko beam model and receptance coupling for the prediction of tool point FRF[J]. International Journal of Machine Tools and Manufacture, 2006, 46(15): 1901-1912.

[2] 张勇，合烨，陈小安. 基于 MATLAB/Simulink 再生车削颤振仿真研究[J]. 机械研究与应用, 2013, 26(2): 23-26.

[3] 张文祥. 机床切削颤振试验与分析[J]. 现代机械, 2018(3): 35-41.

[4] KaiCheng. Machining Dynamics[M]. Berlin: Springer, 2009.

[5] King R I, Hahn R S, Devereux O F. Handbook of Modern Grinding Technology[J]. Journal of Engineering Materials & Technology, 1987, 109(4): 353.

[6] 林洁琼，于行，刘思洋，等. SiC_p/Al 超声振动辅助切削仿真与实验研究[J]. 长春工业大学学报, 2022, 43(4/5): 189-296.

[7] Zhang J J, Wang D Z. Investigations of Tangential Ultrasonic Vibration Turning of Ti6Al4V Using Finite Element Method[J]. International Journal of Material Forming, 2019, 12(2): 257-267.

[8] 王俊磊，袁松梅，李麒麟，等. SiC_p/Al 超声椭圆振动车削力热特性仿真研究[J]. 航空制造技术, 2021, 64(10): 1-11.

[9] Luo H, Wang Y Q, Zhang P. Effect of Cutting and Vibration Parameters on the Cutting Performance of 7075-T651 Aluminum Alloy by Ultrasonic Vibration[J]. The International Journal of Advanced Manufacturing Technology, 2020, 107(1): 371-384.

[10] Zhang X Q, Huang R, Wang Y, et al. Suppression of Diamond Tool Wear with Sub-Millisecond Oxidation in Ultrasonic Vibration Cutting of Steel[J]. Journal of Materials Processing Technology, 2022, 299: 117320.

[11] Zhou J K, Lu M M, Lin J Q, et al. Elliptic Vibration Assisted Cutting of Metal Matrix Composite Reinforced by Silicon Carbide: An Investigation of Machining Mechanisms and Surface Integrity[J]. Journal of Materials Research and Technology, 2021, 15(11): 1115-1129.

[12] Pei L, Wu H B. Effect of Ultrasonic Vibration on Ultra-Precision Diamond Turning of Ti6Al4V[J]. The International Journal of Advanced Manufacturing Technology, 2019, 103(1): 433-440.

[13] Yao C F, Zhao Y, Zhou Z, et al. A Surface Integrity Model of TC17 Titanium Alloy by Ultrasonic Impact Treatment[J]. The International Journal of Advanced Manufacturing Technology, 2020, 108(3): 881-893.

[14] 张翔宇, 隋翯, 姜兴刚, 等. 超声振动切削技术发展简述[J]. 电加工与模具, 2018, 53(1): 1-6.

[15] 邱辉. 再生型车削颤振稳定性分析及预报方法研究[D]. 宁波: 宁波大学, 2017.

[16] 曹自洋, 薛晓红, 谢鸥, 等. 高速车削加工颤振稳定域建模与验证[J]. 机床与液压, 2014(11): 93-95, 102.

[17] Özşahin O, Özgüven H N, Budak E. Analysis and compensation of mass loading effect of accelerometers on tool point FRF measurements for chatter stability predictions[J]. International Journal of Machine Tools & Manufacture, 2010, 50(6): 585-589.

[18] 李东, 李莹. GMA 再生型颤振系统的稳定性及其控制[J]. 中国科技论文, 2014, 9(02): 192-195, 206.

[19] Sekar M, Srinivas J, Kotaiah K R, et al. Stability analysis of turning process with tailstock-supported workpiece[J]. The International Journal of Advanced Manufacturing Technology, 2009, 43(9): 862-871.

[20] Li X, Mei D Q, Chen Z C. An Effective EMD-Based Feature Extraction Method for Boring Chatter Recognition[J]. Applied Mechanics & Materials, 2010, 34-35: 1058-1063.

[21] 杨毅青, 刘强, 王民. 面向车削颤振抑制的多重阻尼器优化设计[J]. 振动工程学报, 2010, 23(4): 468-474.

[22] 孔繁森, 于骏一, 潘志刚. 切削过程再生颤振的模糊稳定性分析[J]. 振动工程学报, 1998, 11(1): 109-112.

[23] 黄贤振, 许乙川, 张义民, 等. 车削加工颤振稳定性可靠度蒙特卡罗法仿真[J]. 振动、测试与诊断, 2016, 36(3): 484-487.

[24] Tobias S A. Machine tool vibration research[J]. International Journal of Machine Tool Design and Research, 1961, 1(1): 1-14.

[25] Wu Y, Song Q, Liu Z, et al. Stability of turning process with a distributed cutting force model[J]. The International Journal of Advanced Manufacturing Technology, 2019, 102: 1215-1225.

[26] Shailendra K, Singh B. Stable Cutting Zone with Improved Metal Removal Rate in Turning Process[J]. Iranian Journal of Science & Technology, Transactions of Mechanical Engineering, 2020, 44: 129-147.

[27] 曹力，钟建琳．基于稳定域仿真的切削稳定性预测研究[J]．组合机床与自动化加工技术, 2016(1): 105-107.

[28] 邱辉，李国平，孙涛．再生型车削颤振的动力学建模与稳定性分析[J]．宁波大学学报(理工版), 2016, 029(3): 98-102.

[29] 邓聪颖，苗建国，殷国富，等．面向数控机床运行状态的切削稳定性预测研究[J]．工程科学与技术, 2019, 51(3): 184-191.

[30] 杨闪闪，殷鸣，徐雷，等．基于模态联合仿真寻优法的机床刀具结合部参数辨识方法[J]．工程科学与技术, 2019, 51(3): 198-204.

[31] Vineet P, Ramesh B N. Prediction of stability boundaries in milling by considering the variation of dynamic parameters and specific cutting force coefficients[J]. Procedia CIRP, 2021, 99: 183-188.

[32] Christian B, Chavan P, Epple A. Efficient determination of stability lobe diagrams by in-process varying of spindle speed and cutting depth[J]. Advances in Manufacturing, 2018, 6: 272-279.

[33] Yu G, Wang L, Wu J. Prediction of chatter considering the effect of axial cutting depth on cutting force coefficients in end milling[J]. The International Journal of Advanced Manufacturing Technology, 2018, 96: 9-12.

[34] 李绍朋，王利强，吕志杰．外圆车削 TC4 钛合金颤振稳定性极限预测[J]．机床与液压, 2021, 49(12): 12-18.

[35] 包善斐，张文国，于骏一，等．用切削力的频数差对切削颤振进行早期预报[J]．振动工程学报, 1992 (2): 140-144.

[36] Shukri A. Comparative study of stability predictions in micro-milling by using cutting force models and direct cutting force measurements[J]. Procedia CIRP, 2021, 101: 118-121.

[37] Plaza E, Lopez P. Analysis of cutting force signals by wavelet packet transform for surface roughness monitoring in CNC turning[J]. Mechanical Systems and Signal Processing, 2018, 98: 156-170.

[38] 昌松，梅志坚，师汉民，等．机床颤振预兆早期诊断的频率矩心判别法[J]．华中理工大学学报, 1988 (03): 91-94.

[39] 昌松，梅志坚，杨叔子，等．机床颤振信号互谱特性分析[J]．山东工业大学学报, 1990 (03): 25-31.

[40] Yao Z, Mei D, Chen Z. On-line chatter detection and identification based on wavelet and support vector machine[J]. Journal of Materials Processing Technology, 2010, 210(5): 141-145.

[41] Hynynen K M, Ratava J, Lindh T, et al. Chatter Detection in Turning Processes Using Coherence of Acceleration and Audio Signals[J]. Journal of Manufacturing Science and Engineering, 2014, 136(4): 212-220.

[42] Thaler T, Potočnik P, Bric I, et al. Chatter detection in band sawing based on discriminant analysis of sound features[J]. Applied Acoustics, 2014, 77: 114-121.

[43] Cao H, Yue Y, Chen X, et al. Chatter detection in milling process based on synchrosqueezing transform of sound signals[J]. The International Journal of Advanced Manufacturing Technology, 2017, 89(9/12): 2747-2755.

[44] Gao J, Song Q, Liu Z. Chatter detection and stability region acquisition in thin-walled workpiece milling based on CMWT[J]. The International Journal of Advanced Manufacturing Technology, 2018, 98(1-4): 183-191.

[45] Tran M-Q, Liu M-K, Elsisi M. Effective multi-sensor data fusion for chatter detection in milling process[J]. ISA Transactions, 2022, 125: 514-527.

[46] Arriaza O V, Tumurkhuyagc Z, Kim D-W. Chatter Identification using Multiple Sensors and Multi-Layer Neural Networks[J]. Procedia Manufacturing, 2018, 17: 150-157.

[47] Kuljanic E, Totis G, Sortino M. Development of an intelligent multisensor chatter detection system in milling[J]. Mechanical Systems and Signal Processing, 2009, 23(5): 167-170.

[48] Denkena B, Ortmaier T, Bergmann B, et al. Suitability of integrated sensors for the determination of chatter characteristics in a cylindrical grinding machine[J]. The International Journal of Advanced Manufacturing Technology, 2019, 102(5-8): 161-169.

[49] Liu H Q, Chen Q H,Li B, et al. On-line chatter detection using servo motor current signal in turning[J]. Science China Technological Sciences, 2011, 54(12): 70-74.

[50] Tansel I N, Li M, Demetgul M, et al. Detecting chatter and estimating wear from the torque of end milling signals by using Index Based Reasoner (IBR)[J]. The International Journal of Advanced Manufacturing Technology, 2012, 58(1-4): 121-128.

[51] Liu C, Zhu L, Ni C. Chatter detection in milling process based on VMD and energy entropy[J]. Mechanical Systems and Signal Processing, 2018, 105: 169-182.

[52] Aslan D, Altintas Y. On-line chatter detection in milling using drive motor current commands extracted from CNC[J]. International Journal of Machine Tools and Manufacture, 2018, 132: 164-172.

[53] Ismail F, Kubica E G. Active suppression of chatter in peripheral milling Part 1. A statistical indicator to evaluate the spindle speed modulation method[J]. The International Journal of Advanced Manufacturing Technology, 1995, 10(5): 84-92.

[54] 秦潮. 周期切削激励下的数控机床模态参数辨识方法研究[D]. 武汉: 华中科技大学, 2018.

[55] Ye J, Feng P, Xu C, et al. A novel approach for chatter online monitoring using coefficient of variation in machining process[J]. The International Journal of Advanced Manufacturing Technology, 2018, 96(1): 136-148.

[56] 邢诺贝, 刘福军, 周超, 等. 基于均方频率与 EMD 的切削颤振特征提取方法[J]. 制造技术与机床, 2021 (03): 35-40.

[57] Wang J J, Uhlmann E, Oberschmidt D, et al. Critical depth of cut and asymptotic spindle speed for chatter in micro milling with process damping[J]. CIRP Annals, 2016, 65(1): 113-116.

[58] Zhang C, Li B, Chen B, et al. Weak fault signature extraction of rotating machinery using flexible analytic wavelet transform[J]. Mechanical Systems and Signal Processing, 2015, 64-65: 164-171.

[59] Tangjitsitcharoen S, Saksri T, Ratanakuakangwan S. Advance in chatter detection in ball end milling process by utilizing wavelet transform[J]. Journal of Intelligent Manufacturing, 2015, 26(3): 217-226.

[60] Chen G S, Zheng Q Z. Online chatter detection of the end milling based on wavelet packet transform and support vector machine recursive feature elimination[J]. The International Journal of Advanced Manufacturing Technology, 2018, 95(1): 192-200.

[61] Kamarthi S V, Pittner S. Fourier and wavelet transform for flank wear estimation-a comparison[J]. Mechanical Systems and Signal Processing, 1997, 11(6): 791-809.

[62] 梅志坚, 杨叔子, 师汉民. 机床颤振的早期诊断与在线监控[J]. 振动工程学报, 1988 (03): 8-17.

[63] 贺长生, 李慧, 庞海文, 等. 切削颤振预报方法探讨[J]. 长春大学学报, 2003 (06): 4-6.

[64] 谢锋云, 江炜文, 陈红年, 等. 基于广义 BP 神经网络的切削颤振识别研究[J]. 振动与冲击, 2018, 37(05): 65-70, 78.

[65] Zhang D K, Huo R, Li S Y, et al. The Study of BP Neural Network PID Control Based

on the Cutting Chatter Suppression System[J]. Advanced Materials Research, 2014, 3470(1030-1032): 156-163.

[66] Peng C, Wang L, Liao T W. A new method for the prediction of chatter stability lobes based on dynamic cutting force simulation model and support vector machine[J]. Journal of Sound and Vibration, 2015, 354: 118-131.

[67] Gao H N, Shen D H, Yu L, et al. Identification of Cutting Chatter through Deep Learning and Classification[J]. International Journal of Simulation Modeling, 2020, 19(4): 44-51.

[68] 李欣，邓小雷，张玉良，等. 基于隐马尔可夫模型和支持向量机的曲面加工颤振识别与预报[J]. 航空制造技术, 2019, 62(06): 14-20.

[69] 郑志文，王晓峰. 基于隐马尔可夫模型和支持向量机的模拟电路早期故障诊断[J]. 计算机测量与控制, 2017, 25(11): 13-17.

[70] Dai Y, Zhu K. A machine vision system for micro-milling tool condition monitoring[J]. Precision Engineering, 2018, 52: 183-191.

[71] Khorasani A M, Aghchai A J, Khorram A. Chatter prediction in turning process of conical workpieces by using case-based resoning (CBR) method and taguchi design of experiment[J]. The International Journal of Advanced Manufacturing Technology, 2011, 55(5-8): 42-50.

[72] 翁泽宇，鲁建厦，谢伟东,等. 切削颤振控制研究进展[J]. 浙江工业大学学报, 2002, 30(4): 323-327.

[73] Tangjitsitcharoen S, Saksri T, Ratanakuakangwan S. Advance in chatter detection in ball end milling process by utilizing wavelet transform[J]. Journal of Intelligent Manufacturing, 2015, 26: 485-499.

[74] 李欣. 基于 HMM-SVM 的磁流变自抑振智能镗杆颤振在线预报理论和方法研究[D]. 杭州: 浙江大学, 2013.

[75] 谷涛，张永亮，洪明. 基于磁流变效应的变参数切削颤振抑制方法研究[J]. 组合机床与自动化加工技术, 2016, 6: 67-70.

[76] 王春秀，彭震，王云志，等. 减振刀具的结构设计及切削性能研究[J]. 硬质合金, 2018, 035(006): 441-446.

[77] Liu S, Xiao J, Tian Y, et al. Chatter-free and high-quality end milling for thin-walled workpieces through a follow-up support technology[J]. Journal of Materials Processing Technology, 2023, 312: 117857.

[78] 黄涛显. 刀具几何角度及刀尖圆弧半径对切削颤振影响的研究[D]. 上海: 华东理工大学, 2017.

[79] 徐文君. 细长轴超声椭圆振动辅助车削实验研究[D]. 南昌: 南昌航空大学, 2016.
[80] 吴得宝, 刘宪福, 孟翔宇, 等. 6061 铝合金径向超声振动车削的表面完整性研究[J]. 工具技术, 2019, 53(4): 16-20.
[81] 淳一郎, 等. 超音波振動歯切りに関する研究(第 1 報)[J]. 日本機械学会誌, 1959, 25(154): 479-486.
[82] Peng Z, Zhang X, Zhang D. Improvement of Ti–6Al–4V surface integrity through the use of high-speed ultrasonic vibration cutting[J]. Tribology International, 2021, 160: 107025.
[83] Gao H, Ma B, Zhu Y, et al. Enhancement of machinability and surface quality of Ti-6Al-4V by longitudinal ultrasonic vibration-assisted milling under dry conditions[J]. Measurement, 2022, 187: 110324.
[84] 许东辉, 郭强, 张鸿斌, 等. 超声振动切削铝合金表面残余应力的有限元仿真[J]. 机电工程, 2019, 36(12): 1242-1247.
[85] Fei S, Ma W. Numerical Investigation of Orthogonal Cutting Processes with Tool Vibration of Ti6Al4V Alloy[J]. Procedia CIRP, 2019, 82: 267-272.
[86] Peng Z, Zhang X, Zhang D. Integration of finishing and surface treatment of Inconel 718 alloy using high-speed ultrasonic vibration cutting[J]. Surface and Coatings Technology, 2021, 413: 127088.
[87] Lu H, Zhu L, Yang Z, et al. Research on the generation mechanism and interference of surface texture in ultrasonic vibration assisted milling[J]. International Journal of Mechanical Sciences, 2021, 208: 106681.
[88] 赵芝眉，谢锡俊，吴波．切削颤振预兆的研究[J]．南京工学院学报，1988(02): 47-54.
[89] 张德远, 刘逸航, 耿大喜, 等. 超声加工技术的研究进展[J]. 电加工与模具, 2019 (05): 1-10, 19.
[90] Han X, Zhang D, Song G. Review on current situation and development trend for ultrasonic vibration cutting technology[J]. Materials Today: Proceedings, 2020, 22: 444-455.
[91] 隋翯, 张德远, 陈华伟, 等. 超声振动切削对耦合颤振的影响[J]. 航空学报, 2016, 37(05): 1696-1704.
[92] 张钧铭, 于沪平, 乔云. 超声振动对半固态 ZL101 合金成形微凸台微观组织的影响[J]. 塑性工程学报, 2020, 27(8): 44-51.
[93] 姚栋，岳鑫．超声辅助技术制备微结构的原理与应用概述[J]．模具工业，2022, 48(06): 56-62.

[94] 陈天驰, 杨海峰, 赵恩兰, 等. 超声振动车削的研究现状[J]. 组合机床与自动化加工技术, 2013, 55(7): 5-8.

[95] 隈部淳一郎. 精密加工振动切削[M]. 韩一昆, 薛万夫, 孙祥根, 等译.北京: 机械工业出版社, 1985.

[96] 谭德宁, 赵荣荣, 齐华英, 等. 超声波振动车削的设计[J]. 制造技术与机床, 2018, 677(11): 69-71.

[97] Patil S, Joshi S, Tewari A, et al. Modelling and simulation of effect of ultrasonic vibrations on machining of Ti6Al4V[J]. Ultrasonics, 2013, 54(2): 694-705.

[98] Muhammad R, Maurotto A, Roy A, et al. Ultrasonically assisted turning of Ti-6Al-2Sn-4Zr-6Mo[J]. Journal of Physics Conference, 2012, 382: 012016.

[99] 胡智特, 秦娜, 刘凡. 超声振动车削 TC4 钛合金的切削性能研究[J]. 机械设计与制造, 2018(2): 164-166, 170.

[100] 庞宇, 马原, 许超, 等. 钛合金超声振动车削数值模拟[J]. 金刚石与磨料磨具工程, 2019, 39(2): 83-88.

[101] Jung H J, Hayasaka T, Shamoto E, et al. Study on Process Monitoring of Elliptical Vibration Cutting by Utilizing Internal Data in Ultrasonic Elliptical Vibration Device[J]. International Journal Precision Engineering Manufacturing-green Technology, 2018, 5: 571-581.

[102] Loh B G, Kim G D. Correcting Distortion of Elliptical Trajectory for Maximizing Cutting Performance in Elliptical Vibration Cutting[J]. Key Engineering Materials, 2012, 516: 378-383.

[103] Zhang J, Suzuki N, Shamoto E. Investigation on Machining Performance of Amplitude Control Sculpturing Method in Elliptical Vibration Cutting[J]. Procedia CIRP, 2013, 8.

[104] Zuo C, Zhou X, Qiang L, et al. Analytical topography simulation of micro/nano textures generated on freeform surfaces in double-frequency elliptical vibration cutting[J]. Journal of Manufacturing ence and Engineering, 2018, 140(10): 101010.

[105] Lin J Q, Liu J H, Gao X P, et al. Modeling and Analysis of Machining Force in Elliptical Vibration Cutting[J]. Advanced Materials Research, 2013, 690-693: 2464-2469.

[106] 童景琳, 卫官. 超声椭圆振动切削钛合金切削力特性研究[J]. 振动与冲击, 2019, 38(9): 208-215.

[107] 王桂林, 李文, 段梦兰, 等. 超声椭圆振动车削的切削特性[J]. 中国机械工程, 2010, 021(004): 415-419.

[108] Shamoto E, Suzuki N, Hino R. Analysis of 3D elliptical vibration cutting with thin shear plane model[J]. Cirp Annals Manufacturing Technology, 2008, 57(1): 57-60.

[109] 冯真鹏，肖强. 超声加工技术研究进展[J]. 表面技术, 2020, 49(4): 161-172.

[110] Babitsky V I, Kalashnikov A N, Meadows A, et al. Ultrasonically Assisted Turning of Aviation Materials[J]. Journal of Materials Processing Technology, 2003, 132(1): 157-167.

[111] Adnan A S, Subbiah S. Experimental investigation of transverse vibration-assisted orthogonal cutting of AL-2024[J]. International Journal of Machine Tools and Manufacture, 2010, 50(3): 294-302.

[112] Silberschmidt V V, Mahdy S M A, Gouda M A, et al. Surface-Roughness Improvement in Ultrasonically Assisted Turning[J]. Procedia CIRP, 2014, 13(1): 49-54.

[113] 吴得宝. 轴向超声振动车削仿真分析与实验研究[D]. 济南：山东大学, 2019.

[114] 王坤. 单晶硅表面超声振动辅助切削机理及工艺[D]. 秦皇岛:燕山大学, 2018.

[115] 徐英帅，邹平，王伟，等. 超声振动辅助车削高温合金和铝镁合金研究[J]. 东北大学学报(自然科学版), 2017, 38(01): 95-100.

[116] Xu Y S, Zou P, He Y, et al. Comparative Experimental Research in Turning of 304 Austenitic Stainless Steel With and Without Ultrasonic Vibration[J]. Proceedings of the Institution of Mechanical Engineers, Part C: Journal of Mechanical Engineering Science, 2016, 231(15): 2885-2901.

[117] 张云电，翟宇嘉. 超声车削气凝胶材料声学系统设计及实验研究[J]. 杭州电子科技大学学报(自然科学版), 2015, 35(06): 8-13.

[118] 李媛媛，韩双凤，于晓，等. 切削参数对6061铝合金超声振动切削性能的影响[J]. 兵器材料科学与工程, 2021, 44(1): 78-83.

[119] 杨朋伟，魏智，彭程，等. 304 不锈钢超声辅助切削研究[J]. 工具技术，2021, 55(7): 92-97.

[120] Shamoto E, Moriwaki T. Study on Elliptical Vibration Cutting[J]. CIRP Annals, 1994, 43(1): 35-38.

[121] Ma C X, Shamoto E, Moriwaki T, et al. Suppression of Burrs in Turning with Ultrasonic Elliptical Vibration Cutting[J]. International Journal of Machine Tools and Manufacture, 2005, 45(11): 1295-1300.

[122] Loh B G, Kim G D. Correcting Distortion and Rotation Direction of An Elliptical Trajectory in Elliptical Vibration Cutting by Modulating Phase and Relative Magnitude of the Sinusoidal Excitation Voltages[J]. Proceedings of the Institution of Mechanical Engineers, Part B: Journal of Engineering Manufacture, 2012, 226(5): 813-823.

[123] 董慧婷, 张敏良, 李莹, 等. 超声椭圆振动切削航空铝合金的数值研究[J]. 轻工机械, 2021, 39(2): 48-55.

[124] 杨倡荣. 单激励二维椭圆超声振动辅助车削加工装置的研制[D]. 哈尔滨: 哈尔滨工业大学, 2020.

[125] 张明亮, 姜兴刚, 刘佳佳, 等. 钛合金超声椭圆振动铣削参数对切削力的影响[J]. 电加工与模具, 2017, 334(06): 39-41.

[126] 张国华, 李咚咚, 李茂伟, 等. 超声椭圆振动车削三维形貌形成研究[J]. 兵工学报, 2017, 38(10): 2002-2009.

[127] 李文, 尹礁, 吕垒平, 等. 不分离型超声椭圆振动切削力特性研究[J]. 航空学报, 2013, 34(09): 2241-2248.

[128] 刘自强, 童景琳, 卞平艳, 等. 二维超声振动车削 6061 铝合金圆筒表面粗糙度研究[J]. 表面技术, 2023, 52(03): 308-317.

[129] 郭东升, 张敏良, 赵森, 等. 超声振动车削参数对切削力的影响[J]. 轻工机械, 2019, 37(05): 29-33, 38.

[130] 陈德雄, 井绪芹. 钛合金椭圆超声振动辅助切削表面质量仿真研究[J]. 航空制造技术, 2022, 65(15): 87-94.

[131] 于劲, 周晓勤. 基于高频变速特征的不分离型超声波振动车削抑制颤振机理[J]. 兵工学报, 1993 (01): 52-57.

[132] 李勋, 张德远. 不分离型超声椭圆振动切削试验研究[J]. 机械工程学报, 2010, 46(19): 177-182.

[133] 王顺钦, 高延峰, 陶镛光. 金属切削表面粗糙度在线监测研究现状[J]. 山东理工大学学报(自然科学版), 2013, 27(02): 34-37.

[134] 马廉洁, 陈景强, 王馨, 等. 切削加工表面粗糙度理论建模综述[J]. 科学技术与工程, 2021, 21(21): 8727-8736.

[135] 马廉洁, 李红双. 脆性材料机械加工表面粗糙度模型的研究进展[J]. 中国机械工程, 2022, 33(07): 757-768.

[136] 王素玉. 高速铣削加工表面质量的研究[D]. 济南: 山东大学, 2006.

[137] Tipnis V, Buescher S, Garrison R. Mathematically Modeled Machining Data for Adaptive Control of End Milling Operations[J]. Proc. NAMRCiv, 1976 (1): 279-286.

[138] Lin W S, Lee B Y, Wu C L. Modeling the Surface Roughness and Cutting Force for Turning[J]. Journal of Materials Processing Technology, 2001, 108(3): 286-293.

[139] La Fé-Perdomo I, Ramos-Grez J, Mujica R, et al. Surface Roughness Ra Prediction in Selective Laser Melting of 316L Stainless Steel by Means of Artificial Intelligence Inference[J]. Journal of King Saud University - Engineering Sciences, 2023, 35(2): 148-156.

[140] 薛磊，吕志杰，党迪，等．轴向超声振动切削参数对表面质量的影响[J]．组合机床与自动化加工技术, 2023, 65(03): 152-155.

[141] Wang X S, Kang M, Fu X Q, et al. Predictive Modeling of Surface Roughness in Lenses Precision Turning Using Regression and Support Vector Machines[J]. The International Journal of Advanced Manufacturing Technology, 2016, 87(5): 1273-1281.

[142] 赵云峰．超声振动辅助铣削 LY12 铝合金表面质量研究[D]．济南：山东大学, 2011.

[143] 魏加争．10Ni3MnCuAl 高速铣削表面粗糙度实验研究及参数优化[J]．机械工程师, 2017, 49(01): 114-116.

[144] 张帅，张顺国．车削加工表面粗糙度建模现状研究[J]．机械工程师, 2017, 49(12): 96-100, 104.

[145] Sahin Y, Motorcu A R. Surface Roughness Model in Machining Hardened Steel with Cubic Boron Nitride Cutting Tool[J]. International Journal of Refractory Metals and Hard Materials, 2008, 26(2): 84-90.

[146] Patel D R, Kiran M B. A non-contact approach for surface roughness prediction in CNC turning using a linear regression model[J]. Materials Today: Proceedings, 2020, 26(1): 350-355.

[147] 武洵德，王文理．基于正交铣削试验的 7A65-T7451 铝合金表面粗糙度预测模型[J]．制造技术与机床, 2021, 71(11): 89-95.

[148] 盖立武，吴查穆，张克栋．Inconel 718 镍基合金高速铣削表面粗糙度研究[J]．组合机床与自动化加工技术, 2021, 63(10): 147-150.

[149] 赵明启．车削高体积分数 SiCp/Al 复合材料表面粗糙度敏感性分析及预测[J]．现代制造工程, 2018, 41(05): 108-111.

[150] Ulas M, Aydur O, Gurgenc T, et al. Surface Roughness Prediction of Machined Aluminum Alloy with Wire Electrical Discharge Machining by Different Machine Learning Algorithms[J]. Journal of Materials Research and Technology, 2020, 9(6): 12512-12524.

[151] Yang S H, Natarajan U, Sekar M, et al. Prediction of Surface Roughness in Turning Operations by Computer Vision Using Neural Network Trained by Differential Evolution Algorithm[J]. The International Journal of Advanced Manufacturing Technology, 2010, 51(9): 965-971.

[152] 彭彬彬，闫献国，杜娟．基于 BP 和 RBF 神经网络的表面质量预测研究[J]．表面技术, 2020, 49(10): 324-328, 337.

[153] 周峰. 航空典型特征件铣削参数优化系统的研究与开发[D]. 南京: 南京理工大学, 2013.

[154] 付仁杰. 基于卷积神经网络的车用铝合金表面粗糙度预测[J]. 农业装备与车辆工程, 2021, 59(09): 121-123, 152.

[155] 姚炀. PCD 刀具车削超硬铝合金的切削性能及参数优化研究[D]. 镇江: 江苏大学, 2019.

[156] 周超, 姜增辉, 张莹, 等. 切削参数对车削 34CrNi3Mo 高强度钢切削力的影响[J]. 工具技术, 2022, 56(07): 109-112.

[157] 吴明明, 杨之政. 6061 铝合金切削工艺参数对材料去除率影响分析[J]. 黑龙江工业学院学报(综合版), 2021, 21(11): 51-54.

[158] Zaid A I O, Al-Qawabah S M A. Effect of Cutting Parameters on the Quality of the Machined Surface of Cu-Zn-Al Shape Memory Alloy, SMA[J]. Advanced Materials Research, 2015, 1105(5): 93-98.

[159] 杨扬, 蔡旺. 数控铣削加工工艺参数优化方法综述[J]. 机械制造, 2019, 57(01): 57-63, 73.

[160] Lu X H, Zhang H X, Jia Z Y, et al. Cutting Parameters Optimization for MRR Under the Constraints of Surface Roughness and Cutter Breakage in Micro-Milling Process[J]. Journal of Mechanical Science and Technology, 2018, 32(7): 3379-3388.

[161] Yildiz A R. Optimization of Cutting Parameters in Multi-Pass Turning Using Artificial Bee Colony-Based Approach[J]. Information Sciences, 2013, 220(1): 399-407.

[162] Wu T Y, Lin C C. Optimization of Machining Parameters in Milling Process of Inconel 718 under Surface Roughness Constraints[J]. Applied Sciences, 2021, 11(5): 1-15.

[163] 李哲, 丛玮琦, 付祥夫, 等. 基于机器学习与群智能算法的精车大螺距螺杆切削优化研究[J]. 制造技术与机床, 2021, 71(09): 58-64.

[164] Bagaber S A, Yusoff A R. Multi-Objective Optimization of Cutting Parameters to Minimize Power Consumption in Dry Turning of Stainless Steel 316[J]. Journal of Cleaner Production, 2017, 157(7): 30-46.

[165] Palaniappan S P, Muthukumar K, Sabariraj R V, et al. CNC Turning Process Parameters Optimization on Aluminium 6082 Alloy by Using Taguchi and ANOVA[J]. Materials Today: Proceedings, 2020, 21(1): 1013-1021.

[166] Yadu Krishnan J, Poorna Sundar S, Karthikeyan L, et al. Experimental Optimization of Cutting Parameters in Turning of Brass Alloy Using Taguchi Method[J]. Materials Today: Proceedings, 2021, 42(1): 377-382.

[167] Kumar Sahu A, Sivarajan S, Padmanabhan R. Optimization of Machining Parameters in Turning of EN31 Steel with TiAlN Coated Cutting tool[J]. Materials Today: Proceedings, 2021, 46(1): 7497-7501.

[168] Yuan M X, Wang X, Jiao L, et al. An Optimization Model on Cutting Parameters of Material Processing for High Productivity[J]. Key Engineering Materials, 2016, 723(12): 214 - 219.

[169] 马尧，郭琪磊，岳源. PCD刀具车削7050铝合金加工参数的多目标优化[J]. 机械设计与研究, 2020, 36(05): 112-115, 121.

[170] 郭东升. 高强度铝合金超声振动车削参数优化研究[D]. 上海：上海工程技术大学, 2020.

[171] 高新江，段玥晨，赵华东，等. 基于多岛遗传算法的轴承精超工艺多目标优化[J]. 现代制造工程, 2021, 44(11): 116-120.

[172] 付钰，赵秀栩，魏俊华，等. 切削参数对车削 20CrMnTi 表面粗糙度的影响及优化研究[J]. 机床与液压, 2020, 48(22): 50-53, 90.

[173] 黄强，张根保，张新玉，等. 机床颤振过程的试验与分析[J]. 重庆大学学报, 2008(04): 10-14, 20.

[174] Tobias S A, Fishwick W. Theory of regenerative machine tool chatter[J]. Engineer, 1958, 205: 199-203.

[175] 迟晓明，张小栋，张凯. 高速数控车床刀具热变形的计算分析[J]. 机械设计, 2011, 28(11): 72-76.

[176] 江光月，陈宏胜. 车削过程中刀具热变形的分析[J]. 煤矿机械, 2011, 32(2): 118-120.

[177] Quintana G, Ciurana J. Chatter in machining processes: A review[J]. International Journal of Machine Tools & Manufacture, 2011, 51(5): 363-376.

[178] Taylor F-W. The art of cutting metals[J]. Metallurgical Research & Technology, 1907, 4(1): 39-65.

[179] Suzuki N, Haritani M, Yang J, et al. Elliptical Vibration Cutting of Tungsten Alloy Molds for Optical Glass Parts[J]. Cirp Annals, 2007, 56(1): 127-130.

[180] Ma C X. Ultrasonic elliptical vibration cutting[J]. Chinese Journal of Mechanical Engineering, 2003, 39(12): 67-70.

[181] 闫兴伟，任巍. 高频无铅压电超声换能器研究进展[J]. 中国医疗器械信息, 2014(4): 22-28.

[182] 李绍朋，王利强，吕志杰. 径向振动外圆车削刀杆结构设计及仿真分析[J]. 制造技术与机床, 2020 (11): 22-26.

[183] 杨叔子. 机械加工工艺师手册[M]. 北京: 机械工业出版社, 2002.
[184] 罗跃. 难加工材料薄壁零件的振动切削技术研究[D]. 成都: 四川大学, 2004.
[185] 王顺钦. 钛合金径向超声振动铣削机理及表面质量研究[D]. 南昌: 南昌航空大学, 2014.
[186] 陈杰, 田光学, 迟永刚, 等. 超声振动车削 W-Fe-Ni 表面质量及其形貌特征研究[J]. 工具技术, 2007(08): 44-47.
[187] 李文杰. 超声振动精密车削加工的试验研究[J]. 机床与液压, 2013, 41(03): 86-88.
[188] 喻宏庆, 高延峰, 王顺钦. 钛合金径向超声振动铣削表面粗糙度研究[J]. 航空制造技术, 2016, 59(4): 58-62.
[189] 李绍朋, 王利强, 吕志杰. 径向振动外圆车削 TC4 钛合金切削性能仿真[J]. 工具技术, 2020, 54(11): 61-66.
[190] Johnson G R, Cook W H. A constitutive model and data for metals subjected to large strains, high strain rates and high temperatures[J]. Engineering Fracture Mechanics, 1983, 21: 541-548.
[191] Xi Y, Bermingham M, Wang G. FEA Modelling of Cutting Force and Chip Formation in Thermally Assisted Machining of Ti6AI4V alloy[J]. Materials Science Forum, 2013, 765: 343-347.
[192] 陶镛光. 钛合金轴向超声振动车削数值模拟与实验研究[D]. 南昌: 南昌航空大学, 2014.
[193] 刘宪福. 超声振动辅助车削微织构表面形成机理及其表面性能研究[D]. 济南: 山东大学, 2020.
[194] 石万里. 异形橡胶护套自动打磨系统的研究设计[D]. 重庆: 重庆大学, 2018.
[195] 吴倩. 切削稳定域下高速车削 45#钢的切削力与表面粗糙度研究[D]. 兰州: 兰州理工大学, 2020.
[196] Schubert A, Nestler A, Pinternagel S, et al. Influence of Ultrasonic Vibration Assistance on The Surface Integrity in Turning of The Aluminium Alloy AA2017[J]. Materialwissenschaft und Werkstofftechnik, 2011, 42(7): 658-665.
[197] 李绍朋. 外圆车削 TC4 钛合金再生型颤振预测及抑制[D]. 济南: 山东建筑大学, 2021.
[198] 陆维涛. 180m 塔架式双管钢烟囱的风及地震荷载的力学分析[D]. 苏州: 苏州大学, 2018.
[199] 王惠颖. 泳动微型机器人仿生游动机理的研究[D]. 大连: 大连理工大学, 2005.
[200] Naoe T, Futakawa M, Oi T, et al. Pitting Damage Evaluation by Liquid/Solid

Interface Impact Analysis[J]. Journal of The Society of Materials Science, Japan, 2005, 54(11): 1184-1190.

[201] 周琳, 王子豪, 文鹤鸣. 简论金属材料 J-C 本构模型的精确性（英文）[J]. 高压物理学报, 2019, 33(04): 3-16.

[202] Akram S, Jaffery S H I, Khan M, et al. Numerical and Experimental Investigation of Johnson–Cook Material Models for Aluminum (Al 6061-T6) Alloy Using Orthogonal Machining Approach[J]. Advances in Mechanical Engineering, 2018, 10(9): 1-14.

[203] 徐英帅. 难加工材料超声振动辅助车削加工机理及试验研究[D]. 沈阳: 东北大学, 2016.

[204] 栾晓明. 7075-T6 铝合金超声振动车削有限元仿真及实验研究[D]. 湘潭: 湖南科技大学, 2014.

[205] 李晓君, 刘战强, 沈琦, 等. 基于加工特征的整体叶盘数控编程与加工参数优化[J]. 组合机床与自动化加工技术, 2019, 61(03): 153-156.

[206] Lu X H, Xue L, Ruan F X, et al. Prediction Model of The Surface Roughness of Micro-Milling Single Crystal Copper[J]. Journal of Mechanical Science and Technology, 2019, 33(11): 5369-5374.

[207] Slamani M, Chatelain J-F. Kriging Versus Bezier and Regression Methods for Modeling and Prediction of Cutting Force and Surface Roughness During High Speed Edge Trimming of Carbon Fiber Reinforced Polymers[J]. Measurement, 2020, 152(2): 1-20.

[208] Sk T, Shankar S, T M, et al. Tool Wear Prediction in Hard Turning of EN8 Steel Using Cutting Force and Surface Roughness with Artificial Neural Network[J]. Proceedings of the Institution of Mechanical Engineers, Part C: Journal of Mechanical Engineering Science, 2019, 234(1): 329-342.

[209] 张慧萍, 张校雷, 张洪霞, 等. 300M 超高强钢车削加工表面质量[J]. 表面技术, 2016, 45(2): 181-187.

[210] 问从川, 张兵宇, 王进峰, 等. SiC_p/Al 复合材料切削参数多目标优化与预测[J]. 机械工程与自动化, 2022, 232(03): 26-28.

[211] 王永鑫. AerMet100 钢车削工艺性能及参数优化试验研究[D]. 汉中: 陕西理工大学, 2020.

[212] 刘显波, 何恩元, 龙新华, 等. 时滞作用下切削系统的时频响应特性研究[J]. 振动与冲击, 2020, 39(06): 8-14, 58.

[213] 李小勇. 车削颤振机理与稳定性问题研究[D]. 兰州: 兰州理工大学, 2017.

[214] 钱士才. 车削颤振的在线智能检测及抑制研究[D]. 上海: 上海交通大学, 2016.

[215] Yesilli M C, Khasawneh F A, Otto A. On transfer learning for chatter detection in turning using wavelet packet transform and ensemble empirical mode decomposition[J]. CIRP Journal of Manufacturing Science and Technology, 2020, 28: 118-135.

[216] Huang D, Cui S, Li X. Wavelet packet analysis of blasting vibration signal of mountain tunnel[J]. Soil Dynamics and Earthquake Engineering, 2019, 117: 72-80.

[217] Liu X, He S, Gu Y, et al. A robust cutting pattern recognition method for shearer based on Least Square Support Vector Machine equipped with Chaos Modified Particle Swarm Optimization and Online Correcting Strategy[J]. ISA Transactions, 2020, 99: 199-209.

[218] 舒畅, 程礼, 许煜. Johnson-Cook 本构模型参数估计研究[J]. 中国有色金属学报, 2020, 30(05): 1073-1083.

[219] Hall S, Loukaides E, Newman S T, et al. Computational and experimental investigation of cutting tool geometry in machining titanium Ti-6Al-4V[J]. Procedia CIRP, 2019, 86: 139-144.

[220] 代煜, 王景港, 曹广威, 等. 面向钻削过程监测的振动信号处理及状态分类[J]. 振动. 测试与诊断, 2022, 42(01): 89-95, 196-197.